中华经典藏书
无障碍阅读插图本

素书

[西汉]黄石公◎著
中华经典藏书编委会◎译注

吉林美术出版社 | 全国百佳图书出版单位

图书在版编目（CIP）数据

素书：无障碍阅读插图本 /（西汉）黄石公著；中华经典藏书编委会译注. -- 长春：吉林美术出版社，2017.6（2022.10重印）

（中华经典藏书）

ISBN 978-7-5575-2122-6-01

Ⅰ.①素… Ⅱ.①黄… ②中… Ⅲ.①个人－修养－中国－古代 Ⅳ.①B825-

中国版本图书馆CIP数据核字（2017）第084236号

素书：无障碍阅读插图本

出 版 人　赵国强
选题策划　张立辉
责任编辑　于丽梅
装帧设计　鸣　蝉
内文排版　赵明华
出版发行　吉林美术出版社
地　　址　长春市净月开发区福祉大路5788号
邮　　编　130118
网　　址　www.jlmspress.com
印　　刷　三河市骏杰印刷有限公司
版　　次　2017年6月第1版
印　　次　2022年10月第2次印刷
开　　本　710mm×1000mm　1/16
印　　张　19.5
印　　数　5 001–8 000册
书　　号　ISBN 978-7-5575-2122-6-01
定　　价　59.00元

前言

《素书》相传为秦末隐士黄石公所著，民间视其为“奇书”“天书”。传说黄石公在圯桥（今江苏省睢宁北古下邳城东南小沂水上）上将此书传给了秦末汉初杰出的谋士张良。张良正是凭借此书中的智慧，辅佐汉高祖刘邦平定天下，进而与韩信、萧何并称为“汉初三杰”。

《素书》共分为六章，即原始章、正道章、求人之志章、本德宗道章、遵义章、安礼章，主要阐述了五个方面的问题。

第一，诠释了一种独特的思想体系，即道、德、仁、义、礼，五位一体，密不可分，以及“潜居抱道，以待其时”的处世哲学。该书认为，只要具备道、德、仁、义、礼五种品格，再逢机遇，定可建绝代之功。

第二，阐明了识才用人的原则。《素书》依据才学之不同，将人才分为俊、豪、杰三类。该书认为“任材使能，所以济物”“危莫危于任疑”“既用不任者疏”“用人不得正者殆，强用人者不畜”等，这些都是在实践中总结出来的，对于识才用人有着重要的指导意义。

第三，提出了加强个人修养的意见。“博学切问”“恭俭谦约”“近恕笃行”“亲仁友直”等，反映了儒家的道德意识；“绝嗜禁欲”“抑非损恶”“设变致权”“安莫安于忍辱”“吉莫吉于知足”等，又具有道家思想的成分。该书将儒、道兼收并蓄，从思想和行为两方面回答了如何加强个人修养这一问题。

第四，总结了安邦治国的经验。《素书》认为“短莫短于苟得”，反对短视行为；“后令缪前者毁”，认为政策必须有连续性；“足寒伤心，人怨伤国”，认为失民心者失天下；“有道则吉，无道则凶。吉者百福所归，凶者百祸所攻。非其神圣，自然所钟”，反映了一种天道意识和非神观念。这些对于后人立足商界或职场亦有重要的启发意义。

第五，阐述了经典的处世之道。人们能否处理好人际关系，是事业能否亨通的关键。《素书》提出的“好直辱人者殃，戮辱所任者危”“慢其所敬者凶”“轻上生罪，侮下无亲”“上无常守，下多疑心”“近臣不重，远臣轻之”等，皆有益于世人处理好人际关系。

本书以《素书》权威古本为底，参考历代国学名家的注释和点评，在为广大读者提供原汁原味之原典的同时，博采众家之长，对原典进行了译注；并在此基础上进行了延伸与扩展，通过“事典”“人物”“古为今用”等环节，将书中的思想与智慧淋漓尽致地展现给读者。

总而言之，本书可谓深入浅出，通俗易懂，集哲理性、故事性、实用性为一体。相信这本书，定能给读者的个人生活和事业带来诸多帮助。

原序

〔宋〕张商英

黄石公《素书》六篇，按《前汉书·列传》，黄石公圯桥所授子房书，世人多以《三略》为是，盖传之者误也。晋乱，有盗发子房冢于玉枕中获此书，凡一千三百三十六言，上有秘戒："不许传于不道、不神、不圣、不贤之人；若非其人，必受其殃；得人不传，亦受其殃。"呜呼！其慎重如此。

黄石公得子房而传之，子房不得其传而葬之。后五百余年而盗获之，自是《素书》始传于人间。然其传者，特黄石公之言耳，而公之意，其可以言尽哉。

余窃尝评之："'天人之道'，未尝不相为用，古之圣贤皆尽心焉。尧钦若昊天，舜齐七政，禹叙九畴，傅说陈天道，文王重八卦，周公设天地四时之官，又立三公以燮理阴阳。孔子欲无言，老聃建之以常无有。《阴符经》曰：'宇宙在乎手，万物生乎身。'道至于此，则鬼神变化皆不逃吾之术，而况于刑名度数之间者欤！"

黄石公，秦之隐君子也。其书简，其意深。虽尧、舜、禹、文、傅说、周公、孔、老，亦无以出此矣。然则，黄石公知秦之将亡，汉之将兴，故以此书授子房。而子房者，岂能尽知其书哉！凡子房之所以为子房者，仅能用其一二耳。

书曰："阴计外泄者败。"子房用之，尝劝高帝王韩信矣。书曰："小怨不赦，大怨必生。"子房用之，尝劝高帝侯雍齿矣。书曰："决策于不仁者险。"子房用之，尝劝高帝罢封六国矣。书曰："设变致权，所以解结。"子房用之，尝致四皓而立惠帝矣；书曰：“吉莫吉于知足。”子房用之，尝择留自封矣。书曰：“绝嗜禁欲，所以除累。”子房用之，尝弃人间事，从赤松子游矣。

嗟乎！遗粕弃滓，犹足以亡秦、项而帝沛公，况纯而用之，深而造之者乎！

自汉以来，章句文辞之学炽，而知道之士极少。如诸葛亮、王猛、房乔、裴度等辈，虽号为一时贤相，至于先王大道，曾未足以知仿佛。此书所以不传于不道、不神、不圣、不贤之人也。

离有离无之谓“道”，非有非无之谓“神”，有而无之之谓“圣”，无而有之之谓“贤”。非此四者，虽口诵此书，亦不能身行之矣。

目录

原始章第一

夫道、德、仁、义、礼，五者一体也。

道者，人之所蹈，使万物不知其所由。德者，人之所得，使万物各得其所欲。仁者，人之所亲，有慈惠恻隐之心，以遂其生成。义者，人之所宜，赏善罚恶，以立功立事。礼者，人之所履，夙兴夜寐，以成人伦之序。

夫欲为人之本，不可无一焉。

贤人君子，明于盛衰之道，通乎成败之数，审乎治乱之势，达乎去就之理。故潜居抱道，以待其时。若时至而行，则能极人臣之位；得机而动，则能成绝代之功。如其不遇，没身而已。是以其道足高，而名重于后代。

本章精要

- 道、德、仁、义、礼五者，其实是一个整体，不可分离。
- 不合时宜时，君子应隐居深藏，守道而不失其志，以等待天下有事、人可作为的时机。
- 时机到来，立即行动，便可谋得高位；抓住机会，振臂奋起，便可成就一番伟业。
- 忽略道、德、仁、义、礼，失去做人的底线，到头来只会失去更多。

原文

夫道、德、仁、义、礼，五者一体也①。

注释

①此句出自《黄石公三略·下略》，原文中无“夫”字。从底本。

译文

道、德、仁、义、礼，这五种思想是浑然一体、不可分离的。

事典 坚守品德义理的舜帝

舜是传说中的上古帝王。传说舜的父亲是个糊涂透顶的人，人们叫他瞽叟（gǔ sǒu）。舜的生母死得早，后母为人歹毒，经常虐待他。后母生的弟弟名叫象，非常傲慢，也经常欺负舜，可瞽叟却很溺爱这个小儿子。家里所有的人似乎都觉得舜是个多余的人，于是想方设法置舜于死地。舜虽然生活在这样一个家庭里，但他对父母和弟弟的所为一点都不计较，依然很友善地对待他们，侍奉父亲和后母十分恭敬谨慎，从无懈怠。所以，人们都对舜的德行交口称赞。

尧帝听说了舜的事迹之后非常高兴，打算把自己的帝位禅让给舜。不过在这之前，他决定先考验一下舜。他把自己两个女儿娥皇和女英都嫁给了舜，还替舜筑了粮仓，分给他许多牛羊。舜的后母和弟弟知道后，又是羡慕又是妒忌，和瞽叟一起想出诡计，几次三番地想暗害舜。

有一次，瞽叟叫舜去修补粮仓的顶。在舜爬上仓顶后，瞽叟立刻把梯子拿走，并在下面放起火来，想把舜烧死。看见起火后，舜便想找梯子，却发现梯子已经不知去向。幸好舜随身带着两顶遮太阳用的笠帽。他一只手拿着一顶笠帽，像鸟张开翅膀一样从仓顶上跳下来，轻轻地落在地上，一点也没受伤。

瞽叟和象不甘心，他们又叫舜去挖井。舜知道父亲和弟弟又想谋害自己，于是预先在井中挖了一个秘道。果然，舜跳下井后，瞽叟和象就在地面上把一块块石头丢下去，直到把井填满，要把舜活活埋在里面。他们以为这次舜一定没有命了，便得意扬扬地回家了。

回到家后，象对瞽叟说："这次哥哥准死了，现在我们可以把哥哥的财产分一分了！"说完，他向舜住的屋子走去。可是他吃惊地发现，舜正坐在床边弹琴呢！面对心肠如此歹毒的弟弟，舜既没有发火，也没有抱怨，而是若无其事地说："你来得正好，我的事情多，正需要你帮助我来料理料理呢。"象和瞽叟都以为舜得到了神的帮助。

面对屡次试图暗害自己的父亲和弟弟，舜依然坚守义理，礼貌相待，这让人们对舜更加钦佩。后来，瞽叟和象也不敢再试图暗害舜了。就这样，舜最终通过了尧帝的考验，成为部落联盟的新首领。

人物

舜，传说中"三皇五帝"中的"五帝"之一。生于姚墟（尚存争议），故姓姚，一说妫（guī），名重华，字都君，有虞氏部落长，炎黄联盟首领。传说活动在虞（今河南虞城北），因四岳推举，受尧禅让而称帝于天下。帝舜、大舜、虞帝舜、舜帝皆虞舜之帝王号，故后世以"舜"简称之。他不仅是中华道德的代言人之一，而且是华夏文明的重要奠基者。

古为今用　这不是你失礼的借口

古人认为，顺道而为，以德为用，以仁处世，以义处事，以礼待人，这是经世治国的根本，更是一个人立身处世的根本；也有人认为，道、德、仁、义、礼这五个方面是天道因时因势之不同而权变使用的结果。

老子对此有一番讨论，其大意是：世风日下，人们距离天道本有的和谐、完美越来越远，人心日益丧失先天的淳朴自然，矫情伪饰成了人们必备的假面，所以才不得不用伦理道德教育世人；当道德教育也不起作用的时候，只好提倡仁爱；当仁爱之心也日益淡薄之时，就呼吁要有正义；正义感也丧失殆尽后，就只能用法规性的礼制来约束了。由此看来，“礼”倒成了人的道德底线了。

小强小时候，常在父亲开的杂货铺里帮忙。杂货铺里有一个人叫小孙，由于他对自己的妻子不忠，很多人都看不起他，甚至有些鄙视他。对于其他人，人们通常称呼“某某先生”“某某小姐”，而对于这个人，他们却只愿意称他为“孙”。跟其他人一样，小强对他也很不尊重，态度非常傲慢。

有一天，小强的父亲听到了儿子与“孙”的对话后，把他叫到了办公室。父亲说道：“小孙是店里的老员工，年龄也比你大。你为什么不称呼他‘先生’？”

小强解释说：“‘先生’一词是留给值得尊敬的人的，而那个家伙人品有问题，他不配！”

“他配不配是他的事，而你这样对待他就是你的问题。现在失礼的是你，年轻人！”父亲说，“他品行有问题，大家对他有看法，但这不是你失礼的借口，而是你应该守住的道德底线！”

在物质文化生活日益繁盛的当代社会，更应注重维护人们的道德水平。一旦道德、礼节丧失，人们就会逐步堕落。当代社会纷繁复杂，很多人陷入追求名利的泥潭中无法自拔。他们忽略了道、德、仁、义、礼，失去了自己做人的底线，到头来只会失去更多。

社会发展到今天，道、德、仁、义、礼五项内容也有了新的内涵和发展。“道”，在古代指天道、王道，如今是指一个人的人生观、价值观。一个人具备了正确的人生观、价值观，才能拒绝外界诱惑，走出正确的人生轨迹。那些人生导向和价值取向有偏差的人，其心中都缺少了“道”字，结果自误误人。

“德”，在现代不仅仅指个人的品德修养，还包括一个人的公德。德行高尚的人会受到人们的尊敬。若一个人丧失了自己的公德心，哗众取宠，终会成为人们唾弃的对象。

“仁”是古代最高的道德原则、道德标准和道德境界，它是整个古代伦理思想结构的核心，包括孝、悌、忠、恕、礼、知、勇、恭、宽、信、敏、惠等内容。其中孝悌是“仁”的基础，是仁学思想体系的基本支柱之一。在现代社会，“仁”多用来特指人的具体行为，强调我们用一颗仁心来面对外部社会与他人。

在当代社会，“义”特指为“道义”，也就是道德和正义。它要求人们在处理相互关系，采取有效行动之前，把对他人以至于家庭和社会的责任放在首位，宁愿自己吃亏受苦，也不损害他人，殃及无辜。至于“礼”，在现代社会更多的是指礼节、礼貌。

道、德、仁、义、礼，是我国上下五千年的文明结晶，即便在物质文明、精神文明高度发展的今天，我们仍然需要这些古老的文化沉淀来指点自己的生活，提升个人素质。

原文

道者[①]，人之所蹈[②]，使万物不知其所由。

注释

①道：“道”通常代表一定的社会意识形态、政治主张、学术或宗教的思想体系以及一个人的世界观等。道家认为，道是宇宙万物的本原。

②蹈：践行，实行。走别人走过的路叫“蹈袭”。

译文

道，是人人都在遵循的，它使自然界的万事万物不断变化，却不知道它们运动变化的缘由。

◆◆◆ 事典 ◆◆◆ 周厉王不行王道遭放逐

周厉王曾宠信一名叫荣夷公的大臣，给了他很多的特权。荣夷公利用他的特权，搜刮财物，残酷欺压百姓。他对内封山占水，垄断山林川泽的一切收益，禁止老百姓上山砍柴、打猎或下河捕鱼，断绝了人民的生计；对外兴师动众，征伐邻邦，不断加重老百姓的负担。

他的倒行逆施、横征暴敛，造成了广大人民的强烈不满。朝野上下，怨声载道，杀机四伏，社会因此变得动荡不安。为了维护周厉王的统治，大臣召穆公对厉王说："荣夷公的这种做法，让百姓忍受不了了，您如果不趁早收回给荣夷公的特权，百姓就要暴动了，出了乱子可就不好收拾了！"

厉王撇撇嘴说："这点小事情，我自有办法应付。"于是，周厉王下令，禁止国人批评朝政。他还从卫国找来一个巫师，要他专门刺探批评朝政的人，说："如果发现有人在背后诽谤我，你就立即报告，我会严惩这些刁民！"卫巫派了一批人到处察听，他们经常借机敲诈、勒索。谁要是不听话，他们就诬告其谋反。可恶的厉王听信了卫巫的报告，杀了不少国人。

从此以后，国人全都不敢在公开场合议论国事了。人们在路上碰到熟人，不敢交谈，交换一个眼色就匆匆走开。厉王发现批评朝政的人渐渐少了，感觉十分满意。

有一次，召穆公去见厉王，周厉王高兴地对他说："你看，现在老百姓都同意我的做法，没有人反对了呢。"

召穆公叹了一口气说："您这是强行封老百姓的口，哪里是老百姓真就没有自己的想法了啊！这怎么行呢？堵住人的嘴，不让人说话，比堵住河流还要危险哪！治水必须疏通河道，让水流到大海；治国家也是一样，必须引导百姓说话。硬堵住河流，等到决口，伤害的人一定会更多；硬堵住人的嘴，比堵塞河流的后患更为严重，是要闯大祸的呀！"

厉王不以为然，施行的暴政越来越厉害。过了三年，也就是公元前841年，国人忍无可忍，终于举行了一次大规模的暴动。他们围攻王宫，要杀厉王。周厉王听到风声，慌忙带了一批人逃命，一直逃过黄河，到一个叫作彘的地方才停下逃亡的脚步。

周厉王一生逆天道而行，与人民为敌，与民争利，钳制民口，蔑视民意，到头来仓皇出逃，客死他乡。身败名裂的周厉王对后世也不能说没有意义，他的可耻下场告诫后人：不行正道之人，终究不会有好下场。

◆◆◆ 人物 ◆◆◆

周厉王（前878年—前841年），在位期间任用荣夷为卿士，横征暴敛，将社会财富和资源垄断起来，招致了贵族和平民的不满；为压制国人的不满，任用卫巫监视口出怨言的人，发现就立即杀死，致使国内各种矛盾愈来愈尖锐。他还不断南征荆楚，西北方面又防御游牧部落——西北戎狄，特别是猃狁，不时入侵；与周边的少数民族也有矛盾。公元前841年，国人暴动，他仓皇而逃，最终客死异乡。

◆◆◆ 古为今用 ◆◆◆ 老老实实做事，清清白白做人

“道”存在于宇宙万物中，它无处不在。我们日常生活中的衣食住行、动静休止、言谈仪表；大到无边无际的宇宙，小到纤细的草籽内核，无处不有道的存在。

《素书》中所谓的“道”，也可理解为“自然之力”。老子说：“自然者，自然而然也。”自然，即人们平常所说的“天然”，指万事万物没有人为因素的那种状态，清水芙蓉，自得天成。这是“道”的一种特性，也是道家所提倡的一种生活态度，是老子所推崇的最高的人生境界。“道”很难掌握，但如果想成就一番事业，就必须尽力去顺应它。

某建筑工地上，外地农民工结清一年的工钱后陆续返乡，但还有几十个人约30万元的尾款没有结清。由于工程款难收，工地放假后，包工头孙先生一直留

在北京催款，可只收到11万元工程款，还差10多万元。

没办法，他只得打电话请兄弟帮忙。吃过晚饭，孙先生来到相隔不远的弟弟家中。

“我上次给你打电话借的钱，你准备好没有？”一进门，孙先生就问弟媳。

“10万够不够？”

“不够，你给我15万吧。”

弟媳正在做晚饭，孙先生就在网上查看天气预报，结果发现回老家的沿途即将出现雨雪天气。说话间，弟弟回来了。

孙先生说：“我今晚就得走，不然明后天大雪封路，就走不成了。”

“明天一早走不行吗？”弟弟有些担心。

“不行，我得赶回去把工人的工钱结了，账我都算好了。”

见哥哥已经决定，弟弟没再劝阻，让妻子拿出15万元现金。孙先生将这15万元和自己筹措的11万现金打包，放到后备厢，回家接上家人，在夜色中出发了。这一次如同往年一样的出发，不料想竟成兄弟俩的永别。

第二天一早，弟弟得知哥嫂仍未到家，拨打他们的电话一直无人接听。略感不祥的他沿途驾车寻找，后来在一家医院里找到了哥嫂一家人的遗体。他眼前一黑，顿时倒在地上；醒来后，号啕大哭。

抹干泪水，他和随行的亲友在各个停车场查找哥哥的事故车，从撞烂的小轿车后备厢里取出保存完好的26万元现金。“取出钱的一刹那，要替哥哥结清工钱的想法就闪现在我脑海里。”弟弟说，“哥哥今生不欠人一分钱，不能让他欠下来生债。”

时间紧迫，已经30多个小时没合眼的弟弟动身往家赶。15个小时马不停蹄，他一路顶着风雪中赶回了老家。他让姐姐帮忙封锁消息，设法暂时瞒着父母。然而，善意的谎言没能瞒住真相。他一边安慰父母，一边把自己的想法告诉了姐姐。姐姐开始有些反对：“等年后哥哥的后事处理完再说吧。”

孙先生的弟弟晓之以理：“我们家这个年是过不成了，但不能让跟哥干了十几年的工友们也过不好年，让人家骂我们兄弟不地道！在大年三十前，一定要把工钱结清。这是咱家20年来的规矩。”

腊月二十九这天，跟随兄弟俩打工的农民工数十人，从早上7点到晚上8点半，钱账两清。

物欲横流的今天，孙氏兄弟俩的生死接力谱写出一段信义传奇。这是一对善良、正直的兄弟。老老实实做事，清清白白做人！他们把农民工称呼为自己的“兄弟”，他们从心底用行动尊重、善待每一个兄弟。

孙氏兄弟用生命和行动诠释了道德的真义、责任的力量和人格的伟大。他们重大义、讲诚信，是我们中华民族传统美德的传承者，是社会主义荣辱观的践行者，是值得我们所有人学习的道德楷模！

原文

德者[1]，人之所得[2]，使万物各得其所欲[3]。

注释

①德：指品德、德行。

②得：取得，获得，《孟子·告子上》认为：“心之官则思，思则得之，不思则不得也。”

③欲：欲望，需要。一说这里指有志于天下的大欲。

译文

德，是人们自“道”中悟得的，它促使万事万物的欲望得以实现。

事典 秦穆公德行得人心

秦穆公时代，岐山有一个王室牧场，饲养着各式各样的名马。有一天，几匹马突然逃跑了，管理名马的牧官大为惊恐：这件事如果被秦穆公知道，自己肯定会被斩首。于是，他派人四处寻找。

经过一番查找，牧官的手下在山下附近的农村里找到了部分疑似马的骨头。牧官认为马匹一定是被村里农民吃掉了，大为愤怒，就把这个村的三百个农民全部逮捕，交给秦穆公定夺。

听了牧官的介绍，秦穆公不但没生气，还说：“这几匹名马浑身都是精肉，只吃肉不喝酒怎么行呢？这样身体会不舒服的。”秦穆公不仅没有处死这些农民，反而赏赐给他们美酒喝。三百个农民对秦穆公感恩戴德。

几年后，秦穆公与晋惠公交战。平常在战场上战无不胜的秦穆公，这次却陷入绝境。他所有的士兵都被敌军包围，眼看就快被消灭，秦穆公自己也做好了战死的准备。然而，正当秦穆公绝望之时，突然敌军阵地的一角被人攻破，一股骑马的部队冲了进来，协助秦穆公的军队对抗晋军。

这支部队作战非常勇猛，逼得晋军节节败退。不久，秦穆公脱离了险境。到达安全地点后，秦穆公向这些勇敢善战的士兵敬礼，并问他们是何方的军队，为什么来帮助自己。原来，他们就是从前吃了穆公的名马而被赦免死罪的农民。

秦穆公之所以能得救，完全是因为他当年赦免了三百个百姓的死罪。这些农民之所以勇猛无比、拼命奋战，完全是为了报答秦穆公当年的不杀之恩。秦穆公用自己的德行挽救了三百个百姓的性命，最终自己也大受其益。

其实，有些欲望无法得到满足的根本原因，只是在于自身的德行不够。近到个人的生命，远到千秋霸业，只要都能顺天道而行，以德行为根本，那么无论从政、经商，还是处世，都没有不成功的。功德越大，成功率就越高。

人物

秦穆公（前682年—前621年），春秋时代秦国国君，嬴姓，名任好。在位39年，谥号穆。在部分史料中被认定为春秋五霸之一。秦穆公非常重视人才，其任内获得了百里奚、蹇叔、丕豹、公孙支等贤臣的辅佐，曾协助晋文公回到晋国夺取君位。周襄王时出兵攻打蜀国和其他位于函谷关以西的国家，开地千里，因而周襄王任命他为西方诸侯之伯，遂称“霸西戎”。

◆◆◆ 古为今用 ◆◆◆ 人性有弱点，道德有底线

富翁的儿子跟朋友做生意，被骗了，感到很懊恼。他说：“我没想到他是那种人，我们曾相处得那么好！”富翁安慰并告诫儿子说：“人都有自己的道德底线，当外在的诱惑突破了他的道德底线，他就会颠覆传统的道德准则。”儿子听后，仍一脸迷惑。富翁说：“我们不妨做个实验。”儿子点点头。

富翁领着儿子找到了商人甲。甲的店面不大。富翁取得了甲的初步信任后，说：“我有一批货，想和你合作，你愿意卖吗？”

商人甲沉默了一下，说：“可是，我没有钱进你的货怎么办？”

富翁说：“你卖了货再给我钱，反正‘跑了和尚跑不了庙’。”然后，他装作放心的样子，瞥了一眼甲租来的店面。生意谈成了，富翁放了1万元钱的货在甲的店面里。

随后，富翁又领着儿子找到店面稍大的商人乙，和店面更大的商人丙，都放了1万元的货在他们店里。

一个月后，商人丙率先来找富翁——丙的店面大，周转得快。丙付了货款，并提出要从富翁这儿进更多的货。不久，商人乙、商人甲也都来付了货款，无一例外都要求从富翁这儿进更多的货。

富翁分别给了他们3万元的货。儿子说：“他们还是蛮讲信用的，应该多给他们些货。”

富翁只是笑笑，没有解释。又一个月过后，商人丙又率先来付了货款，提出要进更多的货；随后，商人乙也来了，也提出要进更多的货；可是，商人甲却没来。富翁领着儿子到了甲的店铺，那里已是人去屋空。儿子说：“他真不讲信用。”富翁表情很从容，什么都没说。

这回，富翁给了商人丙和商人乙各5万元的货。

儿子说：“他们还是蛮讲信用的，应该多给。”

富翁依然笑而不语。又一个月过去了，商人丙再次率先来付了货款，还提出要进更多的货；商人乙却没有来。富翁领着儿子到了商人乙的铺子，也已经人去屋

空。儿子很惊讶，说：“他怎么这么不讲诚信呢？！看来，只有商人丙是做大买卖的，可靠！”

这一次，富翁赊给商人丙8万元的货。一个月后，丙按时来付货款。接着，富翁赊给商人丙15万元的货。一个月后，丙按时来付货款。这次，富翁赊给商人丙30万元的货。一个月后，丙却没来付货款。

儿子说：“丙一定有特殊原因，他这么讲诚信的人怎会不来呢？”富翁不声不响，领着儿子到了商人丙的铺子，也已是人去屋空。儿子更惊讶了，说：“人怎么这样呢？！”

富翁说：“我把人的道德底线都量化成了数字，你该明白了吧？商人甲的道德底线是3万元；商人乙的道德底线是5万元；商人丙相对还是诚信的，但他也有道德底线，是30万元。这就是人性！”

所谓“道德底线”，就是“守卫”人的最基本的尊严、良知的防线，也就是使人不至于堕落，走向歧途的那条最后防线。

每一种文明都必须具有道德底线，只有这样的道德底线存在，才能防止人的集体性道德犯罪与无意识地全面堕落。

原文

仁者①，人之所亲②，有慈惠恻隐之心③，以遂其生成。

注释

①仁：一种道德范畴，指人与人相互友爱、互助、同情等。

②亲：关系密切，亲近。

③慈：慈善，善良。惠，惠及。恻隐之心：指同情心、怜悯心。

译文

仁，是人所亲近和关爱的，有了慈善、惠人和同情之心，各种善良的愿望和行动就随之产生。

事典 唐太宗仁爱治国

贞观初年，唐太宗李世民对大臣们说："将女子幽禁在深宫中会浪费百姓的财力，不如放她们回家吧！"后来，他先后将3000多名宫女遣送回家，准许其选择丈夫结婚，获得百姓的高度赞同。

贞观二年，关中一带干旱，发生了大饥荒。太宗对大臣们说："水旱不调，都是国君的罪过。我德行不好，上天应该责罚我，可百姓有什么罪过，要遭受如此的艰难窘迫？听说有人卖儿卖女，我很可怜他们。"随后，他便派御史大夫杜淹前去巡察，还拿出皇家府库的钱财赎回那些被卖的儿女，送还给他们的父母。

贞观十九年，唐太宗征伐高丽，驻扎在定州。他亲自到城北门楼慰劳将士。当时刚好有一个士兵生病，不能前来进见，太宗便下诏派人到他床前询问他的病情，又敕令州县为他治疗。将士们得闻此事，都非常愿意随太宗出征。

等大军回师，驻扎在柳城时，太宗又诏令收集阵亡将士的骸骨，用牛、羊、猪"三牲"为他们祭祀，并且亲自驾临，为死者哭泣尽哀，军中将士无不洒泪哭泣。观看祭祀的士兵，回到家里说起这件事，他们的父母都说："我们的儿子战死，天子竟然为他哭泣，他也算死而无憾了。"

正是因为唐太宗以仁爱治国，示范官吏，所以深得民心，这无疑为唐朝的繁荣富强奠定了基础。

人物

唐太宗李世民（599年—649年），名字取意"济世安民"，唐高祖李渊和窦皇后的次子，唐朝第二位皇帝，杰出的政治家、战略家、军事家、诗人。626年玄武门之变夺位登基后，开创了著名的"贞观之治"。他虚心纳谏，厉行俭约，轻徭薄赋，使百姓休养生息，各民族融洽相处，国泰民安，被各族人民尊称为“天可汗”，为后来唐朝全盛时期的“开元盛世”奠定了重要基础。庙号太宗，谥号文武大圣大广孝皇帝，葬于昭陵。

◆◆◆ 古为今用 ◆◆◆ 仁爱管理，无一事不获其成

“仁”是儒家思想的核心。孔子首先把“仁”作为儒家的最高道德规范，提出了以“仁”为核心的一套学说。“仁”的内容包涵甚广，核心是爱人，也就是关心和爱护人。

两年前，赵先生开办了一家贸易公司，由于资金有限，公司规模并不算大。公司上下共有40多名员工，在这些员工中，除了一些精英骨干和公司元老，其他的几乎都是刚刚走出校门的大学毕业生。因为公司太小，无法给予人才充分施展才能的空间，赵先生几乎网罗不到业内精英，只能选择自己培养人才。但无奈的是，自己培养的人才，在羽翼丰满后，往往都会“展翅高飞”。

为了留住人才，赵先生几乎用尽了所有的办法，如加薪、升职等，但毫无效果。正当他无计可施时，他的一位朋友提醒他：“可以采用更人性化的制度，用仁爱之心去关心员工，照顾员工，让他们感觉到家的温暖。在某种程度上，这样做要比加薪、升职更能打动人心。”

自此，赵先生开始改进公司管理制度，积极让员工参与公司管理，增强了员工的主人翁意识。同时，赵先生在工作、生活等各方面对员工进行无微不至的关怀。

前段时间天气突变，降雨持续了近一周的时间，城市公交车因此也变得不准时。为了方便员工上下班，赵先生租赁了两辆大巴车，接送员工上下班。这一举动不但确保了员工们的上班时间，更温暖了他们的内心。

赵先生还设立了意见箱，让大家随意给公司提意见，有的员工提出提高午饭质量，有的员工建议利用长假组织旅游，有的员工建议成立班车制度。对于大家提出的建议，赵先生根据公司的实际情况，大部分都采纳并实现了。

这些富含仁爱思想的管理措施实施后，赵先生留住了大量的人才，公司迅速发展壮大起来。

“仁”是中国哲学史上最重要的范畴之一，“仁”的一般表现是慈爱忧惠、真诚自然、恭俭谦让，应对事物则为宽宏忠恕、怜悯体恤、忧伤慈悲、遂物顺理，无一物不获其生，无一事不获其成。真正具有仁爱精神的人，虽然不刻意表现自己爱护民众，但是民众无不自觉自愿地亲近他，因为每一个人都得到了他的恩惠，种种生灵在他的庇护下都得以安乐生存。

原文

义者①，人之所宜②，赏善罚恶，以立功立事。

注释

①义：正义，公义，指思想行为符合一定的标准。

②宜：适合，相称。

译文

义，是人们所认为的符合道德标准行为，以此来奖赏善行、惩办恶人，从而有利于人们建立功业。

事典 冯谖薛国市义

有一次，孟尝君出示了一通告示来询问他的门客：“谁熟悉会计的事，能替我到薛地收债呢？”

冯谖在告示上署了自己的名字，并让人带话给孟尝君。

孟尝君见了名字感到疑惑，问：“这是谁呀？”

左右的人说：“这也是您的门客啊。”

孟尝君笑道：“这位客人，我还没见过面呢！”他立即派人请冯谖来相见，并当面赔礼道：“我被琐事搞得精疲力竭，被忧虑搅得心烦意乱，加之我懦弱笨拙，整天埋在国事与家事之中，怠慢了先生您，而您却并不见怪，倒愿意往薛地去为我收债，是吗？”

冯谖回答道：“是的，我愿意去。”

随后，冯谖套好车马，整治行装，载上契约、票据动身了。辞行的时候，冯谖问孟尝君：“债收完了，您需要买点什么回来吗？”

孟尝君说：“您就看我家里缺什么吧。”

冯谖赶着车到了薛地，派官吏把该还债务的百姓找来核验契据。核验完毕后，他假托孟尝君的命令，把所有欠债人的债款全部免去，并当场把契约和票据烧掉了，百姓们都高呼“孟尝君万岁”。

冯谖赶着车，马不停蹄，直奔齐都，清晨就求见孟尝君。见冯谖回来得如此迅速，孟尝君感到很奇怪，便立即穿好衣、戴好帽去见他，问道：“债都收完了吗？怎么回来得这么快？”

冯谖说：“都收了。”

“买了什么回来？”孟尝君问。

冯谖回答道：“您曾说‘看我家缺什么’，我私下考虑您宫中积满珍珠宝贝，外面马房多的是猎狗、骏马，后庭多的是美女。您家里所缺的只不过是‘仁义’罢了，所以我用债款为您买了‘仁义’。”

孟尝君十分疑惑，说：“‘买仁义’是怎么回事？”

冯谖道：“现在您不过有块小小的薛地，如果不抚爱百姓，视民如子，而用商贾之道向人民图利，这怎么行呢？因此我擅自假传您的命令，把债款赏赐给百姓，顺便烧掉了契据，以至百姓欢呼‘孟尝君万岁’，这就是我为您买义的方式啊！”

孟尝君听后大为不悦，说：“我知道了，先生退下休息去吧！”

一年之后，有人对齐湣王说孟尝君的坏话。齐湣王听信谗言，对孟尝君说：“我可不敢把先王的臣子当作我的臣子。随后便将孟尝君赶走。

孟尝君只好回到他的领地薛，没想到还差百里未到时就发现，薛地的人民扶老携幼，都在路旁迎接他呢。孟尝君见此情景，回头看着冯谖说道：“您为我买的‘义’，今天真的见到作用了！”

◆◆◆ 人物 ◆◆◆

冯谖，生卒年不详，战国时齐人，是薛国国君孟尝君门下的食客之一，是战国时期一位高瞻远瞩、颇具深远眼光的战略家。冯谖虽然向孟尝君索取了不少待遇，却着实为孟尝君效力不少。通过"薛国市义"、营造"三窟"等活动，冯谖为孟尝君立下了汗马功劳，使其政治事业久盛不衰。

◆◆◆ 古为今用 ◆◆◆ 不欺骗，时刻用"义"来约束自己

海尔集团创立于1984年，其开始时是一个亏空147万元的集体小厂。"砸冰箱"的故事改变了它的命运。

1985年，一位用户向海尔反映：海尔电冰箱有质量问题。当时海尔总裁张瑞敏对这件事给予高度重视，他马上带领相关工作人员突击检查了仓库，发现仓库中有缺陷的冰箱还存有76台！

这让张瑞敏大为震惊，他马上召开了一次中层领导会议，商讨这次生产问题的对策。当研究处理办法时，部分干部提出建议说，将这些冰箱作为福利处理给本厂的员工，这样做既能够控制住问题冰箱向市场流通，又能够确保这些冰箱不被浪费；有的人提议对外声明这是一批问题冰箱，然后对外降价销售。而张瑞敏却做出了有悖"常理"的决定：开一次全体员工的现场会，把76台冰箱当众全部砸掉，而且要由生产这些冰箱的员工亲自来砸！

消息一出，许多老工人当场就流泪了，他们对张瑞敏的这个决定十分不理解。要知道，那时候的公司别说"毁"东西，就连开工资都十分困难了！况且，在那个物资还紧缺的年代，别说正品，就是次品也要凭票购买的！如此"糟践"，大家"心疼"啊！当时，连海尔的上级主管部门都难以接受这个决定，纷纷劝张瑞敏另想办法。

但张瑞敏明白，如果放任这种情况，以后可能会出现更严重的问题。今天是

76台，明天就可能是760台、7600台，必须果断实行强硬的措施加以震慑。最终张瑞敏选择了不变初衷，坚守对消费者的“道义”。他不能让这种劣质产品破坏了海尔的形象，破坏了海尔的“义”。

结果，一柄大锤伴随着那阵阵巨响，果然砸醒了海尔人的质量意识！从此在家电行业，海尔人砸毁76台劣质冰箱的故事就传开了！至于那把著名的大锤，已经收入国家历史博物馆。

张瑞敏把冰箱砸了，但却把质量意识砸进了员工心里，把海尔品牌砸向了市场，把海尔的“义”砸进了消费者的心里，这才有了以后广阔的发展空间。如果当时张瑞敏目光短浅，心疼物资，畏畏缩缩，不敢处理掉这76台冰箱，就会给员工们传递一种小小的暗示：即使生产出问题产品也是无关痛痒的。如果海尔丢失了自己的“道义”，丧失了自己作为生产厂家的底线，在市场经济的冲击下，它能否继续坚守阵地就很难说了。

其实，“义”并非只体现在产品质量这一个环节之上，它存在于我们生活、工作的任何一个角落。例如，如果你是一名公司高层管理人员，为了刺激员工工作生产，而向员工提出一些福利保证：提升工资、延长假期等。员工们的工作积极性被调动起来了，工作顺利完成，但作为高层领导的你却以各种理由不予兑现，这样不仅会严重损害员工们的积极性，更可怕的是破坏了作为领导者的你的“义”。“义”字一旦丧失，很难再有挽回的机会。

在我国古代存在这样一种认识，“法”之外即为“义”。当损害人民利益的事情发生后，首先会依靠“法”来解决，如果“法”不能公正解决，就会有一些人主动站出来，伸张正“义”，这些人就是我们口中的“侠”。

在现代社会，法律逐步健全，人们维护自己权益的意识也逐步增强，“法”和“义”正逐步融合在一起。在很多情况下，违背了“义”，也就同时触犯了“法”。例如上文所说的，欺骗员工、刺激员工工作这类事件，违背“义”的同时，也触犯了《劳动法》，员工可以拿出法律武器来维护自己的权益。

另外，在市场中经常出现的一些诈骗事件，公司之间的不正当经营，这都在破坏了“义”的同时触犯了“法”。所以，我们一定要谨慎言行，并时刻用

"义"来约束自己。另外，我们也要充分了解"义"字内涵，这样才能在实际生活中灵活运用。

原文

礼者[1]，人之所履[2]，夙兴夜寐[3]，以成人伦之序[4]。

注释

①礼：由于道德观念和风俗习惯而形成的仪节，泛指古代社会贵族等级制的社会规范与道德规范。

②履：原意是鞋，践踩、走过，此处为履行义务。《后汉书·吕强传》："南面当国，宜履行其事。"

③夙兴夜寐：早起晚睡，形容非常勤奋，此处指每天的生活行为。夙，早；兴，起来；寐，睡。

④人伦：封建社会里指人与人之间的关系和应当遵守的行为准则，即父子有亲、君臣有义、夫妇有别、长幼有序、朋友有信。

译文

礼，是人们必须遵照履行的一些道德规范，每天的生活行为都要努力守礼，以达成父子有亲、君臣有义、夫妇有别、长幼有序、朋友有信的人伦秩序。

事典　程门立雪与孟子休妻

北宋哲学家、文学家杨时从小就聪明伶俐，4岁入村学习，7岁就能写诗，8岁就能作赋，人称"神童"。他15岁时攻读经史，熙宁九年登进士榜。他一生立志著书立说，曾在许多地方讲学，备受欢迎。居家乡时，长期在含云寺和龟山书院，潜心攻读，写作教学。

有一天，杨时与他的学友游酢，因对某个问题有不同看法，为了求得一个正确答案，他俩一起去老师程颐家请教。

时值隆冬，天寒地冻，阴云密布。他们行至半途，瑞雪霏霏，冷飕飕的寒风肆无忌惮地灌进他们的领口。来到程颐家时，适逢程先生坐在炉旁打坐养神。杨游二人担心惊扰老师，就在门口静候。

这时，远山如玉簇，树林如银妆，房屋也披上了洁白的素装。杨时的一只脚冻僵了，冷得发抖，但依然恭敬侍立。

过了良久，程颐一觉醒来，从窗口发现侍立在风雪中的杨时，只见他通身披雪，脚下的积雪已一尺多厚了，赶忙起身迎他俩进屋。此后，“程门立雪”的故事就成为尊师重道的千古美谈。

素书

关于古人尊重礼节的故事还有很多，我们再来看一个例子。

有一次，孟子的妻子在房间里休息，因为是独自一个人，便无所顾忌地将两腿叉开坐着。这时，孟子推门进来，一看见妻子这样坐着，非常生气。

原来，古人称这种双腿向前叉开坐为“箕踞”，“箕踞”向人是非常不礼貌的。孟子一声不吭走出去，看到孟母便说：“我要把妻子休回娘家去。”

孟母问他：“这是为什么？”

孟子说：“她既不懂礼貌，又没有仪态。”

孟母又问：“因为什么而认为她没礼貌呢？”

“她双腿叉开坐着，箕踞向人。”孟子回道，“所以要休她。”

“那你又是如何知道的呢？”孟母问。

孟子便把刚才的一幕说给孟母听，孟母听完后说：“那么没礼貌的人应该是你，而不是你妻子。难道你忘了《礼记》上是怎么教人的？进屋前，要先问一下里面是谁；上厅堂时，要高声说话；为避免看见别人的隐私，进房后，眼睛应向下看。你想想，卧室是休息的地方，你不出声、不低头就闯了进去，已经先失了礼，怎么能责备别人没礼貌呢？没礼貌的人是你自己呀！”

一席话说得孟子心服口服，再也没提什么休妻的事了。

人物

孟子（前372年—前289年），名轲，字子舆。战国时期邹国人，鲁国庆父后裔，中国古代著名思想家、教育家，战国时期儒家代表人物。孟子及其门人著有《孟子》一书，继承并发扬了孔子的思想，成为仅次于孔子的一代儒家宗师，对后世中国文化的影响全面而巨大，有“亚圣”之称，与孔子合称“孔孟”。

杨时（1053年—1135年），北宋学者、官吏，字中立，号龟山，南剑州将乐（今属福建）人。熙宁九年进士。历官浏阳、余杭、萧山知县，荆州教授、工部侍郎、以龙图阁直学士专事著述讲学。

古为今用 细节定成败，礼仪也是一种竞争力

“礼”是规范全社会的道德行为之规仪和准则，无论在家在国，我们每个人的一言一行都要涉及它。大到国家、团队的集体活动，小到个人的饮食起居，都必须遵循一定的礼仪规范。这样，社会生活才能井然有序，人际关系才能和谐融洽，人民才能安居乐业。

一个国家，如果从国家的领导人到基层的人民群众，动静视听，进退休止，都能按照人伦道德规范去做，就可以从根本上杜绝放荡怪癖、邪恶腐败的不良现象。

在现代社会，人们更加看中“礼”。当今的“礼”不像古人眼中的“礼”那样含义广泛，主要是指交往礼节和商务礼仪。通过“礼”这个字，可以反映出一个人的道德品行，以及他所处的团队集体的水平。正所谓“强将手下无弱兵”，一个遵守礼仪的上司必定会拥有一个“礼仪团队”。通过分析一个毫无礼节可言的下属，就能得知他的上司和团队也应是毫无礼法可言的。

美国一家生产“大输液管”的厂商，来到中国寻找自己的合作伙伴。最终他的市场经理约瑟先生看中了中国一家厂商，双方开始了合作谈判。这是一场艰

难的谈判。一天下来，美国的约瑟先生对于对手——中国某医疗机械的范厂长，既恼火又钦佩。这个范厂长对即将引进的“大输液管”生产线的行情非常熟悉。他不仅对设备的技术指数要求高，而且把价格压得很低。在中国，约瑟似乎没有遇到过这样难缠而有实力的谈判对手。他断定，今后和务实的范厂长合作，事业是能顺利的。于是，他坦然接受了范厂长那个偏低的报价。双方约定第二天正式签订协议。

天色尚早，范厂长邀请约瑟到车间看一看。车间井然有序，约瑟边看边赞许地点头。走着走着，突然，范厂长觉得嗓子里有条小虫在爬，不由得咳了一声，便急急地向车间一角奔去。约瑟诧异地盯着范厂长，只见他在墙角吐了一口痰，然后用鞋底擦了擦，油漆的地面上留下了一片痰渍。

见此情景，约瑟快步走出车间，不顾范厂长的竭力挽留，坚决要回宾馆。第二天一早，翻译敲开范厂长的门，递给他一封约瑟的信：“尊敬的范先生，我十分钦佩您的才智与精明。但车间里你吐痰的一幕使我一夜难眠。恕我直言，一个厂长的卫生习惯，可以反映一个工厂的管理素质。况且，我们今后生产的是用来治病的输液管。贵国有句谚语‘人命关天’，请原谅我的不辞而别。否则，上帝会惩罚我的。”范厂长觉得头“轰”的一声，像要炸了。

人常说，大智不拘小节。别人可以这样看你，你自己却不能这样原谅自己，尤其是在社交活动中。因为有些小节，恰恰暴露出你礼仪修养上的差距。而这又恰是对方所重视的，这就形成了影响合作的大障碍。医疗机械的生产，对环境和员工的卫生习惯要求很高，约瑟的“苛求”并不过分，完全是对企业和产品负责，对公众负责的表现。这也表现了他的科学管理及文明修养的水准。对比之下，范厂长的水平就差了；尽管范厂长有谈判的才能，但文明水准相差太大，又怎能实现和谐的长远合作呢？可见，在社会交往中，言谈举止中的礼仪是非常重要的。

其实，现在绝大多数企业都非常重视员工的商务礼仪，并且在招聘员工、选拔人才的时候，经常会出一些“礼仪”问题，来考验人才。例如大家非常熟悉的，在门口放一个歪倒的拖把，在面试房间里故意少放一把椅子，等等。在面试过程中，以一些细微的细节来考察人才，这些细节其实都是商务礼仪的范畴。

有些公司专门成立了一些学习班，对员工进行礼仪培训，如微笑服务、穿衣技巧、待人细节等，这不仅能有效提升员工的礼仪水平，更能强化公司团队的核心竞争力，在残酷的市场竞争中立足发展。

同时，作为团队的领导更应该注重自己的礼仪修养，这包括对外礼节和对内礼节两方面。对外礼节，是指领导在接待团队外部人员时的礼节，很多领导相当重视，目的在于争取给他人留下一个好印象。然而有少部分人却忽略了对内礼节，他们在对待自己员工下属的时候，作威作福，甚至出现了侮辱员工人格的情况。这会对领导的凝聚力乃至团队的凝聚力造成无法估量的损害，不可避免地导致令不能行、人才流失的情况。作为领导，一定要在“礼”字上下功夫，如此才能在独善其身的同时兼济团队。

原文

夫欲为人之本，不可无一焉。贤人君子，明于盛衰之道，通乎成败之数①，审乎治乱之势②，达乎去就之理③。

注释

①数：指命运，可以知道前事，推测未来。

②势：事物发展的趋向，此处指政治、军事或其他社会活动方面的状况或情势，如趋势、时势、局势。

③理：道理，规律，表现为一种必然趋势。

译文

想要树立修身立业的人生根本，道、德、仁、义、礼缺一不可。德才兼备的贤人，品德高尚的君子，要能洞察事物兴盛衰微的规律，通晓成功失败有其定数，详悉天下安定与纷乱的变化趋势，明达隐退仕进的道理。

事典 刘邦约法三章

汉元年（公元前206年）十月，沛公的军队在各路诸侯中最先到达霸上。秦王子婴驾着白车白马，用丝绳系着脖子，封好皇帝的御玺和符节，在轵道旁投降。将领们有的说应该杀掉秦王，沛公说："当初怀王派我攻关中，就是认为我能宽厚容人，再说人家已经投降了，却杀掉人家，这么做不吉利。"

于是他把秦王交给主管官吏，自己向西进入咸阳，并且下令把秦宫中的贵重宝器财物和库府都封好，然后退回来驻扎到霸上。

沛公招来各县的父老和有才德有名望的人，对他们说："父老们苦于秦朝的苛虐法令已经很久了，批评朝政得失的要灭族，相聚谈话的要处以死刑。我和诸侯们约定，谁首先进入关中就在这里做王，所以我应当关中王。现在我和父老们约定三条：'杀人者死，伤人者刑，及盗抵罪。'其余凡是秦朝的法律全部废除。所有官吏和百姓都可以像往常一样，安居乐业。"

后来，他又派人和秦朝的官吏一起到各县镇乡村去巡视，向民众讲明情况。秦地的百姓都非常喜悦，争着送来牛羊酒食慰劳士兵。沛公推让不肯接受，说："仓库里的粮食不少，并不缺乏，不想让大家破费。"人们更加高兴，唯恐沛公不在关中做王。

人物

刘邦（前256年—前195年），汉高祖，沛丰邑中阳里（今江苏徐州丰县）人，历任沛县泗水亭长、沛公、汉王，后成为汉朝开国皇帝，是汉民族和汉文化伟大的开拓者。中国历史上杰出的政治家、战略家。登基后一面消灭韩信、彭越、英布、臧荼等异姓诸侯王，一面建章立制并采用休养生息之宽松政策治理天下，迅速恢复生产发展经济，不仅安抚了人民，也促成了汉朝雍容大度的文化基础。

◆◆◆ 古为今用 ◆◆◆ 明晓事理的人才能通晓成败

人人都知道孔子讲过“三十而立”，但“立”的内容是什么呢？知道的人就寥寥无几了。所谓“立”，是指“立身，立言，立德”。一个成人，首先要在社会上站稳脚跟，独立生活，这就是“立身”。立身不可不修德，否则立身不稳；处事不可不讲权谋，否则难以成功。以道德为基石，以权谋为手段，人生在世，二者缺一不可，只讲权谋，不讲道德，终归要失败，终归要被人唾弃；只讲道德，不知权谋，也会到处碰壁，寸步难行。

在当今社会，不再过分强调每个人都要确立建功立业的宏伟目标，也不要求每个人都拥有“运筹帷幄之中，决胜千里之外”“未出茅庐定三分”的超强能力。但就自身发展而言，具备一定的知识积累，能够审时度势，通过分析事态的产生和发展，来制订切合实际的战略，这种能力对于个人和所属团队有着至关重要的意义。

年过六旬的刘总在处理公司事务的时候，感觉力不从心了，他时常感叹：自己是真的老了，于是他决定选定一位接班人来继承自己公司的事业。他把自己的想法向董事会成员描述了一番，董事会决定通过一次公司选举，来确定刘总的接班人。

经过严格选举，有两位年轻人脱颖而出，进入了董事会的眼帘。一位是小宋，一位是小张，两个小伙子都年轻有为，进入公司时间都长了。如今，他们分别担任着各自部门的领导职务，而且二者的工作能力是有目共睹的。

两人在选举中获得的票数远远超出其他竞选者，但他们两个人的票数却相差无几。董事会决定按照选举票数直接任命；刘总觉得应该在二者之间再做一次考察，再决定谁是未来的公司总裁。

这一天刘总把两人叫到自己的办公室，对他们说：“你们二人是在选举中得票最多的两个，你们的工作能力也得到了董事会的认可。但总裁只能有一名，所以我决定再对你们进行一次实战考察。现在，你们分别去咱们的两个分公司担任总经理，在分公司你们具有绝对的权威，要竭尽所能来发展自己所在的分公司。半年后，谁领导的分公司创收高、发展快，谁就是未来的公司总裁。”

两个年轻人激动万分，分别去了各自的分公司，开始了新一轮比拼。

小宋到了分公司后，严格按照自己从刘总那里学到的管理技巧、运营技巧管理分公司，重用有经验的老员工，就连奖惩制度都和总公司不差分毫。该分公司在他的带领下，稳步向前。

而小张到了自己的分公司，没有强调生产和经营，没有树立自己的权威，更没有沿袭总公司的管理模式。他首先分析分公司的实际状况，制定了一套真正适合分公司的规章制度，然后结合市场分析得到了一些结论，废除了一些并不适合公司发展的管理模式，重新建立起了一系列新的运营模式。他大胆起用一些具有活力的年轻人，为分公司注入了新鲜的血液。这些措施虽然遇到了一些阻力，却消除了原来制度的很多弊端，加快了公司的发展。

半年后，小宋和小张两个人带着自己的“成绩单”回到了总公司。刘总再次召开了董事会进行商讨。刘总认为，两个年轻人都取得了不错的成绩，相比之下，小张更胜一筹。因为他能够结合实际，消除公司制度的弊端，并制定出符合分公司的管理制度，大胆起用新人，这些都是在新形势下，公司发展所需要的。小宋虽然中规中矩，但没有打破常规的理念和思路，这种保守思想很可能成为公司发展的障碍。最后，小张被确定为总公司未来的总裁。

自然有其盛衰循环之理。贤明能干的人，能看清其兴盛、衰弱、存亡的关键，能通晓事业成败的规律。在以上实例中，小张没有墨守成规，沿袭总公司的制度，而是积极探索，制订了真正适合市场发展的战略，因此他获得了总裁的青睐。我们在实际工作中，同样需要注意这一点。我们要走在事情发展的前面，而不是每次都充当“事后诸葛亮”。这就要求我们必须加强自身修养，不断进行充电学习，既讲道德，又讲谋略。它们是成功的必备要素，如同鸟之两翼，车之两轮，缺一不可。

原文

故潜居抱道[①]，以待其时[②]。

注释

①抱道：坚守住自己的道理，不丧失意志。

②时：指时机，机会。《史记·老子·韩非列传》："且君子得其时，则驾；不得其时，则蓬累而行。"

译文

所以，贤达的君子能隐居深藏，守道而不失意志，以等待天下有事、人可作为的时机。

事典　曹刘煮酒论英雄

东汉末年群雄并起，以袁绍、袁术、曹操、孙权、刘表、刘璋、张鲁、吕布为代表的各路军阀逐鹿中原，互相攻伐。当时刘备虽有心争夺天下、建功立业，怎奈实力弱小。被吕布打败后，刘备投奔曹操，但曹操实乃奸雄，和他在一起非常危险。为了确保自己的安全，刘备掩饰自己夺取天下的雄心，每天在自己的院中种菜。关羽、张飞二人屡次劝他自立门户，但刘备却有自己的打算。

这一天，曹操派人请刘备到后花园中饮酒，刘备入府见曹操。曹操笑着说："你在家做大事啊！"吓得刘备面如土色。曹操拉着他的手，走到后园，说："玄德学习园艺不容易啊！"

刘备听了这才放心，回答说："没事消遣罢了。"

曹操说："刚才看见树枝上梅子青青，忽然想起去年去征讨张绣时，道上缺水，将士们都口渴。我心生一计，用鞭虚指说：'前面有梅林。'将士们听了这句话，嘴里都生出唾沫。现在看见这梅子，觉得不可不赏。又当酒正煮熟，所以邀请使君来小亭一会。"

玄德心神方定，随至小亭，发现下人已经设好杯盘：盘里放着青梅，一樽煮酒。二人对坐，开怀畅饮。酒至半酣，忽然乌云滚滚，骤雨将至。随从遥指天外的龙挂，曹操与刘备凭栏观看。曹操问："使君知道龙的变化吗？"

刘备谦卑地说："愿闻其详。"

曹操说："龙能大能小，能升能隐；大则兴云吐雾，小则隐介藏形；升则飞腾于宇宙之间，隐则潜伏于波涛之内。方今春深，龙乘时变化，犹人得志而纵横四海。龙之为物，可比世之英雄。玄德经常在外游历，一定知道当世英雄，请说说看。"

刘备说了几人，但曹操都不赞同他们是英雄，最后说："能叫作英雄的人，应该是胸怀大志，腹有良谋，有包藏宇宙之机、吞吐天地之志的人。"

刘备小心地问："那谁能被称为英雄呢？"

曹操用手指指刘备，然后又指向自己，说："现今天下的英雄，只有使君和我两人而已！"

刘备听到这句话，吃了一惊，手里拿的筷子和勺子都不禁掉在地上。这时正好大雨倾盆而下，雷声大作，他才从容地低头拿起筷子和勺子说："因为打雷被吓到了，才会这样。"

曹操笑着说："大丈夫也怕打雷吗？"

刘备说："圣人听到刮风打雷也会变脸色，我怎么能不怕呢？"这样才将听到曹操的话吓掉了筷子和勺子的事掩饰了过去，曹操才没有怀疑玄德。

人物

刘备（161年—223年），字玄德，东汉末年幽州涿郡涿县（今河北省保定市涿州）人，三国时期蜀汉开国皇帝，谥号昭烈皇帝，史家又称其为"先主"。他为人谦和，礼贤下士，宽以待人，志向远大，知人善用，素以"仁德"为世人称赞，是三国时期著名的政治家。公元221年在成都称帝，国号汉，年号章武，史称"蜀"或"蜀汉"，占有今四川、云南大部，贵州全部，陕西汉中和甘肃白龙江一部分。公元223年病逝于白帝城，终年63岁，谥号昭烈帝，庙号烈祖，葬惠陵。

古为今用 稻光养晦，隐忍中积蓄力量

刘备乃三国时期著名的政治家，其在青年时期就抱有宏伟的政治抱负和远大的理想。当周旋于群雄之间，尤其是寄人篱下投靠曹操的时候，刘备并没有表现出自己的才能，反而刻意掩饰自己的理想，这叫"韬光养晦"。当时局不利于自己的时候，要隐忍，要回避，以此来保存自己的实力，等到适当的机会再果敢行动。试想一下，如果刘备寄身当世之枭雄曹操时，尽力展现出自己的远大理想，那么恐怕马上就会引来杀身大祸，哪里还有后来的蜀汉王国？

但在现实生活中，却确实存在着这样一种自恃颇高的人，他们锐气旺盛，锋芒毕露，处事则不留余地，待人则咄咄逼人，有十分的才能与聪慧，就十二分地表现出来。他们总喜欢高高地抬着头，往往有着充沛的精力、很高的热情，也有一定的才能，但这种人却往往在人生旅途上屡遭波折。

小王是一家网络公司的技术骨干，他的网络技术堪称一流，在业内是鼎鼎有名的，公司上下对他也是十分尊重。渐渐地，他开始恃才傲物，觉得公司上下都应该围着自己转。由于他是业务骨干，公司领导对他也十分客气，对于他的骄纵也是睁一只眼闭一只眼。

后来，由于运营问题，公司打算把主要气力转向其他产业，同时兼顾网络市场。消息传开后，大家有了不同的反应，有些技术人员认为，反正公司还在顾及网络市场，这是无所谓的事情；有的技术人员则认为到了另寻出路的时候了。但小王依仗自己的才能，对公司领导的决定全盘否决，认为不应该转向其他市场，并向领导大打包票，说自己具有扩大公司网络市场的能力。

虽然领导对他耐心地解释，但是他依然坚持自己的观点，继续阻挠公司的决定。公司领导没有办法，只好忍痛割爱将他辞退了。

在这件事情上，小王没能韬光养晦，虽然能力突出，却只能被辞退。

事实上，在错综复杂的社会中，刻意炫耀才能是一个人成功的大忌。一个有着远大抱负的人，当时机不成熟时，往往会采取韬光养晦的策略。这是为人处世的一种策略，也是做人处事的一门学问。

我们需要明确知道，人与人客观上的实力差距是存在的，而这种差距往往会伤害到其他人，甚至会伤害到自己。正因为如此，很多时候那些“傻子”要比“聪明人”更具有优势，他们知道如何收起自己“锋芒毕露”的一面。在人际交往中，给对方多一些“面子”、一些尊重和一些表现的机会，能让对方得到自我价值的肯定，这要比胡乱地自吹自捧和自我肯定显得更有价值。

不会韬光养晦，过分暴露自己的实力，在工作中是不太容易取得成功的。学会示弱，保存自己的实力才能在关键时刻抓住机会，正应了那句“留得青山在，不怕没柴烧”，聪明的人为了自己将来能够发展，会运用一些出人意料的招数。正所谓“小不忍则乱大谋”，成大事者应该忍受得住眼前的屈辱，采取韬光养晦的策略，敢于和命运抗争。能忍得了屈辱，才能磨砺自己的心智，增强自己的信心，堪当大任。而那些只图一时之快，以自己的弱势与对方相抗的人，无异于以卵击石，白白地牺牲。

在现实生活中，很多初入社会的年轻人往往个性张扬，率性而为，不会委曲求全，结果可能是处处碰壁。在战场上，面临敌人枪弹来袭时，最明智的选择是低下身子甚至卧倒，这样做可最大限度地避免危险，这就说明有时“低”比“高”更适宜生存。

一个人的聪明才智并不需要时刻在别人面前炫耀；一个人的伶俐口齿也不需要表现在挖苦别人方面，要知道，笑到最后的才是最美的，因为实力是在最后爆发。“后起之秀”“后来居上”都是很好的说明。

老子曾说过，当坚硬的牙齿脱落时，柔软的舌头还在。柔弱胜过坚硬，无为胜过有为，正是“刚则折，柔恒存，柔羽胜刚强”。我们学会在适当的时候保持适当的低姿态，绝不是懦弱和畏缩，而是一种聪明的处世之道，更是人生的大智慧、大境界。

在职场生活中，如果你想保持心情舒畅地工作，并且与上司关系融洽，那么就要多注意你的言行。对于姿态上低调、工作上踏实的人，上司们更愿意起用他们。如果你幸运的话，还可能被上司意外地委以重任。

养晦不仅是最佳的自我保护之道，也是一种做人的准则。无论是生活中、职场中，还是社会交往中，如果你能对他人的小过失以大度相对待，实际上也是一种智慧的做法，这种做法会让别人没齿难忘、终生感激。

从为人处事的角度说，放低姿态不失为一种美德，一种风度。做人要圆融通达，而不是摆着架子高高在上；功成名就时更要低调一些，自觉地在名利场中做一名看客，免除无谓的伤害。俗话说“人往高处走，水往低处流”，用在这里就是说，智慧的“水”总是往“低”处流，而汲饱了“智慧”之水的人才能走向大境界！

韬光养晦的智慧最讲究的一点，就是要学会隐忍，把握时机，用理性方法去想问题、办事情，逐渐积蓄力量，最后才能够有所作为、有所成功。

隐忍可以调整心境，从而把握时机，创造佳绩。蚕之所以能变成美丽的蝴蝶，是因为它在看似短暂却又漫长的三个月里忍受了孤独、黑暗和饥渴，最后终于迎来了展翅高飞、五彩缤纷的生活，这难道不是隐忍的结果吗？

在生活中，有些人能力与运气兼备，工作事业一帆风顺。如果我们没能成为这样的幸运儿，碰巧遭遇了事业低谷或瓶颈期，偶有“英雄无用武之地”的感慨，这时候的我们该何去何从呢？答案就是不要抱怨，在做事中磨砺，在隐忍中积蓄力量。

首先，我们不要抱怨现实，更不要自暴自弃。抱怨除了平添自己的烦恼，不能解决任何问题，更不会让现实得到改观。所以，即使暂时对现状不满意，也应保有自信的心态和甘于等待的勇气，相信这只是暂时的，人生的精彩还在前方。

其次，要利用这段“缓冲期”积蓄力量。既然我们渴望成长，期待发展，那么问自己一个问题：面对自己的发展目标，面对可能遇到的严峻挑战，我们真的准备好了吗？

不要给自己借口把时间浪费在意志消沉上，充分利用这难得的时间，思考清楚自己的目标，然后修炼内功。当机会来临时，不让自己因为还没准备好应战而遗憾。

韬光养晦是从古到今做人做事的一项必修智慧和哲学，它是很多人的成功秘诀，尤其是那些处于弱势和不利环境的人，更要将其视为生存和发展的第一要诀。

韬光养晦不仅有低调的内涵，更有正面积极的导向作用，它不仅强调人要积存实力，以图大进，也告诉人们戒骄戒躁，保持谦虚的成功之道。

原文

若时至而行①，则能极人臣之位②；得机而动③，则能成绝代之功。如其不遇，没身而已。

注释

①时：时机。

②极：顶端，最高点。人臣：臣子，臣下。

③机：机会，机遇。

译文

如果时机来了，乘势而行，便能够位极人臣；抓住机会，顺势而动，便能够成就盖世功业。如果遇不到这样的机会，那就只能湮没一生了！

事典 姜太公渭水垂钓

太公姓姜名尚，又名吕尚，是辅佐周文王、周武王灭商的功臣。他在没有得到文王重用的时候，隐居在陕西渭水边一个地方。那里是周族领袖姬昌（即周文王）统治的地区。他希望能引起姬昌对自己的注意，建立功业。

太公常在溪旁垂钓。一般人钓鱼，都是用弯钩，上面挂着有香味的饵食，然后把它沉在水里诱骗鱼儿上钩。但太公的钓钩是直的，上面不挂鱼饵，也不沉到水里，并且离水面三尺。他一边高高举起钓竿，还一边自言自语："不想活的鱼儿呀，你们愿意的话，就自己上钩吧!"

一天，有个打柴的来到溪边，见太公用不放鱼饵的直钩在水面上钓鱼，便对他说：“老先生，像你这样钓鱼，再钓100年也钓不到一条鱼的!”

太公举了举钓竿，说：“对你说实话吧！我不是为了钓到鱼，而是为了钓到王侯！”

太公奇特的钓鱼方法，终于传到了姬昌那里。姬昌得知后，派一名士兵去叫他，但太公并不理睬这个士兵，只顾自己钓鱼，并自言自语道：“钓啊，钓啊，鱼儿不上钩，虾儿来胡闹！”

姬昌听了士兵的禀报后，改派一名官员去请太公来，可是太公依然不搭理，边钓边说：“钓啊，钓啊，大鱼不上钩，小鱼别胡闹!”

姬昌这才意识到，这个钓者必是国之栋梁，准备亲自去请他。于是，他吃了三天素，洗了澡，换了衣服，带着厚礼，前往番溪去请太公。太公见他诚心诚意来聘请自己，便答应为他效力。

后来，姜尚辅佐文王，兴邦立国，还帮助文王的儿子武王姬发灭掉了商朝，被武王封于齐地。姜尚最终实现了自己建功立业的愿望。

人物

姜子牙（约前1156年—约前1017年），姜姓，吕氏，名尚，一名望，字子牙，或单呼牙，也称“吕尚”，中国历史上杰出的政治家、军事家和谋略家。寿至139岁，先后辅佐了六位周王，因是齐国始祖而称“太公望”，俗称“姜太公”。西周初年，被周文王封为“太师”，被尊为“师尚父”，辅佐文王，与谋“翦商”。后辅佐周武王灭商。因功封于齐，成为周代齐国的始祖。

古为今用　大智慧的人不与天争，不与势抗

一个人的成功在于自身的才德皆备，但更重要的是知道“乘势而行，待时而动”。龙无云则成虫，虎无风则类犬，历史上的成功者都不会违背时势率意妄

动。倘若时机不成熟，便应甘于寂寞，静观其变，如姜太公钩闲于渭水，诸葛亮抱膝于隆中；一旦风云际会，时运骤至，就会愤然而起，当仁不让，改变历史，造福于民，如李世民在“玄武门之变”时，先发制人，诛杀长兄建成；赵匡胤策动“陈桥兵变”，黄袍加身。这就是儒家所说的“穷则独善其身，达则兼济天下”。由此可见机遇、局势对于有志者的重要性。孟子说：“虽有智慧，不如乘势。”所以有大智者不与天争，不与势抗。

韬光养晦只是策略，伺机而动、谋求成功才是目的。姜太公、诸葛亮看似隐于深山，实则暗中分析局势，将天下大势掌控于心中，并不断充实自己。如果胸中没有真才实学，即便真的有人来请他们，也只是闹剧一场。

吴鼎民，安徽巢湖人，1951年出生，南航大学与社会科学院教授，常务副院长，江苏省外语教学研究会常务理事，1996年获得“做出突出成绩的中国硕士学位获得者”荣誉称号。

小学毕业时，吴鼎民以全年级第一名的成绩进入一所全国有名的中学读书。可初二还没读完，就赶上了轰轰烈烈的“上山下乡”。他背着行李随着高中同学走了，这一去就是八年多。

在这八年中，除劳动以外，他到处寻找精神食粮。听说附近鞭炮厂收了一大堆书籍准备卷鞭炮皮，他便跑去像搜寻珍宝一样淘出一批大学文科教程，一本本地啃了下去。

大多数人看不到前途，想学习又坚持不下去，他却走到哪儿都捧着一本书。有一次，同伴和他打赌：“别看你今天在读书，明年的今天你还在读书，我把头砍下来送给你！”他没想要同伴的头，但他确实一年后仍在读书，而且一年一年延续下来。当村里只剩下包括他在内的两名知青时，他把回城的机会让给了年长的知青。他是第一批进村的，却是最后一个离开的。

八年中，他不去考虑用什么办法回城，只知道看书学习。因为有一个信念支撑他，这个信念来自一位长者对他说的话：“国家不会永远乱下去，总有一天知识会有用。”他努力着，等待机会。

机会来了，1978年初恢复高考，初二未读完的吴鼎民一举考上了大学外语专

业，他终于抓住了机会。在学习期间，他是学校允许可以不上课的两名学生中的一名，因为他还是学校中专班的教师。后来吴教授为了提高自身能力，一次次向新的高度进发，在南京大学学习，在华东师范大学学习，直到1988年取得广州外国语学院硕士学位。

寒来暑往，吴教授已不年轻。他的心却和年轻人一样，敏锐、进取。他深知机会到来之前准备的重要。现在他正引导、帮助学生做机会到来前的准备，在他带领下搞的分级分类教学试验已经取得了可喜的成绩。吴教授为学生选的学习内容涉及很广，从中国古代美术到柏拉图的哲学思想，从对中国电影发展的分析到当代大学生的思维走向，从伦理道德到宗教法律……在外语教学的课堂上，他不但让学生掌握一门语言，还让学生同时接受综合素质的教育，激活学生自觉学习的能力，帮助学生最大限度地挖掘开发自己的潜能。这就是吴教授受学生欢迎的原因。

吴教授所学所教的专业决定了他不会像理工科那样有震惊世界或者巨额经济效益的成绩。但是吴教授的了不起就在于他了解未来社会需要具有综合素质的人，他知道机会总是青睐有准备的人，所以他始终处于不知疲倦的探索中，去大力帮助学生在机会来临之前做好充分准备。他热切希望每一位学生都有美好的明天。

吴鼎民身逢乱世，却依旧保有读书的信念，终于他等来了机会并牢牢地抓住。有句话叫作“机会总是留给有准备的人”，吴鼎民多年来一直在学习，在充实自己，所以他能够在机会来临之际脱颖而出。

现代社会竞争压力大，机会有限，出现了“僧多粥少”的局面。努力争取尚且不能成功，如果主动退出，去学习“太公垂钓”“卧龙隐居”，无疑是与社会背道而驰的。当代社会要求人们充分具备努力奋斗、拼搏进取的精神，古代贤人“以退为进”的方法已经不合时宜了。

作为团队领导者，应该注意平时对于“团队”的打造，将自己的团队打造为一块“钢板”，从不同角度加强团队建设，才能在机会来临之际，保证自己的团队能够经受住长久的考验。

纵观当今社会及市场，有很多团队在面对机遇和挑战的时候，很难长久立足，其重要原因就是平时不注重对团队的建设，当机会到来之际仓促上阵，终致溃败。

素书

原文

是以其道足高[①]，而名重于后代[②]。

注释

①道：即道德，情操。

②名：即名声，声誉。重：看重，推崇。

译文

因此，一个人道德水平足够高，他的名声就会流传后世，受到后人的推崇。

事典 高风亮节诸葛亮

提起蜀汉丞相诸葛亮，人们最先想起的就是诸葛亮的通天彻地之才：上知天文，下知地理，五行八卦，奇门遁甲，料事如神。还有诸葛亮那份对蜀汉的忠诚——“鞠躬尽瘁，死而后已”。

杜甫曾经写出了“三顾频烦天下计，两朝开济老臣心。出师未捷身先死，长使英雄泪满襟”的诗句缅怀诸葛亮。诚然，诸葛亮已成为智慧、忠诚的化身。虽然经后世考证，我们所熟知的“草船借箭”“借东风”“三气周瑜”“空城计”等都非历史事实，但这并不能影响诸葛亮在我们心中的形象。那个羽扇纶巾的诸葛亮成了中国文化的一分子，在我们的口耳中代代相传。

其实，诸葛亮能够被后人所推崇，其重要原因是诸葛亮高深的道德修养。我们通过他“鞠躬尽瘁，死而后已”的决心即可略知一二。诸葛亮在54岁临终前，

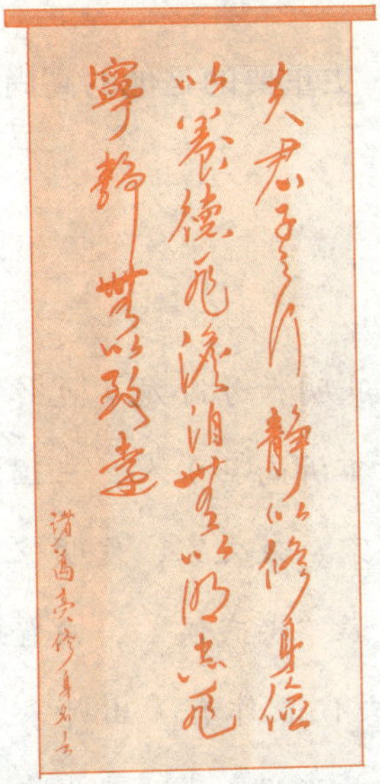

写给自己8岁儿子诸葛瞻的一封家书，成为后世历代学子修身立志的名篇，这就是大名鼎鼎的《诫子书》。它可以被看作是诸葛亮对其一生的总结。诸葛亮也是一位品格高洁、才学渊博的父亲，对儿子的殷殷教诲与无限期望尽在言中。

诸葛亮在文中告诫儿子：“静以修身，俭以养德。非淡泊无以明志，非宁静无以致远。”品德高尚、德才兼备的人，应该用静来修养自身，用俭朴来淳养品德。不看轻世俗的名利就不能表明自己的志向，不静心思考就不能实现远大的目标，沉迷懈怠就不能励精求进，偏狭暴躁就不能冶炼性情。年龄随着光阴飞逝，志向随着年龄消退，最后精力衰竭，学识无成，大多以不能承接先世的志向，不为社会所用，可悲地守着贫寒的居舍。

诸葛亮是华夏历史上权贵中高风亮节、廉洁自守的典范。后主刘禅即位后，诸葛亮身为丞相，封武乡侯，又领益州牧，集蜀汉大权于一身。这时，有人写信劝他接受“九锡”，即由皇帝赐予车马、衣服、乐则、朱户、纳陛、虎贲、弓矢、钛钺、秬鬯，这是天子给予大臣晋爵称的最高礼遇。诸葛亮当即给予拒绝，并写信回答说：“吾与足下相知久矣，可不复相解……吾本东方下士，误用于先帝，位极人臣禄赐百亿。今讨贼未效，知己未答，而方宠齐、晋，坐自贵大，非其义也，若灭魏斩叡，帝还故居，与诸子并升，虽十命可受，况于九邪？”他在《又与李严书》中说：“吾受赐八十万斛，今蓄财无余，妾无副服。”

对于子弟，他从不允许特殊。他在《与兄瑾书》中说：“乔（诸葛乔，兄瑾之次子，亮之继子）本当还成都，今诸将子弟，皆得传运，思惟宜同荣辱，今使乔督五六百兵，与诸子弟传于谷中。”

特别是他临殁遗表、遗嘱，使人读后不禁肃然：“（臣家）成都有桑八百株，薄田十五顷，子弟衣食，自有余饶，至于臣在外任，别无调度，随身衣食，悉仰于官，不别治生，以长尺寸，若臣死之日，不使内有余帛，外有盈财，以负陛下。”

诸葛亮一生的成功不仅是帮助刘备得天下三分之一，更重要的是他的高尚的品格与情操，成为后人学习的典范。

◆◆◆ 人物 ◆◆◆

诸葛亮（181年—234年），字孔明，号卧龙（也作伏龙），徐州琅玡阳都（今山东临沂市沂南县）人，三国时期蜀汉丞相，杰出的政治家、军事家、散文家、发明家。在世时被封为“武乡侯”，死后追谥“忠武侯”，东晋政权特追封他为“武兴王”。其散文代表作有《出师表》《诫子书》等。于234年在宝鸡五丈原逝世，成为后世忠臣楷模，智慧的化身。

◆◆◆ 古为今用 ◆◆◆ 高尚品德铸就无限生命

一个人能够青史留名，受到后人敬仰有很多关键因素，最为重要的一条就是要具备高尚的品德。那些遗臭万年的人，之所以会受到后世唾骂，也是因为其道德败坏。

人的思想是广阔无边的，道德伦理无处不在，大到科技进步、经济繁荣和社会发展，小到一个团队的发展，从根本上说都取决于成员的素质和道德修养。我们很难想象一个道德缺失、素质低下的公司团队会有优秀的企业文化和骄人的市场成果。

我国自古就有“以德服人”的传统，即以良好的德行服务于人、使人佩服。所谓“小胜凭智，大胜靠德”，要在人生舞台上取得大的胜利，仅仅依靠智慧、知识是远远不够的，还要依靠自身的道德修养。道德修养是我国源远流长的历史传统，是公民道德教育的基本内容，同样是现代社会的要求和原则。

道德是一定社会经济关系的产物，又反过来为产生它的社会经济关系服务，立足于解决一个“用”的问题。从道德的产生可以看出，道德是随着社会进步与发展，由于人们生活需要，在一定的经济基础上产生的，它反过来又为经济基础和人们的生活服务。任何道德的产生都是用自己的标准评价一定的社会经济关系和社会经济状况的合理性，否定危害它的社会关系的思想和行为。所以，道德为产生它的社会经济关系服务，并通过一定的道德标准、道德规范推动社会的发展和进步。

在当代社会，道德作用的发挥有待于道德功能的全面实施，道德的功能是道德对人类自身的生存发展和完善的功效及其意义。道德以自己特殊的职能和特有的方式，反作用于社会经济基础和整个社会生活，表现出巨大的能动作用，道德社会价值正是通过道德功能加以实现的。

雷锋曾在日记中写道："我觉得要使自己活着，就是为了使别人过得更美好。"这就是雷锋崇高的道德信仰。在实践中，他时时刻刻都想到帮助别人，多为人民做好事。

1961年5月的一天，雷锋冒雨到沈阳出差，在去车站的路上看见一个妇女携带着两个孩子在滂沱的大雨中向车站走去。雷锋急忙上前，脱下自己的雨衣，披在那位妇女身上，并帮助她们上了火车，到了沈阳又把她们送回家。

1961年夏日的一天，雷锋到佳木斯执行任务，在火车上扶老携幼，帮助列车员忙这忙那。列车到了滨江站，外面下雨，装卸工人忙着遮盖站台上的行李。火车一停，雷锋就下车和工人们干了起来，一直干到开车铃响。

春节期间，人人都在休息，可是雷锋却想：这种日子，服务部门一定很忙，他就主动到火车站帮忙，给旅客倒开水、找座位，扫候车室。看见一位老太太背包袱上车吃力，他就跑上前去，接过包袱，扶她上车。

雷锋永不停息地为人民做好事，他说过："人的生命是有限的，可是为人民服务是无限的，我要把有限的生命，投入到无限的为人民服务中去。"

在雷锋留给我们的宝贵财富中，助人为乐

只是其中的一部分，而更为关键的是，雷锋向我们传递了一个信息，那就是只有具备高尚的品德，才能做出真正有价值的事情，才能受到人们的敬仰和爱戴。

在市场经济高度发达的今天，“雷锋精神”有了新的内涵。人们越来越看重人们的职业道德，强调人们对于团队的贡献。职业道德，是工作人员应该具备的一种崇高精神，是做到求真务实、优质服务、勤奋奉献的前提和基础。

在团队中的人们，首先要安心工作、热爱工作、献身所从事的行业，把自己远大的理想和追求落到工作实处，在平凡的工作岗位上做出非凡的贡献。从业人员有了高尚的职业道德，就能在实际工作中积极进取，忘我工作，把好工作质量关，对工作认真负责和核实，把工作中所得出的成果，作为自己的天职和莫大的荣幸，同时认真分析工作的不足并积累经验。

随着市场经济的发展，对从业人员的职业道德、态度、技能、纪律和作风都提出了新的更高的要求。

有些职业，作为认识和管理社会的基础性工作，默默无闻、枯燥烦琐。要做好这类职业，就要有淡泊名利、无私奉献的道德品质，要有“不唯上、不唯书、只为实”的求实精神。这要求广大从业人员要有高度的责任感和使命感，要有热爱工作、献身事业的职业荣誉感，要有克服困难、任劳任怨、甘于寂寞、乐于奉献的无私精神，更要有适应新形势的变化、刻苦钻研的创新精神。

另外，职业道德还包括“实事求是”。所谓“实事求是”，不光是思想路线和认识路线的问题，也是职业道德的核心。这就需要有心底无私的职业良心和无私无畏的职业作风与职业态度。如果夹杂着私心杂念，为了满足自己的私利或迎合某些人的私欲需要，弄虚作假、虚报浮夸就在所难免，也就会背离实事求是原则这一最基本的职业道德。

社会核心价值观，以德为核心，要求每一位公民必须“明大德、守公德、严私德”，加强个人的道德修养，处理好个人、集体、国家三者关系，树立正确的世界观、人生观和价值观；把继承中华民族传统美德与弘扬时代精神结合起来，坚持解放思想，实事求是，做到与时俱进，勇于创新，淡泊名利，无私奉献。

正道章第二

德足以怀远，信足以一异，义足以得众，才足以鉴古，明足以照下，此人之俊也。

行足以为仪表，智足以决嫌疑，信可以使守约，廉可以使分财，此人之豪也。

守职而不废，处义而不回，见嫌而不苟免，见利而不苟得，此人之杰也。

素书

本章精要

- 政治品德足以使远方的人心悦诚服，信义昭著足以使别人信仰专一而无二心，思想行为足以博得众人拥护，才智足以借鉴古代圣贤的作为，聪明足以洞察属下的欲望——这就是人中俊杰。
- 所作所为足以为人仪表，智力足以决断疑惑难明的事理，信义可以使人践约不渝，廉洁可以使他分理财物——这种人就是豪杰。
- 忠于职责而不玩忽职守，在利害相迫时依然义无反顾，明知必有嫌疑发生，却当仁不让绝不轻易避开，见到有利可图却不随便取为己有——这种人就是杰出的人。

原文

德足以怀远，信足以一异①，义足以得众，才足以鉴古②，明足以照下，此人之俊也③。

注释

①信：坚守诺言，实践成约，从而取得别人对他的信任。一：统一。异：不同的意见或看法。

②鉴古：以史为鉴，总结经验教训。

③俊：才智出众的人。《淮南子·泰族训》："故智过……千人者谓之俊。"

译文

德行足以使远方的人心悦诚服，信行足以统一不同的意见，义行足以博得众人拥护，才智足以以史为鉴，聪明足以洞察属下的心思，这就是人中之俊杰。

事典　四知先生的故事

东汉名臣杨震为官清廉，不谋私利。他始终以"清白吏"为座右铭，严格要求自己，“不受私谒”，这不但在古代是十分可贵的品德，就是在现代也是人们十分敬仰的品质。

杨震在由荆州刺史调任东莱太守赴任途中，路经昌邑（今山东巨野县东南）时，昌邑县令王密，是他在任荆州刺史时举“茂才”提拔起来的官员。听说杨震途经本地，为了报答杨震的恩情，他特备黄金十斤，于白天谒见后，又乘更深夜静无人之机，将金银送给杨震。杨震不但不接受，还批评他说：“我和你是故交，关系比较密切，我很了解你的为人，而你却不了解我的为人，这是为什么呢？”

王密说：“现在深夜无人知道。”

杨震说：“天知，神知，我知，你知，怎能说无人知道呢？”受到谴责后，王密十分惭愧，只好作罢。杨震“暮夜却金”的事在古今中外影响很大，后人因此称杨震为“四知先生”。

杨震为官唯才是举，选贤任能。汉安帝元初四年，杨震被调入朝廷担任太仆，后来升调为太常。杨震在任太常之前，博士选举大多名不副实。杨震任太常后，唯才是举，他所选用的官员，都是通晓经书、学识过人的名士，能将所从事的本门学业弘扬光大，儒生们对此称赞不已。

延光二年，杨震代替刘恺为太尉。汉安帝的舅父、官居大鸿胪的耿宝，向杨震推荐李闰的哥哥为中常侍，即传达皇帝诏令和掌管文书的官员，杨震坚决予以拒绝。耿宝亲自到杨震住处拜访，并威胁说：“李常侍是皇上所重用的人，让你征召他的哥哥入朝做官，我耿宝仅仅是给你传达一下皇上的意思而已。”

杨震义正词严地说：“如果朝廷想让三公府征召谁，就应该由尚书那里把皇帝的敕书送来，怎么能让你来传达皇上的意思呢？”耿宝无言以对，愤恨而去。

皇后的哥哥，官居执金吾的阎显，也想利用职权向杨震推荐自己的亲友入朝做官，同样被杨震拒绝。与杨震同为“三公”的司空刘授，听到这个消息后，当即征召此二人入朝做官，并且在很短时间内予以晋升。两相对比，可见杨震为官是何等的光明磊落、无私无畏。

人物

杨震（59年—124年），字伯起，弘农华阴（今陕西华阴东南）人，东汉名臣，昭帝时为丞相，因功封“安平侯”。因正直不屈权贵，为中常侍樊丰等所忌恨，延光三年被罢，继而诏遣返归郡，途中饮鸩而卒。

古为今用　崇高的道德底蕴让你脱颖而出

所谓“俊杰”，是指才智杰出的人。有的人能够料事如神，对天下大势做出及时、正确的分析；有的人用兵如神，攻必克，战必取，威名远播；有的人善于用人，笼络天下有才之士。综合分析各类“俊杰”，虽然他们的才能各异，深厚的道德底蕴是他们的共同特点。

在现代社会，“俊杰”二字有了新的内涵。我们不会过分要求人们像古人那样，上知天文，下知地理，文武兼备，但必须要道德高尚，受到大家的广泛认可。例如，我们敬爱的周恩来总理，就是现代社会堪称“俊杰”的人物。每当我们提起周总理，不仅会想起他对新中国的兢兢业业，想起他对人民无微不至的关爱，想起他在处理难题时的睿智，更有他那令人敬佩的高尚的道德情操。先来看几则关于周总理的小故事。

有一次，福州军区某副司令员托人给总理送来一筐橘子，很新鲜，说请老首长尝个鲜。总理见到橘子，说：“我不需要。”

大家劝说：“已经送来了，还能再送回去呀？”

总理说：“你们问问这一筐多少钱。”

总理的秘书打电话问过之后，报告总理：“一筐25元。”

总理吩咐：“你给他寄50元去。”秘书说：“总理，价格是25元。你多寄他会退回来的。”总理说：“就寄50元，多余的钱叫他处理，不这样做就制止不了他。我多付钱，他以后就不再送来了。”

果然，那位长官以高出一倍的价钱“卖”给总理一筐橘子，以后就再也不敢给老首长送东西了。他说：“送东西就等于敲总理的竹杠，谁还敢送啊？”

周总理吃饭自己付钱，是众所周知的。这是因为周总理随时记着公私两本账。公就是公，私就是私，公私要分明。

有一次，总理在北京饭店接见外宾，接见结束后，总理感到有些饿，就跟值班卫士说：“我有点饿了，咱们吃点便饭去吧。”他们吃的是一般的饭菜，很快就吃完了。卫士一算账，吃了两元八角。不要以为这是优待价，总理从来不允许优惠，严格要求按市价收付款。

在当时那个年代，钱同现在很不同，两元八角的饭菜算是非常正常的。可是，那个卫兵这次糊涂了，算账的时候忘了给钱。饭店知道他是总理的卫士，并没有向他追要。卫士追在总理屁股后边上了车，还没坐稳，总理就问：“给了钱没有？”

“哎呀，”他叫一声，“糟糕，忘给了！”

“快给我把钱送去！”总理生气了，大声训道，“要会算经济账，公私算分明，不然怎么行？！”

公私分明，清清白白，堂堂正正，这就是周总理。曾经在周总理身边工作过的人说起他时，都说敢向全国人民保证：总理一生奉献，即便日常生活也从没占过公家一分便宜！

总理外出，无论住交际处、招待所还是宾馆，都要求工作人员不许在小卖部买东西，他自己当然更不会去买。因为那是清廉的时代，也是物质匮乏的时代。新中国成立后，我们开始模仿苏联的经济模式搞社会主义，后来又摸索自己的路子，却始终不能摆脱物质匮乏的阴影。直到改革开放，才终于摆脱这一阴影，走上具有中国特色的社会主义繁荣之路。

物资匮乏的年代，商品分配是个大难题，配发几十种票证也解决不了这个难题。于是，各省、市、自治区的交际处都设立了小卖部，卖紧俏商品，将质高价廉的商品供应首长和外宾。

总理对这种小卖部是很有看法的。有一次去昆明，总理自己掏钱请随行人员吃了顿炒鳝鱼丝，饭后大家说说笑笑在院子里散步。

“小卖部开了！”有人说，“进去看看吧？”

“你们不要去那里买东西，那里面有名堂！”总理皱起眉头说，“什么内部价格呀！你们不要占这个便宜，要买什么到街上去买。”

“街上没有。”不知谁小声嘀咕一声。

“有就买，没有就不买，干吗非买不可？”总理指指小卖部，“搞了这种特殊，再讲清廉也是虚假的。人家5元钱买不到的东西，你1元就买走了，你的100元工资就变成500元了。你再跟群众说你只有100元工资，那算清廉还是算骗人？”

这些小故事，只是周总理辉煌人生的冰山一角，但却反映了周总理充满魅力的人格和高尚的道德修养。当然，我们不可能要求每个人都能做到周总理那样。但作为团队中的一员甚至是团队组织者、管理者，应该不断加深自己的道德修养。

古人认为，道德高尚的人，他的身边都是正直的君子；道德败坏的人，他的周围必定聚拢着一群奸佞小人。如果在一个团队中，人人道德高尚，文明礼貌，并且人人都遵循职业道德，那么这个团队的领导者也必定具备较高的道德水平。如果一个团队的成员素质低下，受人指责，那么这个团队的领导者多半也是不注意道德修养的人。

原文

行足以为仪表[1]，智足以决嫌疑[2]，信可以使守约，廉可以使分财，此人之豪也[3]。

注释

①行：行为，此指所作所为。仪表：此处可理解为榜样、表率。

②嫌疑：疑惑难明的事理。

③豪：具有杰出才能的人。《淮南子·泰族训》："故智过……百人者谓之豪。"

译文

所作所为足以为人表率，智谋足以决断疑惑难明的事理，诚信可以使他践约不渝，廉洁可以让他分散家财，这就是人中的豪杰。

事典 一饭千金的韩信

韩信少年时，父母相继去世，家境贫穷。他既不会种田做买卖，又不能去当官，只能过着游荡的生活。为了填饱肚子，不得不常借故到别人家里去吃饭。有个亭长与他有过往来，他便常常到这个亭长家里去吃饭。亭长的妻子见他常来白吃，很不高兴。

有一次，她故意一清早便烧好了饭，早早就吃完了。韩信来了好长时间也不见亭长家吃饭，知道人家不愿留自己吃饭，便愤然离去，发誓再也不去亭长家吃饭了。

为了能填饱肚子，他常常到淮阴城下的河边去钓鱼。河边有几个老婆婆常在那里洗衣服，日子久了，其中一个看韩信落魄无聊，很同情他。一次家人送来午饭，她便分出来一点给韩信吃。韩信饥不择食，狼吞虎咽地吃了起来。从此，那洗衣婆每次都分一些食物给韩信吃。

一次，韩信吃过饭后，向洗衣婆深深施了一礼，激动地说："承老大娘这般厚待，我永生难忘，将来我得了志，定会报答您老人家！”

洗衣婆听了，责怪韩信说：“男子汉大丈夫说这种话干什么！我看你相貌堂堂，好一个王孙公子，不忍你挨饿，才给你吃点饭，哪里想到要你报答！”说罢，拿了洗好的衣服愤然离去。

望着老婆婆的背影，韩信暗下决心，有朝一日发迹了，一定要兑现今天的诺言，重重报答这位老人家。

后来，刘邦金台拜帅，韩信成就了一番功绩，替汉王立了不少功劳，被封为楚王。他想起从前曾受过洗衣婆的恩惠，便命人把她从淮阴请来，当面向她致谢，并赠给她黄金一千两以示答谢。接着，他又派人把那个亭长找来只赏给他一百小钱，并说：“你是个小人，没将好事做到底。”

人物

韩信（约前231年—前196年），淮阴（今江苏淮安）人，西汉开国功臣，中国历史上杰出的军事家，与萧何、张良合称“汉初三杰”，被萧何誉为“国士无双”。后来遭到汉高祖刘邦的疑忌，以谋反罪处死。

古为今用　重义轻利，以身作则真豪杰

美色、功利、私情都有可能使人丧失理智，但真正的智慧是不会为其惑乱的。只有拥有真正的智慧的人，才能在这些引诱面前冷静地做出正确的抉择，这样的人才是人中之“豪”。

小荣主修电子计算机专业，在毕业后应聘到一家网络公司担任技术员。由于工作兢兢业业、恪尽职守，他受到了公司领导的器重。随着市场的发展，同行之间的竞争力越来越激烈，小荣所在公司的市场份额遭到了同行的抢夺。经研究，公司领导制订了一份适宜长久发展的战略，这份战略中的核心任务就是加强公司核心竞争力。作为一家网络公司，要加强核心竞争力，就必须不断提高计算机技术水平。

为了提升公司的技术水平，公司领导决定选拔一部分年轻、有活力的员工，将他们送到专业计算机技术培训基地进行培训。这个办法不仅能够提升公司的业务技术水平，而且能够培养年轻人才，为公司今后的发展储备力量。

经过层层选拔，有六个人成为深造对象，小荣就是其中之一。公司出资对他们进行了为期一年的高水平培训。经过一年的深造，六个人的业务水平大大提高。但在这一年中，公司却遭遇了严重的打击：市场竞争越来越激烈，老客户大量流失，公司亟待提高技术水平，董事会内部产生矛盾……这些问题让公司几乎走上了绝路。

小荣回到公司后，打算用自己的所学回报公司对自己的栽培，为公司重新夺回原有的市场。没想到，更大的打击降临了，和他一起参加培训的其余五个人，虽然具备了高超的业务技术，却不再认为公司是自己的落脚点。他们都经受不住其他公司的高薪诱惑，纷纷跳槽。其实小荣也受到了其他同行业公司的邀请，但被他婉言谢绝了。他认为是公司的栽培铸就了自己的才能，现在公司急需人才，自己不能忘恩离去，应该在这里发挥自己的才能。

为了回报公司，小荣努力工作。公司将他提拔为技术部主任，总揽技术工作。在工作中，小荣无私地把自己的技术教授给技术部的其他员工，经常主动加班，身先士卒，以身作则。在他的帮助和带动下，技术部的员工们不仅水平大增，而且工作积极性也非常高。

结合公司当前需求，小荣主动和市场部合作，开发了一种新型网络平台，这项技术一经投入市场便好评如潮，快速占领了市场。在技术部的努力下，公司开发了一项又一项先进网络技术，远远将同行企业甩在了身后。半年后，行业间进行了一次交流会，小荣以公司副总的身份参加了这次会议。

小荣虽然没有做出什么轰轰烈烈的大事情，他所做出的成绩不过是挽救了一家濒临倒闭的公司，但他仍可称为当世的“豪杰”。小荣具备了豪杰的品质，在高薪诱惑下他能够保持冷静，重义轻利；在工作上以身作则，对下属起到了表率作用。在现实生活中，我们自然很喜欢别人称呼自己为“豪杰”，这个字眼是对一个人的能力极大地肯定，但我们是否自省过，自己是否具备了“豪杰”的品行呢？

在一个团队中，有的成员经受不住其他公司的高薪诱惑，跳槽频繁。有道是“良鸟择木而栖”，如果所在公司确实不适合自己能力的发挥，或因为客观原因不得不选择高薪职位，这是无可厚非的。但有的人过分看重薪水的高低，稍有不满意就打算另谋他职，把基本的职业道德和职业道义甩在了脑后。其实，这种人真正缺乏的不是高薪，而是对工作的全面认知。在这类人的眼中，高薪能够证明自己的实力，但他们却忘记了，高薪并不能代表自己的职业道德。如果一再强调高薪的价值，势必遮掩了道德的作用。做点工作就要求涨工资、谈价钱的员工，其职业道德是相对较低的，在团队中的人际关系也较差。

有些团队领导总是要求下属提高技术水平、注意穿着、努力工作等，但自己却无法亲力亲为。作为领导，不能以身作则，总是躲在队伍后面空喊口号，是不能激发员工的工作热情的。

事实证明，那些成功的企业家，在责人责己方面是一视同仁的，甚至责己要严于责人。通知员工加班后，这些领导同样会出现在工作一线，始终和自己的员工在一起。要求员工不能迟到，领导就要早早签到；要求员工提高自身修养，领导就要以身作则，只有这样才能激发员工的工作热情，增强领导的凝聚力，让自己成为名副其实的豪杰。

原文

守职而不废[①]，处义而不回，见嫌而不苟免[②]，见利而不苟得[③]，此人之杰也[④]。

注释

①废：懈怠，废弛。

②苟免：苟且免于伤害。

③苟得：通过不正当的手段而获取。

④杰：才能出众的人，此指道德才华都非常优秀的人才。

译文

恪守职责而不懈怠，在利害相迫时依然义无反顾，明知必有嫌疑发生，却不苟且而轻易避开，见到有利可图却不随便据为己有，这样的人就是人中之杰。

事典　三过家门而不入

古时候洪水泛滥，为了让人们能过上安定的生活，舜帝派大禹去整治洪水。四年后的一个早晨，大禹因治水路过家乡。他走近家门，听见母亲的骂声和儿子的哭声。大禹想进去劝解，又怕惹恼了母亲，耽搁了治水的时辰，于是就悄悄地走开了。

治水六七年后，大禹第二次经过家门。那天中午，大禹刚登上家门口的小丘，就看见家里烟囱冒出的袅袅炊烟，又听见母亲与儿子的笑声，于是大禹就放心了。为了治水大业，他又绕过家门，赶紧向工地奔去。

又过了三四年，一天傍晚，大禹又因治水来到家的附近。突然，天下起了滂沱大雨，大禹来到自己家的屋檐下避雨，只听见屋里母亲在对儿子说："你爹爹治平了洪水就回家！"大禹听了非常感动，更坚定了治水的决心，立刻又转身上路了。据史书记载，大禹治水，一去十三年，从没有回过家。

这些记载都是在颂扬大禹一生为公，竭尽全力治理洪水，解除民众水患之苦的崇高行为。据说，禹妻涂山氏生启时，禹也一直在外治水。禹的这种大公无私的精神，受到了民众的赞扬，也为舜所钦佩，所以舜在晚年举荐禹为继承人，并把首领的位置禅让给了禹。

后来，人们用"三过家门而不入"来表示舍小家为大家、忠于职守、爱岗敬业的精神。

◆◆◆ 人物 ◆◆◆

禹，“五帝”之一，夏后氏首领，传说为帝颛顼的曾孙，黄帝轩辕氏第六代玄孙。传说中夏代的第一任君主，父亲名鲧，母亲为有莘氏女修己，姒姓，名文命，字高密，号禹，后世尊称“大禹”。相传禹治黄河水患有功，受舜禅让继帝位。禹是夏朝的第一位君主，是我国传说时代与尧、舜齐名的贤圣帝王，他最卓著的功绩就是历来被传颂的治理滔天洪水，又划定中国国土为“九州”。据说禹死后安葬于浙江绍兴市南的会稽山上，现存禹庙、禹陵、禹祠。

◆◆◆ 古为今用 ◆◆◆ 能力来源于忠诚，忠诚胜于能力

小泉同志是广大民警的杰出代表，他克己为民，恪尽职守，坚持原则，文明执法，用自己的敬业精神实践了“人民乃父母，稳定是天职”的要求，成为民警职业道德建设的典范，在人民群众中树立了人民警察的良好形象。

作为一个普通的交巡警，小泉的收入不高，而且由于妻子下岗，女儿上学，家庭经济拮据；他的工作，既不像科学家那样所从事的专业，可以从科研中享受成功的喜悦，也不像刑警工作那样惊心动魄，能从每次破案后的激动中得到不断的激励，而是每天单调地指挥车辆，疏通道路，平平淡淡。

显然，仅从工资收入或仅从工作特点本身是找不到小泉何以有这种“敬业精神”的答案的。对此，小泉自己解释说：“当一名交巡警，管的事不少。这些事，从小处讲，是鸡毛蒜皮；从大处讲，就是国家的事，党的事。管好了一方平安，道路顺畅，民心就顺畅。”他从“鸡毛蒜皮”的平凡工作中看到了关乎党和国家大事的不平凡的意义。也就是说，他把自己所从事的普普通通的交巡警职业与保一方平安的大事业联系起来，从而确立了“稳定是天职”的社会责任感和使命感。这就是小泉“敬业精神”的根本动因，是一种最可贵、最有力，也是最持久的敬业动因。

正因如此，他能在市场经济条件下，克己为民，甘于清贫；以事业为重，恪尽职守。他为此而生活，以此为乐趣；敬业乐业，鞠躬尽瘁。小泉病重时，因为他在“APEC”安保工作中表现突出而荣立三等功。当领导将奖章送到他的病榻前时，他的泪水夺眶而出。

在小泉眼里，这枚奖章凝结着他为民尽责的生命全部，是党和人民对他实践“稳定是天职”的充分肯定。他十分珍惜这枚奖章，一直把它放在枕边，直到生命最后一刻。

正确处理职业与事业的关系，是履行职业道德、确立敬业精神的一个关键问题。在现阶段，职业作为谋生的手段，这是事实，也是常理。但是，如果仅限于此，是不会有强大的敬业动力的，相反还会因为收入低或工作平淡而产生消极情绪。事实上，任何一种社会所需要的职业，都是建设中国特色社会主义事业的组成部分，无贵贱之分；从事某一职业，也就是在为社会主义事业做贡献。

从业者如能正确地认识到职业与事业的统一关系，就会在自己所从事的职业中确立起正确的人生目标，确立起为事业而奉献的崇高的责任意识和敬业精神，并通过敬业奉献实现自己的人生价值。小泉的敬业精神，正是他正确处理了职业与事业关系的体现。他的敬业精神之所以感人，并为大家所敬仰、学习，其缘由也在于此。

在当代社会，作为社会的一员，忠于职守是最基本的忠诚。忠于职守有两层含义：一是忠于职责，二是忠于操守。忠于职责，就是要自动自发地担当起岗位职能设定的工作责任，优质高效地履行好各项义务；忠于操守，就是为人处事必须忠诚地遵守一定的社会法则、道德法则和心灵法则。

忠于职责

事物的发展和社会的进步是矛盾运动的必然结果。解决问题、化解矛盾的成效和结果，决定着事物发展的方向和进程。我们的工作时时刻刻都会遇到这样和那样的问题，每个人、每件事，无时无刻不是处在矛盾之中。如果我们害怕问题、害怕困难、害怕麻烦，不敢正视问题和困难，见了问题就躲，遇上困难就溜，那么问题就会像毒瘤一样越长越大，最终会影响甚至阻碍事业的发展。敢于正视问题、面对困难，是解决问题的前提条件，也是忠诚地履行职责的基础条件。

作为公司、团队的领导，要有担当，履行好职责义务。如果不愿或不敢承担责任，就无法把工作搞好，不能使事业发展壮大。承担责任，就要以单位的利益、集体的利益为重；要有大局意识、集体意识和牺牲精神；要不怕吃亏，不计较个人得失。

成功者找方法，失败者找借口，不找借口即是忠诚的表现。成功的人，事前头脑中只有“想尽一切办法”，事后头脑中只有“这是我的责任”。忠诚的人会主动追求卓越，缺乏忠诚的人总是在“合格”处停住脚步；如果连合格都达不到，他们就会找借口为自己开脱。我们身边不乏这样的人，遇事就躲，见利就冲，“出手三分利，得劲就倒汤”，无利不起早，有事不搭茬儿。对领导交办的事，他们能推就推，能躲就躲，实在推躲不掉，好办的就办，难办的就拖；遇上困难了不主动想办法解决，而是把问题撂在那里，等它自动消失，等待不了了之，结果误了大事，损失难以弥补。有些事是领导决策有误，不能执行，但他们害怕领导不高兴，就什么也不说，什么也不做，顺其自然，任其发展，最终导致恶果。这是在提高执行力中常见的现象和问题，也是事业发展中最忌讳的情况。

忠于操守

遵守社会法则。不违法、不违纪、不出格，这是为人处事的底线，是个人必须遵守的社会法则。在坚持“三不”的前提下，要注意遵守秩序，举止文明；爱护公物，保护环境；热心公益，关心他人；见义勇为，维护安定；移风易俗，崇尚科学。

遵守道德法则。在团队的日常工作中，要做到不损人利己、不损公肥私、不趋炎附势、不随波逐流、不拉帮结派、不背后捣鬼，不参与黄赌毒。要树立正确的世界观、人生观、价值观和权利观，正确对待和处理利益关系、社会关系和人际关系。坚持爱岗敬业，尽职尽责；优质服务，平等竞争；积极进取，钻研业务；清正廉明，公道正派；团结协作，顾全大局。讲原则，重大义，知礼节，明是非，立诚信。坚决反对拜金主义、享乐主义。

遵守心灵法则。始终坚持为理想而奋斗，为事业发展而努力。坚持顽强拼搏、不断求索。坚持勿以善小而不为，勿以恶小而为之，要坚定不移地走向善之路。人不仅要会劳动、会做事儿，还要学会生活，学会调节自己的情绪，不要被鸡毛蒜皮所裹缚，要让自己过得更洒脱一些。始终保持积极进取、乐观向上、平静豁达的心态。不等不靠不攀比，自力更生，发愤图强。如果做不到最好，就努力做到更好。

总之，忠诚是一种美德，更是一种能力、一种责任、一种精神，我们不论身居何职何处，职位如何变动，只要拥有一颗忠诚的心，就拥有了个人全面发展的舞台，就可以为事业做出我们应有的更大的贡献。“忠于职守”，才不会成为空谈，才显得更有意义。

求人之志章第三

绝嗜禁欲，所以除累。抑非损恶，所以禳过。

贬酒阙色，所以无污。避嫌远疑，所以不误。

博学切问，所以广知。高行微言，所以修身。

恭俭谦约，所以自守。深计远虑，所以不穷。

亲仁友直，所以扶颠。近恕笃行，所以接人。

任材使能，所以济物。瘅恶斥谗，所以止乱。

推古验今，所以不惑。先揆后度，所以应卒。

设变致权，所以解结。括囊顺会，所以无咎。

橛橛梗梗，所以立功。孜孜淑淑，所以保终。

素书

本章精要

- 禁绝不良的爱好，抑制非分的欲望，可以使自己不受拖累。
- 抑制坏事发生，减少罪恶出现，这是为了不必接待鬼神，就可以消除自己的过失。
- 恭己自制，克勤克俭，谦虚受益，居身以约，这是为了保持品节以免陷于不义。
- 常以宽容饶人，再以己之心推人之心待人，在行为上真诚不妄，宽实纯朴。如此，则人人可以接近。
- 欲得天下太平，国家大治，人民安乐，就必须把恶人恶事当作疾病一样憎恨和痛击，还要驱除不务真诚、专尚谗言的人。

原文

绝嗜禁欲①，所以除累②。

注释

①嗜：即嗜好，特殊的爱好，多指不良的。

②累：拖累，连累，如累及无辜。

译文

禁绝不良的爱好，抑制非分的欲望，这样就可以使自己不受外物拖累，也避免累及无辜。

事典 曹鼐的“笨方法”

明朝有个叫曹鼐的地方官员，年轻时任山东泰和典史。一次他捕捉盗贼时，抓获一名绝色女子。当时已来不及回县城，二人只能在一间破庙里夜宿。这女子屡屡以色相诱惑曹鼐，以求逃脱。曹鼐春心荡漾，欲火中烧。

当自觉将要把持不住时，曹鼐立刻用纸片写下“曹鼐不可”四字，并贴在墙上，可过了一会儿又撕掉它并用火烧毁。又过了一会儿，他再写，再烧掉，如此这般十多次，写了烧，烧了写，一夜过去，好不容易盼到天亮，总算英雄过了“美人关”。

曹鼐本可以利用职权，一夜销魂，次日起床，各走各路。但他心中有法，不敢如此。他虽没有柳下惠“坐怀不乱”的本事，也没有高僧们“心如止水”的道行，但却用一种“笨办法”浇灭心中的欲火。办法虽笨，但总算保全了他的清白之身，也实在是难能可贵了。

平心而论，曹鼐算不上“圣人”，所以他内心屡有反复。激烈的思想斗争折磨得他彻夜难眠。不过，古人云：“百行孝为先，论心不论迹，论迹贫家无孝子；万恶淫为首，论迹不论心，论心今古无完人。”对曹鼐的评价，自然也须“论迹不论心”，否则，若作“诛心”之说，曹鼐怕是还有不少“私字一闪念”吧？但不管曹鼐心里曾经怎样想，他毕竟战胜了诱惑，过了“美人关”，还不失为一个响当当的汉子。他不仅保全了自己的清白之身，还为自己减少了许多祸患。

◆◆◆ 人物 ◆◆◆

曹鼐（1402年—1449年），明朝政治家，正统年间内阁首辅。明宣宗宣德八年癸丑科状元，初授修撰，累官至吏部左侍郎兼翰林学士，正统十一年七月至十四年八月任当朝首辅。曹鼐大魁天下后，入翰林，授修撰。英宗即位后，充经筵讲官，撰成《宣宗实录》后，进侍讲，锡三品章服。正统六年由宰相杨荣、杨士奇推荐，入值文渊阁，参与机务。正统十四年随英宗亲征，遇土木堡之变，乱军中被杀。明景帝继位后，赠少傅、吏部尚书、文渊阁大学士，谥文襄。英宗复位，加赠太傅，改谥文忠。

人生在世，所嗜所欲而有害者，唯酒色财气最为普遍。这四样东西，实为伤身、败德、破家、亡国之物。要说完全禁绝这些欲求，也是不现实的，连孔圣人都说："饮食男女，人之大欲存焉。"然而，清心寡欲总还是能做到的。广厦千间，居之不过七尺；山珍海味，食之无非一饱。人生一世，本自清淡，只因犯了一个"贪"字，便演出无穷尽的悲剧。

七情六欲，每个人都有。面对金钱，有的人能洁身自好，见色不迷，见钱不捞，但这不等于心中没有一丝犹豫，没有一点想法。"美色当防，不能缱绻；金钱大把，不敢自肥"，如果觉得这些东西不能为自己所用是人生之"遗憾"，那么人生的岔道就会从此开始。

如果不把这个"遗憾"紧紧锁在心底，贴上封条，而让它跳出"潘多拉的盒子"，作起祟来，既"有心"又"有迹"，变"遗憾"为"无憾"，那就岌岌可危了。所以，对于酒色财气之类，偶尔有点"想法"并不可怕，也很正常，问题在于如何使这些"想法"永远只是"想法"而已；千万不要"心想事成，美梦成真"。如果自己确实道行不够，修养不深，内功不精，不足以抵御诱惑，那么不妨也学学曹鼐，想些笨办法来约束、警策自己。至于用什么办法，各人修为不同，最好选择对自己起作用的"高招"。

几乎世界上的任何一种生命都是有欲望的，所不同的，只是在需求层次上有复杂与简单、原始与高级之分。人的欲望主要由生理与精神两方面构成，满足正常的欲望，是人类文明的表现。然而，欲望一半是天使，另一半却是恶魔，一旦失控，就会把人引向邪恶。我们都是凡人，在日常生活中肯定会产生这样或那样的需求，有的人热衷于对高薪的追求，有的人希望把自己放在高位上。一个正常的人拥有这些欲望，无可厚非，但我们必须做到有能力驾驭这些欲望，千万不能让欲望控制自己的思想和行为。

多年前，某高官率团参加昆明"世博会"期间，违反组织纪律，不与任何人打招呼，一人出走到广州，并以假身份证入住豪华大酒店。

有关部门遍寻无着后，出动警力，才在某大酒店内的一间客房里找到换了姓名的他，并在他的皮包里发现一沓刚收受尚未启封的2万元人民币。

这位高官的反常举动，引起了相关部门的注意。该高官在接受审查期间，其妻子也进入审查组的视线。调查人员发现，其妻子仓皇转移银行存款，数额高达300万元。一起震惊全国的贪腐大案浮出水面！

经检察机关查证，在经济上，该高官贪得无厌，甚至不惜牺牲国家利益，大肆受贿索贿。其在担任重要职位期间，先后87次收受、索取他人财物，价值500余万元。他疯狂地进行权钱交易，平均每天受贿5000元。

同时，该高官为了自己职务提升及工作调动，还先后5次向有关部门的3名工作人员行贿。统计显示，在该高官被扣押和冻结的现金、存单、房屋及贵重物品等共计价值约800万元的财产中，除能说明来源合法的95.3万元财产外，其余财产均不能说明合法来源，经查也无合法来源的证据。生活上，该高官贪图享受，腐化堕落，在工作期间，不仅包养情妇，而且还与珠海等地的风尘女子往来密切。

如此肆无忌惮、触目惊心的贪腐行为，最终将他送上了不归路。

古人云“人为财死，鸟为食亡”，这都是欲望惹的祸。人的追求是无止境的，问题是看追求什么。若是追求获得更多的知识，追求为社会做出更大的贡献，就是一种崇高的追求；追求有个幸福美满的家庭，追求有一份安稳的工作，也是人之常情；若是一味地追求名利、地位、女色，则就十分危险了。

欲壑难填，一旦陷入金钱、权利、美色追逐的旋涡，就很难自拔。几乎所有的贪污腐败案，都与女色相关联。为了满足无止境的欲望，就得不择手段地捞钱、争权。欲望绳索的两端，一端是享乐，另一端是死亡；从享乐开始，以死亡结束。正是因为欲望有着正反两方面的作用，所以人类在其进化过程中，不断完善出一整套伦理道德、法律法规，并以此来规范人们的行为、遏制邪恶的欲望。

人们常说，“无欲则刚”。铁石心肠，无私无畏，这样的人固然不可战胜，但恐怕世上少有。人无欲则枉为人，连基本的饮食男女之需都没有，岂不是成了不食人间烟火的怪物？人的欲望是多方面的，是多层次的，我们提倡尽可能地满足正当的、高层次的欲望追求，以期不断完善自我。

欲望如水，水能载舟，亦能覆舟。要使欲望朝着有利于自我发展的轨迹运行，就必须每时每刻以高尚的伦理标准要求自己，以健康的生活方式规范自己。在我们这个世界上，大凡是利弊参半的东西，就看人怎样去适应它、利用它。人的天性总是在天使与魔鬼之间游荡，只有理性的光芒才能驾驭它。做人是一门很高深的学问，而驾驭欲望这匹烈马，是做人的基本功，我们都得好好修炼才行。

原文

抑非损恶①，所以禳过②。

注释

①损：减少。

②禳（ráng）：祈祷消除灾殃，这里指消除。

译文

压制不合理的做法，减少罪恶的行为，这样就可以消除自己的过失。

事典　宁失手足，不失良将

春秋时的晋国是周室姬姓一系，到了晋悼公姬周手里时，他想重整文公当年的雄风。他常常对拥立他的大臣们说：“承蒙各位不忘文公、襄公的美意，立我为君，同时仰赖祖宗的灵佑，使我得为晋主，我怎能不谨慎从政呢？也请诸位尽心竭力辅佐寡人！”

姬周即位当年秋，兴兵伐郑。弟弟姬杨干一向骄横惯了，不受军纪约束，驱战车横冲直撞，扰乱了晋军的行列。主管军法的中军司马魏绛便依法杀掉了为杨干驾车的人。

悼公听讯后，气呼呼地对中军尉佐羊舌赤说：“魏绛不顾杨干的面子，杀掉他的驾车人，这不等于给我脸上抹黑？还有什么耻辱可以与此相比！你一定要杀魏绛，给我出这口气！”

羊舌赤劝道：“魏绛这个人忠心不二，侍奉君主有难不避，有罪不逃。恐怕用不着我去，他就会主动来向你解释的。”

羊舌赤话刚说完，魏绛就已来到姬周帐前。他把奏章交给有关官员后，便要拔剑自刎，手下众将士从旁制止住了他。姬周打开奏章，里面写的是事情具体经过。

悼公看罢恍然大悟，连鞋都来不及穿，光着脚跑出帐外，唯恐魏绛已自杀殒命。待见到魏绛时，他连忙道歉说：“我向羊舌赤说那番话，是出自手足之情；你诛杀杨干的手下，是依军法行事。杨干是我的兄弟，我却不能教育他，使他触犯军法，这是我的过错。这事不能怪罪你，请你快回军营继续履行自己的职责吧。”

魏绛叩谢不杀之恩，众将士无不称颂姬周知过即改的胸襟。

晋悼公姬周回到行营，大骂他那个不争气的弟弟：“你这个混虫！不知军法，险些让我背上错杀爱将的恶名。”骂完后仍不解气，又让人把杨干押往宗族教师那里学礼三月之后，方许相见。

人物

晋悼公（前586年—前558年），春秋中期晋国国主，杰出的政治家。他惩乱任贤，以韩、栾为股肱，祁、杨为谋主，重用韩厥、知罃、魏绛、赵武等贤臣，严军纪而恤民力，治律历而行礼法，使晋国逐步强大起来。晋悼公与楚庄王，堪称“春秋双璧”。

魏绛，生卒年不详，名绛，谥号为庄，故史称“魏庄子”，春秋时晋国卿。他的先祖是平头百姓，与周同姓，因伐纣有功被周武王封于毕，于是以毕为姓。后事晋献公，伐霍、耿、魏等国有功，封于魏，遂又以魏为姓。

人生最大的困难莫过于战胜自己，如果我们都能像曾子那样“吾日三省吾身”，摒弃邪恶不良的念头，培养真善美的情思，达到使错误的、丑恶的思想渐至于无的境界，那么，任何灾祸不用祈祷便可自行消失。

张海迪，1955年秋天在济南出生，5岁患脊髓病，胸以下全部瘫痪。从那时起，张海迪开始了她独特的人生，无法上学，便在家自学完中学课程。15岁时，海迪跟随父母，下放山东聊城农村，给孩子当起教书先生；自学针灸医术，为乡亲们无偿治疗。后来，张海迪自学多门外语，还当过无线电修理工。

1983年，《中国青年报》发表了《是颗流星，就要把光留给人间》，之后张海迪名噪中华。后来，她获得两个美誉，一个是“80年代新雷锋”，一个是“当代保尔”。

张海迪怀着“活着就要做个对社会有益的人”的信念，以保尔为榜样，勇于把自己的光和热献给人民。她以自己的言行，回答了亿万青年非常关心的人生观、价值观问题。邓小平同志亲笔题词：“学习张海迪，做有理想、有道德、有文化、守纪律的共产主义新人！”随后，张海迪成为道德力量和真善美的代表。

真善美，一直以来都是中国传统文化中一个重要的人才培养目标。其根本目的是将人的思想品德与知识才能摆到同等重要的地位，加强自身的道德修养，进而形成良好的社会风气。

在日见浮华的社会中，各种观念不断地冲击着人们的思想。社会上难免出现不良风气，影响良好社会风气的建立及人们正确的思想价值体系的构建。我们应该如何加强真善美的教育，如何实现真善美价值的统一呢？

学习传统文化的精华

学习传统文化一定要端正态度。有人认为，学习传统文化其实就是在作秀，要么是与时代潮流背道而驰，这是一种极为错误的态度。传统文化并非是给人作秀的，更不是与时代潮流相反的，它是先辈的文化积累，是中华民族优秀道德品质的结晶，它给予我们的是一种内在的财富，让我们在各式各样的竞争中能不断地深化自身，不断发展完善自我，而作为传统文化中的代表之一的真善美，更是能帮助人们在工作、学习中走向更为广阔的舞台。

保持与时俱进的精神

虽然传统文化是先辈们留下的宝贵财富，但并不意味着传统文化就是一成不变的，只有不断发展变化才能更好地为后人所继承。因此，作为传统文化中的一个重要组成部分的真善美，其内涵并非是永远不变的。

例如，真善美最初适用人群是王公贵族们，是指治理国家的统治阶层所要遵守的道德准则，后来由于士大夫阶层登上历史舞台，真善美不再仅仅局限于统治阶级，而是推广到了社会各类人群中。因此，我们应该用发展的眼光去看待真善美，既要认可它的基本内涵，又要不断发展丰富其内容。

我们应该站在社会的需求角度，从时代的发展要求去继承真善美，将这一中华民族传统的道德品质融入我们不断发展的理念中。真善美价值的统一，不应仅仅止于提升个人的道德修养，更应拓展到增强人的精神世界，提高个人的人格魅力等方面。

从小事做起，从每一天做起

中国有句古语："勿以恶小而为之，勿以善小而不为。"这句话讲的就是为恶或为善都是从小事而起的，强调的是行善要从小事开始，一步一个脚印，贵在坚持，这样才能修得善果。追求真善美的价值统一并非一朝一夕就可以完成，而要经历一个极为漫长的过程。

因此，我们不仅要学会坚持，努力践行，更要明白每一件小事、每一天的重要性。只要我们每一天进步一点点，我们就离真善美更近一点点，最终我们将会有一天无限接近真善美！

原文

贬酒阙色[①]，所以无污[②]。

注释

①贬：降低，损减。阙：通“缺”，空缺，这里可理解为远离。

②污：污染，败坏。

译文

减少饮酒，远离女色，这样就可以让自己的品行避免被玷污、败坏。

事典　张飞酒后失徐州

三国年间，刘备讨伐袁术，留下张飞镇守徐州。出门前，刘备一再叮嘱张飞不可大意，并定下三条军约：一不得饮酒致醉；二不得暴躁任性；三不得杖打士兵。

张飞信誓旦旦地应诺，为了显示其决心，他还让属下将三条军约用碗口大的字写下，挂在大堂之上。但是刘备刚踏出徐州城，张飞让下属召集所有将领，搬出50坛美酒，与众将领开怀畅饮。

诸将虽然不情愿，但是由于担心受到张飞的杖打，都敢怒不敢言。酒会上，张飞逼吕布表弟曹豹喝酒，曹豹推辞，并求其看在吕布的面上放过他。张飞素来最痛恨吕布，一听到曹豹搬出吕布，立时火冒三丈，并亲自杖打曹豹。曹豹求救于吕布，并告诉吕布：刘备出兵战袁术，徐州只剩下五千老弱残兵。陈宫趁机指使吕布夺下徐州。

张飞还在睡梦中，突然被吕布来袭的消息惊醒，但由于酒性还没过，走起路来摇摇晃晃，根本就无法战吕布。最后，在士兵的劝阻下，他无奈携兵逃走。张飞饮酒无度，不仅害了自己，还让刘备失去了栖身之地，丢失了徐州，可谓是害人害己。

人物

张飞（？—221年），字益德（《三国演义》中字翼德），幽州涿郡（今河北省保定市涿州市）人，跟随刘备起兵，三国时蜀汉名将，雄壮威武，颇有胆识，被称为“万人敌”。曾率领20骑阻挡了数千虎豹骑追兵，助刘备脱险，入川后又出奇兵破敌将张郃于宕渠。张飞性格豪爽，敬君子而不恤小人，曾义释严颜，又爱鞭挞部下。官至车骑将军，封西乡侯。与关羽、诸葛亮并称“蜀汉三杰”。章武元年，被部下张达、范强暗杀，谥恒侯。史书记载张飞精通书法，擅画美人。

古为今用 远离酒精，把握好自己

“感情深，一口闷”，殊不知，酒肉朋友易交，知心朋友难求。交友靠的是真心，这种通过“酒”就可以“增加感情”“搞好关系”的朋友很可能是靠不住的。

喝酒“损德”“乱性”的说法，自古就有。有人因酒成仇、亲友反目，有人因酒伤身、乱情，更不要说因酒引起的犯罪和交通事故了。

前几年有过一则新闻：一辆黑色轿车从某高校南门驶入，当时车内有两人，包括肇事司机和他的朋友。校门口的保安称，轿车进校门的时候车速并不快，但进校约100米后突然加速，在经过一个超市门口时，将在甬道上的两名女生撞飞，汽车的挡风玻璃瞬间破碎，其中一名女生被撞后在空中翻腾，又被车窗及反光镜二次撞击。

事后交警到达现场，在组织抢救伤者，扣留肇事车辆、行驶证及驾驶证的同时，对肇事司机进行了抽血检测。检查的结果是惊人的，肇事司机血液里的酒精含量为151毫克/毫升，属于醉酒驾驶。

不久，急救中心传来消息，两名被撞女生均因伤势过重，抢救无效死亡。

这一幕酒精带来的血的教训，足可以让我们远离酒精，把握自己。

喝酒误事，这是经过无数事实证明的，现代人喝酒所造成的悲剧更是不胜枚举。世界卫生组织的事故调查显示，大约50%-60%的交通事故与酒后驾驶有关。酒后驾驶已经被世界卫生组织列为车祸致死的首要原因。

如今谈到关于酒的事迹，多数不再是美谈，不再是传奇故事，几乎都成了丑闻。酒在以前是个美好的词，如今却令人谈酒色变。酒的内在含义已经开始转变，现在的酒已经“变味”了。

当然，不可否认，酒文化对现在的我们的人际关系起着很大的作用，正所谓“酒逢知己千杯少”，很多人喜欢和三五好友聚在一起，借酒助兴，活跃气氛，边喝边天南地北聊天。酒在中华文化的历史长河中，不仅仅是一种客观的物质存在，更是一种文化象征。酒文化具有鲜明的民族性与时代性，同时还对社会生活各个方面产生很大的影响。

酒本身是无罪的，但一定要注意：勿因饮酒误事，勿因饮酒坏事。

原文

避嫌远疑，所以不误[①]。

注释

①误：错误，受迷惑。《荀子·参正论》：“是特奸人之误于乱说，以欺愚者”。

译文

避开嫌隙，远离怀疑，这样就可以不受惑于奸人而做错事。

事典 小人面前一定要小心

郭子仪功高盖世，堪称唐王朝的中流砥柱，天下能够安定20年，多亏他南征北战，东征西讨。在他晚年时，四海宴平，朝廷让他退休闲居，唐肃宗赏赐汾阳王府，之后他便忘情声色以消磨岁月。

有一天，宰相卢杞到府上拜访郭子仪，当时郭子仪正被家里所养的一班歌伎包围着，在忘情地欣赏乐舞。一听到卢杞来了，他马上命令所有女眷包括歌伎一律退到屏风后面，一个也不许露面。

郭子仪单独与卢杞谈了好久。等客人走了，家眷们才陆续出来，七嘴八舌地问郭子仪：“你平日接见客人，向来不避讳我们，说说笑笑，主客都很高兴。为什么今天接见一个书生却这般慎重？”

郭子仪说：“你们不知道啊，卢杞这个人很有才干，但他心地狭窄，睚眦必报。此人长得又像个鬼样，半边脸是青的。你们女人们爱说笑，平时莫名其妙的也好笑一笑。假如见了卢杞那副尊容，你们只要有谁笑一笑，他必定要记恨在心。日后他一旦得志，你们和我的儿孙，就一个也活不成了。”

不久，卢杞果然做了宰相。过去看不起他、得罪过他或嘲笑过他的人，全都遭了杀身抄家之祸。唯独对郭子仪一家，即使稍有不合法的事情，卢杞都要曲予周全。他认为郭令公器重他，大有感谢郭子仪的知遇之恩的意思。

迎宾待客，虽是日常琐事，然则遇上卢杞这种人，祸福往往就在顷刻之间。唯有尽量小心对待这些小人，才可以避免祸端。

◆◆◆ 人物 ◆◆◆

郭子仪（697年—781年），中唐名将，华州郑县（今陕西渭南华州区）人，祖籍山西汾阳。以武举高第，入仕从军，累迁至九原太守、朔方节度右兵马使。“安史之乱”爆发后，晋为中书令，封汾阳郡王。戎马一生，屡建奇功，大唐因有他而获得安宁达20多年，史称“权倾天下而朝不忌，功盖一代而主不疑”，享有崇高的威望和声誉。年八十四寿终，赐谥忠武，配飨代宗庙廷。

◆◆◆ 古为今用 ◆◆◆ 千万不要被小人当枪使

俗语有云：“李下不整冠，瓜田不纳履。”后来简化为“瓜田李下”，意思是经过瓜田时，不要弯下身来提鞋，免得让人家怀疑摘瓜；走过李树下面时，不要举起手来整理帽子，免得让人家怀疑摘李子。

古人强调正人君子要顾及言谈举止、风度礼仪，除此之外，还要主动避嫌，远离一些有争议的人和事。日常行止如此，办大事时更要如此。在行动上应避嫌，在用心时应去疑，一是为了避免节外生枝，干扰谋事；二是为了明哲保身，远祸消灾。

某局里来了新局长，中层以上干部集合在办公室迎接。新局长微笑着走进来同他们一一握手。到张科长时，他没接新局长伸过来的手，而是抬高手臂在新局长肩头一拍：“老李，是你啊！欢迎老同学！”

新局长肩头轻轻一缩，眉头轻轻一皱，好似被拍疼了，旋即笑着说：“你好，张科长！”

接风宴上，张科长异常活跃，擅长溜须拍马的刘科长更是忙前忙后，给局长敬酒时身子站起，腰微微弯下，双手擎杯，语气谦卑。张科长平时对刘科长的“佞臣”做派就很讨厌，心想这回来了老同学主政，一定要让他小心，别像上任局长似的，光喝姓刘的“迷魂汤”。

李局长戴副眼镜，整天面带微笑，一副谦和的样子。他对谁都一视同仁，不论是对经常拍自己肩膀称兄道弟的张科长，还是对毕恭毕敬、唯唯诺诺的刘科长，都是笑脸相对，并且一律称呼“张科长”“刘科长”。

半年后，局里的副局长退休，需要在中层中选出一位副局长。民主推荐会上，张科长和刘科长以相同票数被推荐出来。组织部最后决定征求李局长的意见。此时，大家都认为这个副局长非张科长莫属了，张科长也做好了当副局长的一切准备。

任命书下来，刘科长成了副局长。张科长是性情中人，大怒，他找到李局长开门见山地说：“你咋回事儿，为什么不选我？！”

李局长拍着张科长的肩膀，笑容满面地说：“老同学，别人都知道我们是老同学，所以我要避嫌啊！”

张科长在平时总是把自己和局长的同学关系挂在嘴边上，而李局长在面对人事任命的大事上，选择了避嫌，所以他提拔了刘科长。

在现实生活中，我们除了自己主动避嫌之外，还要注意和小人保持距离。因为有很多事情，并非我们有意为之，而是有小人在一旁挑唆；有些事情我们自己做得很正直，但通过小人之口，就变成了一件坏事。

“敬君子方显有德，怕小人不算无能。”这里所说的“怕小人”，实质是对小人的唾弃。小人擅长挑拨人际关系，制造混乱，以便乱中得益。远离小人，与君子为伍，工作才会顺利，事业才会兴旺，自己也会减少烦恼。

远离小人，避免被利用。小人欺骗性极强，唯利是图，见利忘义，为满足自己既得利益，无所不用其极，所以往往是糊涂领导的“掘墓人”。他们善于捕风捉影，做事不择手段，最会利用领导者的权力和影响，拉大旗当虎皮，包着自己，吓唬别人，为实现自己的目的而不惜毁掉他人乃至朋友的前程。所以明智的领导坚决不要听小人的挑唆，不受小人的蒙骗，不被小人利用，不被小人当“枪”使。

远离小人，避免受伤害。小人没有气度，没有良知，不讲人性，不讲感情，翻脸不认人。如有一点不满足其要求时，他们就会搬弄是非。一句不经意的话，一件鸡毛蒜皮的小事，都可能被他们利用起来，作为口实，并添枝加叶地大做文章。若让他们握住把柄，控制局势，他们就会抓住你的“软肋”，让你束手无策。因此，尽量远离小人，防止与小人的利益纠葛，才不会给小人留下伤害自己的机会。

小人是社会上的一股污浊之气，驱之不去，阴魂不散，阴险狡诈，危害好人，腐蚀社会。他们大都没有骨气，见风使舵，为保全自己，不惜出卖朋友。与小人交密不仅容易直接受害，同时也易损自己的人格形象。

远离小人，避免被“感染”。小人没有真本事，他们靠颠倒黑白，无中生有，溜须拍马获取利益。近朱者赤，近墨者黑。如和小人靠得太近，会无意受到小人的耳濡目染。古语有云：“与善人居，如入兰芷之室，久而不闻其香，则与之化矣。与恶人居，如入鲍鱼之肆，久而不闻其臭，亦与之化矣。”

需要注意的一点是，远离小人并不是不讲原则，并不是一味回避矛盾，而是在不受其干扰的情况下保持清醒，以便适时采取正义手法，抑制小人对我们的生活和工作造成负面影响。

诸葛亮在《出师表》中，总结了两汉成败的缘由：“亲贤臣，远小人，此先汉所以兴隆也；亲小人，远贤臣，此后汉所以倾颓也。”

那么，如何才能消减小人的危害呢？古圣先贤各有招法：公正能震慑小人，小人擅长投机取巧，所以最怕公正；自律会抑制小人，小人擅长利益引诱，自律便让其无懈可乘；认真能够击退小人，小人以弄虚作假为本领，所以在认真面前会一筹莫展；清醒能远离小人，时时保持清醒头脑，小人就不能靠近。

原文

博学切问，所以广知[①]。

注释

①广：扩充知识。知：知识与见闻。

译文

广泛地学习，恳切地求教，这样就可以扩充自己的知识与见闻。

事典　头悬梁，锥刺股

孙敬是汉朝信都人，年少好学，博闻强识，而且嗜书如命。他晚上看书学习常常通宵达旦，邻里们都称他为“闭户先生”。

孙敬读书时随时记笔记，常常一直看到后半夜，时间长了，有时不免打起瞌睡来，一觉醒来，又懊悔不已。有一天，他抬头苦思的时候，目光停留在房梁上，顿时眼睛一亮。他随即找来一根绳子，将绳子的一头拴在房梁上，下边这头就跟自己的头发拴在一起。这样一来，每当他累了困了想打瞌睡时，只要头一低，绳子就会猛地拽一下他的头发，到时候头一疼，他就会惊醒并赶走睡意。从这以后，他每天晚上读书时，都采用这种办法。

年复一年地刻苦学习，使孙敬饱读诗书，博学多才，成为一名通晓古今的大学问家，在当时江淮以北颇有名气，常有不远千里的学子，负笈担书来向他求学解疑、讨论学问。

一个人要想有一番作为，就必须努力学习，广泛阅读，如此才能达到知识渊博的境地。和孙敬有着同样刻苦精神的还有战国时的著名政治家苏秦。为了读书，他甚至用锥子扎自己的大腿。这便是“头悬梁，锥刺股”。

人物

苏秦（？～前284年），字季子，雒阳（今河南洛阳）人，战国时期著名的外交家和谋略家，还是与张仪齐名的纵横家。据说苏秦与张仪同出自鬼谷子门下，跟随鬼谷子学习纵横之术。学成后，外出游历多年，潦倒而归。随后刻苦攻读《阴符》，一年后游说列国，被燕文公赏识，出使赵国。苏秦到赵国后，提出合纵六国以抗秦的战略思想，并最终组建合纵联盟，任“从约长”，兼佩六国相印，使秦15年不敢出函谷关。

古为今用　真才实学是最坚实的根基

广学多闻，不耻下问，是提高一个人素养的基本途径，广泛宣传可奏一时功效，真才实学才是最坚实的根基。即使是天生具有圣贤质地的人，如不勤奋好学，他的名声也不会传之四海，流芳千古。

童第周是我国著名的生物学家，也是国际知名的科学家，其从事实验胚胎学的研究近半个世纪，是我国实验胚胎学的主要创始人。

童第周出生在浙江省的一个偏僻的小山村里，由于家境贫困，小时候一直跟父亲学习文化知识，直到17岁才迈入学校的大门。童第周小时候的好奇心十分强，看到不懂的问题，往往要向父亲问个究竟，而父亲每次都不厌其烦地耐心给他讲解。

一天，童第周看到屋檐下的石阶上整整齐齐地排列着一行小坑坑，他觉得十分奇怪，琢磨了半天也弄不明白是怎么回事，便去问父亲：“父亲，那屋檐下石板上的小坑是谁敲出来的？是做什么用的呀？”

父亲看到儿子这么好奇，高兴地说：“这不是人凿的，这是檐头水滴掉下来的时滴出来的。”小第周更奇怪了：水还能把坚硬的石头敲出坑？

父亲耐心地解释说：“一滴水当然敲不出坑，但是天长日久，点点滴滴不断地敲，不但能敲出坑，还能敲出一个洞呢！古人不是常说‘滴水穿石’嘛！就是这个道理。”父亲的一席话，在童第周的心里激起了一阵阵涟漪，他坐在屋檐下的石阶上，望着父亲，似懂非懂地点了点头。

由于农活比较多，童第周对学习有些失去兴趣，不想读书了。父亲耐心地开导童第周说："你还记得'滴水穿石'的故事吗？檐上小小的水滴只要长年坚持不懈，能把坚硬的石头敲穿。难道一个人的恒心不如檐水吗？学知识也要靠一点一滴积累，坚持不懈才能获得成功。"为了更好地鼓励童第周，父亲书写了"滴水穿石"四个大字送给他，并充满期望地说："你要把它作为座右铭，永志不忘！"

读中学时，由于童第周基础差，学习十分吃力，第一学期末平均成绩才45分。学校让他退学或留级，在他的再三恳求下，校方才同意他跟班试读一学期。

此后，他就与路灯常相伴：天蒙蒙亮，他就在路灯下读外语；夜里熄灯后，他就在路灯下自修复习。功夫不负有心人，期末考试，他的平均成绩达到70多分，几何还得了100分。这件事让他悟出了一个道理：别人能办到的事，自己经过努力也能办到；世上没有天才，天才是用劳动换来的。

大学毕业后，他去比利时留学。在国外学习期间，童第周刻苦钻研，勤奋好学，得到了老师一致好评。获博士学位后，他回到了祖国，在极为困难的条件下从事科学研究工作。

没有电灯，他们就在阴暗的院子里利用月光在显微镜下从事切割和分离卵子工作；没有培养胚胎的玻璃器皿，就用粗瓷陶酒杯代替；所用的显微解剖器只是一根自己拉的极细的玻璃丝；实验用的蛙卵都是自己从野外采来的。就在这简陋的"实验室"里，童第周和他的同事们完成了若干篇有关金鱼卵子发育能力和蛙胚纤毛运动机理分析的论文。

到了晚年，他和美国坦普恩大学牛满江教授合作研究起细胞核和细胞质的相互关系，他们从鲫鱼的卵子细胞质内提取一种核酸，注射到金鱼的受精卵中，结果出现了一种既有金鱼性状又有鲫鱼性状的子代，这种金鱼的尾鳍由双尾变成了单尾。这种创造性的成绩居于世界先进行列。

生活中，每个人都希望博学多才，这是一种处事为人的态度。热爱这个世界以及关于它的知识，这样的人会很开朗，不自闭，能更多地、更敏锐地把握事物好的一面。

追求博学多才要有一种执着的态度。有了这种态度的人，会热情地、坚持不懈地、陶醉其中地探索自己内心的困惑，以至于全人类的困惑，这样最终才能有所收获。

博学也是一种谦虚的态度，知道自己的不足才能好学，进步。博学是一种美德，其好处在于使人明事理。说得大一点，博学是推动人类社会进步的创造力的基础；说得小一点，它是可以帮助我们日后建功立业的手段。

俗话说，“学无止境”。我们切不可有丝毫自满情绪，只有不断学习才能跟上社会不断前行的步伐，保证自己不被社会淘汰。

原文

高行微言[①]，所以修身[②]。

注释

①微：精深微妙。

②修身：陶冶身心，涵养德行。《礼记·大学》：“欲齐其家者，先修其身。”

译文

行为高尚，言辞精微，这样就可以陶冶身心，涵养德行。

事典　范仲淹“断齑画粥”

北宋大文学家、政治家范仲淹曾给后人留下了“先天下之忧而忧，后天下之乐而乐”的千古名句，千百年来受到人们的普遍称赞。

幼年的范仲淹非常不幸，出身贫寒，无力上学，只好跑到寺院中的一间僧房中去读书。在寺庙读书期间，他将自己关在屋内，足不出户，手不释卷，读书通宵达旦地读书。

由于家贫，他生活得十分艰苦。每天晚上，他用糙米煮好一盆稀饭，等第二天早晨凝成冻后，用刀划成四块，早上吃二块，晚上再吃二块；没有菜，就切一些咸菜下饭。虽然生活艰苦，但他毫无怨言，专心于读书学习。

后来，范仲淹的一个同学看到范仲淹的生活如此艰苦仍好学不辍，就回家告诉了父亲。同学的父亲听说后，被范仲淹刻苦学习的精神所感动，也深深同情范仲淹的贫穷处境，于是吩咐家人做了一些鱼肉等好吃的东西，叫儿子带给范仲淹。

那个同学将做好的鱼肉送给范仲淹，说："这是我父亲叫我送给你的，赶快趁热吃吧！"范仲淹回答说："不！我怎么能够接受你的东西呢？还是带回去吧！"那个同学以为范仲淹不好意思接受而推辞，连忙放下东西，就回家去了。

过了几天，那个同学又来到范仲淹的住所，发现上次给他送的好吃的东西丝毫未动，已经变坏了。就责备范仲淹说："看，叫你吃你不吃，东西都变坏了，你为什么不吃呢？"

范仲淹回答说："并不是我不想吃，只是我已经过惯了艰苦的生活，如果吃了这些美味佳肴，以后再过这种艰苦的生活就不习惯了，所以我就没有吃。感谢你父亲的一片好意。"

那个同学回家后，将范仲淹的话如实告诉了他父亲。他父亲夸奖范仲淹道："真是一个有志气的孩子，日后必定大有作为呀！"范仲淹正是凭着"断齑画粥"这股苦读的劲头，最后终于成了我国历史上著名的文学家、政治家。

范仲淹不羡慕荣华富贵，而是脚踏实地地做好自己的学问；也正是有了这样的行为与心态，范仲淹才有了"先天下之忧而忧，后天下之乐而乐"的宽广胸怀和志向，受到后人的广泛赞誉。

人物

范仲淹（989年—1052年），字希文，北宋著名的政治家、思想家、军事家和文学家，世称"范文正公"。范仲淹先祖是唐朝宰相范履冰，世居邠州（今陕西省彬县），后迁居苏州吴县（今江苏省苏州市）。宋仁宗亲政后，担任右司谏一职，1043年，参与"庆历新政"，提出了"明黜陟、抑侥幸、精贡举”等十项改革建议。后因为遭反对，被贬为地方官，辗转于邓州、杭州、青州。皇佑四年，病逝于赴颍州途中，谥文正。

◆◆◆ 古为今用 ◆◆◆ 反省内求，人重在修身养性

修身，即修养身心，努力提高自身的思想道德修养水平。道家、儒家、墨家都讲修身，但内容不尽相同。儒家认为，修身的过程是：格物、致知、诚意、正心；修身是本，齐家、治国、平天下是末。古代的儒家便是通过“反省内求”的方法，使个人的行为同封建道德相吻合，为其封建统治和政权的巩固培养人才。另外，道家的修身要求做到顺应自然，而墨子则要求做到“志功合”，兴利除害，平天下。

当今社会，虽然物欲横流，但大家依然非常注重个人的素质修养。修身并不特指对道德品行进行修养，戒生气、戒自卑、戒暴怒、戒小人、戒诱惑等，这些内容都属于修身的范围。

在现代社会中，修身需要一定的方法，它既需要读书养性，又需要人对自身进行调节。

要学会感恩

别人为你付出一次，你当涌泉相报，任何时候都不能忘记别人对你的好，包括你发脾气的时候。我们往往在和父母吵完架，气完全消了后，才想起父母的好；在与恋人分离后，才想起对方的好；在死者已逝时，才想起他的好。但有些事情已不能挽回，为何不在发火前多想想别人为你的付出？人，往往容易感动一时，却没想过要分分秒秒都怀感恩之心。

要有高远的志向

碰到你觉得很难处理的事情，不要在意，不要焦虑。当你的眼睛望着远方时，你便不会去看脚下的几块石头；当你被天边美丽的彩虹吸引时，你便不会去注视身边树枝上的那张碍眼的蜘蛛网。

要有一颗善良的心

当你遭遇不平的时候，想想这个世界上还有很多人都在受苦，他们与你同是

生命，而你只是沧海一粟，此时，你的心就不再只装着自己的苦难。

要学会坦然

要承认自己的身边必有人超越自己，必有人有你一生都无法企及的天赋，承认了这种必然，就会懂得坦然接受。不要觉得“没有人比得上我”，而是要承认你的身边有很多人具备你没有的优点，或是具备和你一样的优点，甚至比你更为突出，这都是很正常的。没什么大不了的，不要让自卑和妒忌占用大量的时间和精力，静下心来不断完善自己才是正事。

使自己能控制自己

人很想控制别人，很想叫别人依照自己的意思来办事，而自己却容易放纵、任性。人的本性是懒惰的、自私的，这是无可改变的。长久地放纵自我，会导致动物的本性越来越突出。如果你没有这样的危机感，就不可能想到要自我控制。自控能力其实很好锻炼，如当你在做一件你觉得非常有意思的事情的时候，若停止做这件事，除了会让你有不愉快的感觉以外没有任何损失的话，就可以强迫自己立刻停止，不去做。

使自己静心

看书，是最能静心的方法，书能让你静下心来充实自己。当然，其他静心的办法也有很多，如练瑜伽、打太极，或者欣赏音乐、绘画等，但是不管采用什么方法都必须以对自己灵魂的磨炼为前提，如果仅仅是为了赶潮流或满足虚荣心，那只能是看似静心，并非真的静心。

原文

恭俭谦约[①]，所以自守[②]。

注释

①恭：恭敬。俭：节俭。谦：谦虚，不自满。约：缠束，引申为拘束。

②自守：保持自己的操守。

译文

恭敬节俭，谦虚克制，这样就可以保持自己的操守。

◆◆◆ 事典 ◆◆◆ 朱熹与苏轼的简朴生活

朱熹是宋代著名的理学家，而苏轼是家喻户晓的大文豪。这两人不仅在学识上有共同点，在生活上也有相似之处，两人的节俭之名到现在还为后人津津乐道。

话说朱熹，他一生以“清贫”著称于世，生活中践行“茶取养生，衣取蔽体，食取充饥，居止取足以障风雨，从不奢侈铺张”的生活准则。

有一天，朱熹老先生去女婿家看望女儿。女儿见到白发苍苍的父亲突然出现在自己的跟前，既心疼，又惊喜。老父亲来一趟不容易，做女儿的当然希望好好孝敬老人，准备做一点好吃的东西给老人家，以表孝心。然而，女婿是一个穷书生，家里十分贫困。女儿想了半天也不知道做什么菜给父亲。无奈之下，女儿只好跑到屋后的菜园里摘了几根香葱做成清汤，然后又煮了一锅麦饭。

女儿在厨房里倒腾了半天，朱熹老先生在桌子边看书。好不容易饭菜做好了，朱熹的女儿从厨房端来葱汤麦饭，心里十分愧疚，觉得自己对不住养育了自己20多年的父亲。

朱熹看到女儿尴尬的表情，知道女儿想孝敬自己，也明白女儿家中窘迫，于是大口大口地吃起来，并且称赞女儿的手艺非常好。见父亲如此，做女儿的心里就更加愧疚。朱熹见此，就安慰女儿道：“俭朴度日，是我们家的好家风。这样的饭菜已经不错了，吃起来不仅喷香可口，足以饱食，而且还能滋补身体，我有什么不高兴的呢？说实在的，现在能吃上葱汤麦饭就不错了。到你这来时，路过前面几个村庄，看见有的人家屋顶上的烟囱还未曾冒烟哩！”

父女短暂的相聚是幸福的，朱熹见女儿女婿一家和睦，日子虽然清贫，但也能填饱肚子，于是打算回家。临走时，他给女儿、女婿写了一首诗：“葱汤麦饭两相宜，葱补丹田麦补脾。莫道此中滋味少，前村还有未炊时。”意思是说，葱花汤与麦屑饭两样搭配起来吃很适宜，葱可以滋补身体，麦饭可以充饥。不要说这样的饭菜滋味不好，要知道前村人家有时还揭不开锅呢！

朱熹崇尚俭朴，所以历代学者以“朱子固穷”而颂扬之。苏轼和朱熹不同，苏轼乃四川大户人家，从小过着衣食无忧的生活。北宋元丰三年，苏轼因“乌台诗案”被贬到黄州任团练副使，工作岗位发生了变化，待遇自然就有了变化。此时，一家人的吃用只靠苏轼微薄的收入来维持。不过日子虽然过得紧巴，但苏轼这个人懂得经营生活，为此，他精打细算：每月初一这天他便从积蓄中取4500钱等分为30串，挂在屋梁上，每天用画叉挑下一串来做饭钱，每天的用度不得超过150钱，剩下的就放进一个大竹筒里，用来招待客人。就是这样俭朴度日，苏轼依然过得有滋有味。

因为收入来源少了，家里的人都指望苏轼的工资和稿费收入过日子，所以苏轼在生活上也严格要求自己，他曾写过一篇《节饮食说》的小文，贴在自家墙上。苏轼告诉家人，从今以后，自己每顿饭只饮一杯酒，吃一个荤菜；若有贵客来访，设盛宴招待也不超过三个荤菜，而且只能少不能多；如果别人请自己吃饭，也先告诉人家不要超过这个标准，若人家不答应，就干脆不去赴宴。

尽管苏轼与朱熹迫于生计，要精打细算地过日子，但他们的这种会过日子的精神值得我们好好学习。现代人尽管物质生活水平提高了，但有的人总是抱怨生活太苦、太累。想想朱熹与苏轼，也许能让我们更加乐观地对待生活。

◆◆◆ 人物 ◆◆◆

苏轼（1037年—1101年），四川人，字子瞻，号“东坡居士”，北宋文学家、书画家。其文汪洋恣肆，明白畅达，与欧阳修并称“欧苏”，为“唐宋八大家”之一；诗清新豪健，善用夸张、比喻，艺术表现独具风格，与黄庭坚并称“苏黄”；词开豪放一派，对后世有巨大影响，与辛弃疾并称“苏辛”；书法擅长行书、楷书，能自创新意，用笔丰腴跌宕，有天真烂漫之趣，与黄庭坚、米芾、蔡襄并称“宋四家”。著有《苏东坡全集》和《东坡乐府》等。

古为今用 恭俭谦约是一种文明

恭俭谦约，是自我修养的根本。恭敬是对人的态度，这是促进社会文明发展的基础。人人恭敬，全民素质水平自然能快速提高。俭约是持家立身之本，毕竟豪奢浪费是无法持久长远的。谦虚是一个人不断进步的首要条件，只有保持谦虚谨慎的态度，才能不自满、不骄傲，自身素质、知识水平才能得到不断提高。自我约束，能够有效防止自身欲望膨胀。

京剧大师梅兰芳，不仅在京剧艺术上有很深的造诣，而且还是丹青妙手。他拜名画家齐白石为师，虚心求教，执弟子之礼，经常为白石老人磨墨铺纸，全不因为自己是一位名演员而自傲。

有一次，齐白石和梅兰芳同到一家人家做客，白石老人先到。他布衣布鞋，而其他宾朋皆社会名流，或西装革履，或长袍马褂，齐白石显得有些寒酸，不引人注意。

不久，梅兰芳到，主人高兴相迎，其余宾客也都蜂拥而上，一一同他握手。可梅兰芳知道齐白石也来赴宴，便四下环顾，寻找老师。忽然，他看到了被冷落在一旁的白石老人，就让开别人一只只伸过来的手，挤出人群，向画家恭恭敬敬地叫了一声“老师”，并向他致意问安。齐白石深受感动，几天后特向梅兰芳馈赠《雪中送炭图》并题诗道：“记得前朝享太平，布衣尊贵动公卿。如今沦落长安市，幸有梅郎识姓名。”

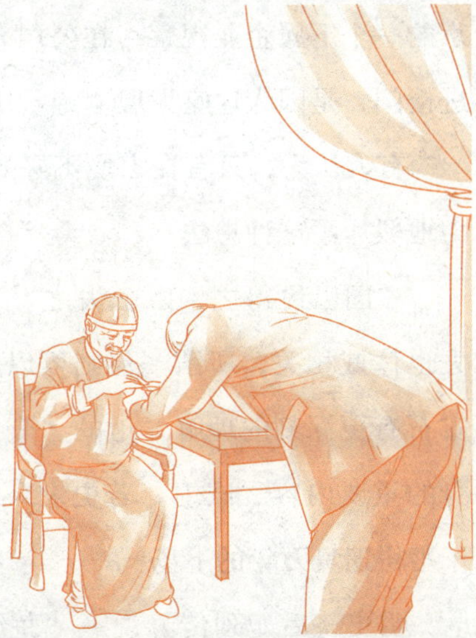

梅兰芳不仅拜名画家为师，也拜普通人为师。有一次，在表演京剧《杀惜》时，他在众多喝彩叫好声中听到有个老年观众说“不好”。梅兰芳来不及卸装更衣就用专车把这位老人接到家中，恭恭敬敬地对老人说：“说我‘不好’的人，是我的老师。先生说我不好，必有高见，定请赐教，学生决心亡羊补牢。”

老人指出：“阎惜姣上楼和下楼的台步，按梨园规定应是上七下八，博士为何八上八下？”梅兰芳恍然大悟，连声称谢。之后，梅兰芳经常请这位老先生观看他演戏，请他指正，称他“老师”。

梅兰芳先生的京剧造诣如此深厚，还能够继续保持谦虚的品格，虚心向他人求教。这种品质是非常值得大家学习的。

当代企业家李书福身价数亿，经常出入国内外，但这个贫寒出身的富翁的“抠门”作风，与其身价一样出名。在李书福的穿戴上，最为著名的是他的那双鞋。在接受电视台采访时，李书福曾当场把鞋脱下，表示其穿的是浙江某企业生产的皮鞋，物美价廉，结实耐用，价格只有80元。

“就是这双鞋，”李书福一边承认确有其事，一边把自己的鞋子在记者面前展示着，“今天太忙没有擦亮，擦亮是非常漂亮的。这双鞋已经穿了两年了。”

同时，他拉着自己的衬衣问坐在旁边的总裁助理：“咱们的衬衣多少钱？”“30元。”助理回答。“这也是纯棉的，质量很不错。”李书福说着拉着自己的印有吉利字样的衬衣让记者看。要知道，接受记者采访的当天，因为有公事，李书福的衣着已经算是很讲究了。

另一个有关李书福衣着的故事发生在北京。据说有一次，李书福来到位于北京的一个下属企业视察，在公司大厦的门前被保安给拦住了。保安之所以不让他进楼门，是因为这座大厦谢绝“民工”进出。

有人认为，只有在家境不好的情况下，才用得着勤俭。李书福的俭约行为有力地驳斥了这种想法。

“国以俭得之，以奢失之。”节俭不仅于国于家大有裨益，而且与个人得失也休戚相关，所谓“俭则可以成家，俭则可以立身”。对此，北宋政治家王安石有更深刻的理解，他的“豪华尽出成功后，逸乐安知与祸双”成为后人修身的重要内容。试想，若史上众多贪官能做到“静以修身，俭以养德”，何至于落得遗臭万年的下场？

明史《后妃列传》说：“骄纵生于奢侈，危亡起于细微。”清代徐荣说：

“街头庙脚褴褛身，半是当年奢靡人。”这些都是从反面指出了奢侈浪费的危害以及节俭的重要意义。在当今的反腐的浪潮中，一只只“老虎”的落马，究其原因，骄奢淫逸是罪魁祸首。

恭俭谦约是一种美德，应该被广泛传承。在一个团队中，如果恭俭谦约的文明之风盛行，必将促进团队的长足发展。

原文

深计远虑，所以不穷[1]。

注释

①穷：原指物质贫乏，这里可引申为穷于应付。

译文

从深处定计预谋，往长远考虑打算，即深谋远虑，这样就可以避免在问题出现时束手无策，穷于应付。

事典 吕不韦和他的“奇货可居”

战国末年的秦国丞相吕不韦，本是阳翟的大商人，他往来各地，以低价买进、高价卖出为手段，积累起千金的家产。

秦昭王四十年，太子去世。两年后，秦昭王把他的第二个儿子安国君立为太子。安国君立自己非常宠爱的一个妃子为正夫人，称之为“华阳夫人”，但是她没有儿子。安国君有个儿子名叫子楚，子楚的母亲叫夏姬，不受宠爱，于是子楚作为人质被派到赵国。他乘的车马和日常的财用都不富裕，生活困窘，很不得意，因此赵国对子楚也不以礼相待。

吕不韦到邯郸去做生意，听说这件事情后非常欢喜，说：“子楚就像一件奇货，可以囤积居奇，以待高价售出。”于是他就前去拜访子楚，对他游说道：“我能光大你的门庭。”

子楚笑着说：“你姑且先光大自己的门庭，然后再来光大我的门庭吧！”

吕不韦说：“你不懂啊，我的门庭要等待你的门庭光大了才能光大。”

子楚心知吕不韦所言之意，就拉他坐在一起深谈。吕不韦说：“秦王已经老了，安国君被立为太子。我私下听说安国君非常宠爱华阳夫人，而华阳夫人却没有儿子。现在你的兄弟有二十多人，你又排行中间，不受秦王宠幸，长期被留在诸侯国当人质。即使是秦王死去，安国君继位为王，你也不可能当上太子。”

子楚说：“确实是这样，可是该怎么办呢？”

吕不韦说：“你很贫窘，又客居在此，也拿不出什么来献给亲长，结交宾客。我吕不韦虽然不富有，但愿意拿出千金来为你西去秦国游说，侍奉安国君和华阳夫人，让他们立你为太子。”

子楚叩头拜谢，道：“如果真实现了您的计划，我愿意将秦国的土地和您共享。”

于是，吕不韦拿出五百金送给子楚，作为其日常生活和交结宾客之用；又拿出五百金买珍奇玩物，自己带着西去秦国游说。他先拜见了华阳夫人的姐姐，让她把带来的东西统统献给了华阳夫人，顺便谈及子楚的智慧与贤能，说他所结交的诸侯宾客遍及天下，并常常说“我子楚把华阳夫人看成天一般，日夜哭泣思念父王和夫人”。华阳夫人听闻后非常高兴。

吕不韦乘机又给华阳夫人的姐姐送了许多金银珠宝。得到好处的姐姐劝说华阳夫人道：“我听说用美色来侍奉别人的，一旦色衰，宠爱也就随之减少。现在夫人您侍奉太子，甚被宠爱，却没有儿子，不如趁这时早一点在太子的儿子中结交一个有才能而孝顺的人，立他为继承人而又像亲生儿子一样对待他。丈夫在世时受到尊重，丈夫死后，自己立的儿子继位为王，最终也不会失势，这就是人们所说的‘一句话能得到万世的好处’。不在容貌美丽之时树立根本，假使等到容貌衰竭，失去宠爱后，虽然想和太子说上一句话，还有可能吗？现在子楚贤能，而他也知道排行居中，按次序是不能被立为继承人的，而他的生母又不受宠爱，他自然就会主动依附于夫人。夫人若真能在此时提拔他为继承人，那么夫人您一生在秦国都要受到尊宠啦！”

华阳夫人听后十分认同，就趁太子方便的时候，委婉地谈到在赵国做人质的子楚非常有才能，来往的人都称赞他。接着，她哭着说：“我有幸能统领后宫，但非常遗憾的是没有儿子，我希望能立子楚为继承人，以便我日后有个依靠。”

安国君答应了，就和华阳夫人刻下玉符，决定立子楚为继承人。安国君和华阳夫人都送好多礼物给子楚，并请吕不韦当他的老师，此后子楚的名声在诸侯中越来越大。

安国君继位一年之后去世，谥号“孝文王”。太子子楚继位，华阳夫人为华阳太后，生母夏姬被尊称为夏太后。子楚任命吕不韦为丞相，封为“文信侯”，并把河南洛阳十万户作为他的食邑。

人物

吕不韦（？—前235年），卫国濮阳（今河南濮阳西南）人，战国末期卫国著名商人，后为秦国丞相，政治家、思想家。他曾辅佐秦庄襄王登上王位，任秦国相邦十三年，其门客有三千人。吕不韦组织门客编写了集先秦道家之大成的《吕氏春秋》。后因嫪毐集团叛乱事受牵连，被免除相邦职务。不久，秦王政复命让其举家迁蜀，吕不韦担心被诛杀，于是饮鸩自尽。

古为今用 眼光长远才有广阔前途

一个人凡事不看长远，只考虑眼前，我们称之为“鼠目寸光”，而凡事从长远考虑，称之为“深谋远虑”。人无远虑必有近忧，一个人要想成功，就必须有一个长远的打算。

小刘和小李同时受雇于一家超级市场，开始时大家的情况都一样，都是从最底层干起。可不久，小刘就受到总经理的青睐，一再被提升，从领班一直升到部门经理。小李却像被遗忘了一般，还在最底层混。终于有一天，小李忍无可忍，向总经理递出辞呈，并痛斥总经理“狗眼看人”，辛勤工作的人不提拔，倒提那些吹牛拍马的人。

总经理耐心地听着，心里却嘀咕起来。他了解这个小伙子，工作肯吃苦，但似乎缺了点儿什么，缺什么呢？三言两语说不清楚，说清楚了他也不服。他忽然有了一个主意。

“小李，”总经理说，“您马上到集市上去，看看有没有卖土豆的。”

小李很快从集市上回来说：“集市上只有一个农民拉了车土豆在卖。”

“一车大约有多少袋，或者多少斤？”总经理问。

小李又跑去，回来后说有40袋。

“价格是多少？”总经理又问。

小李准备再次跑到集上。

总经理望着跑得气喘吁吁的小李说：“请休息一会儿吧，看看小刘是怎么做的。”说完，他叫来小刘，对他说：“小刘，您马上到集市上去，看看今天有没有卖土豆的。”

小刘很快从集市上回来了，汇报说到现在为止只有一个农民在卖土豆，有40袋，价格适中，质量很好，另外他还带回几个土豆让总经理看。他还说，这个农民一会儿还将弄几箱西红柿来卖，据他看，价格还公道，可以进一些货。想到这种价格的西红柿，总经理大概会购买一些，所以他不仅带回来几个西红柿做样品，而且把那个农民也带来了。他现在正在外面等回话呢。

总经理看了一眼脸红的小李，说道：“请他进来吧。”

总经理用了一个很简单的办法，就让小李明白了自己和小刘的差距。小李的工作态度虽然认真，但却缺少长远的目光，以至于缺乏工作能动性，得不到领导重视和重用。

同样的一件东西、一件事情，因人的聪明才智的差距而异，使用的方法不同，所呈现的结果就会有天壤之别——但是差别的原因不在于东西本身，而在于这个人的眼光是否长远。

眼光长远的人才会有着广阔的天地。作为一个团队的领导，经营眼光往往会决定他的生意是否能够做大以及做多大，还有他用怎样的方式来赚钱。如果拥有一市的眼光，可以做一市的生意；如果拥有一省的眼光，可以做一省的生意；如果你拥有一国的眼光，那么你就可以做一国的生意。人的眼光往往会决定人生的高度和广度以及以怎样的方式成就自我。

因此，看一个人的眼光是否长远，就能知道这个人有没有志气，有没有远大的理想，有没有广阔的前途。有长远眼光的人，富有冒险精神，常常能够不拘于现有的状况，对事物发展做出大胆的预测，且懂得如何实现目标。一个人的眼光，不仅在于他有高瞻远瞩的能力，也在于他有没有丰富的想象力。

在相当长的一段时间里，没有人相信人能在4分钟之内跑完1.6千米。1954年5月6日，一个名叫罗杰·班尼斯特的人，将这种“不可能”变成了“可能”。在此之前，他就认定这是可能做到的，而且他本人就可以做到。他在心中一次又一次地想象这件事成为“可能”的情景。他以无比强烈的感情描绘出自己完成这一目标的清晰而又可信的远景，从而让自己的潜意识和神经系统准备就绪，最终取得成功。

一个人处在不同的环境，也会有着不同的眼光。同样一个人，在偏僻的小山村和在首都北京时，他的眼光是不一样的。身处大城市的人，认识世界的范围更大、渠道更多，接收的信息各种各样，眼光自然也就愈加长远了。而如果长年累月待在小山村里，看到的只是巴掌大的一方水土，永远都是那几个人在眼皮底下晃，眼光就受到了局限。

在做任何事情的时候，都需要有长远的眼光。企业在选拔人才的时候，不仅要看其学历，看其实际工作能力，更要看其眼光的长远和发展潜力。一个真正有远见的人，不仅自身会不断发展，也会带动他人不断前进。

原文

亲仁友直[①]，所以扶颠[②]。

注释

①友：结交，与……为友。

②扶：搀扶，扶助。颠：倒，引申为危急时刻或逆境。《论语·季氏》："危而不持，颠而不扶，则将焉用彼相矣！"

译文

亲近仁人志士，结交正人君子，这样就可以在危急时刻得到扶助。

事典　谢安"举贤不避亲"

东晋著名政治家谢安在权臣桓温死后，执掌朝政。当时的东晋已非常危险，因为前秦苻坚已基本统一北方，对偏安江东的东晋虎视眈眈，随时准备入侵。能杀惯战的桓温去世后，东晋基本上没有能在战场上独当一面的将军了。谢安是文官，不懂军事，于是他就推荐了自己的侄子谢玄。当时朝廷上下顿时一片哗然，都以为谢安在徇私，拿国家的命运开玩笑。

这时候，只有一个人认为谢玄有能力胜任这个工作，他就是桓温的高级参谋郗超。他曾帮着桓温出了不少"馊主意"，包括最让人诟病的"擅行废立君主"，招来骂声不绝。但在保举谢玄这件事情上他做得很对。他赞扬谢安能做到举贤不避亲，事实也证明他的看法是正确的。

谢玄上任后，组织成立"北府军"，抓紧操练，并设置了严格的奖惩制度。北府军战斗力强盛，基本上没有吃过败仗。这支铁军在后来的淝水之战中，一举打败号称百万大军的前秦，对南朝宋太祖刘裕的崛起也发挥了重要作用。

谢安举贤不避亲，其实是要承担相当大的风险的。万一用人不当，国家灭亡不说，他的整个家族也必然面临灭顶之灾。魏晋时期其实是中国历史上最具个性色彩的时期，当时的名士们行为放诞，思想崇高玄虚，但一旦处理起国家大事来，便一点也不糊涂。也正因为有了这一班名士，东晋王朝才具有了深刻的禅文化色彩，有别于后来的南朝佛文化。

◆◆◆ 人物 ◆◆◆

谢安（320年—385年），字安石，生于陈郡阳夏（今河南太康），迁居会稽（今绍兴），东晋政治家、军事家，官至宰相，太常谢裒之子、镇西将军谢尚的从弟。咸安二年（372年）简文帝崩后，他与王坦之挫败桓温篡位意图，并在其死后与王彪之等共同辅政。在淝水之战中作为东晋一方的总指挥，以八万兵力打败了号称百万的前秦军队，为东晋赢得几十年的安静和平。战后因功名太盛而被孝武帝猜忌，被迫前往广陵避祸。太元十年（385年），因病重返建康，旋即病逝，享年六十五岁，追赠太傅、庐陵郡公，谥号文靖。

◆◆◆ 古为今用 ◆◆◆ 家族企业是任人唯贤还是任人唯亲

谢安在任用人才方面，原则坚定。他认为，只要能够为国家谋取利益，而且具备常人不具备的能力，就应该得到提拔，不管此人是自己的子侄，还是自己的朋友。

在当代社会，很多公司为了加强管理，大量起用自己的亲眷家属，管理层都是和自己沾亲带故之人，逐渐形成了家族产业。

李先生开办了一家机械加工厂，手下员工有1000多人，在当地非常有名气。一开始，他重用从员工中选拔上来的人才，还通过招聘招揽各方的精英。但慢慢地，李先生总感觉这些人才和自己有隔阂，不能全身心地为公司着想。有时候，他布置下去一些工作，会出现命令无法正常传达或执行的情况。李先生很苦恼，在用人的问题上伤透了脑筋。

后来，财务科有一名会计离职了，刚好，李先生的侄女小芳刚刚从财会学校毕业，还没找到工作，于是他就让小芳到自己的工厂里担任会计。小芳工作很认真，李先生非常满意。他觉得任用自己的亲人是件不错的事情，于是便把工厂的重要职位都换成了自己的亲人。

在生活中，像李先生这种重用自己亲人的公司为数不少。其实，这种“任人唯亲”的家族企业存在着一些硬伤。

人力资源管理观念落后

家族企业对人力资源管理缺乏认识。观念是行动的先导，意识是用人的前提。大多数家族企业受传统人事管理影响深刻，不能轻易摆脱传统观念的束缚，把人力资源管理部门等同于人事行政管理部门，把人力资源管理等同于人事管理，对人力资源管理理论和方法缺乏系统培训和学习，管理方式仍然停留在“人”和“事”的琐碎事务上，把员工看成是企业的成本负担，缺乏长远的开发和培训意识。

人力资源管理的随意性

家族企业的人力资源管理缺乏科学预测和长远的战略规划，不能形成有效的人力资源管理体系。在员工任用上任人唯亲，采取家族式的经验管理和伦理管理，对员工缺乏系统的规划使用和开发体系，对创业元老缺乏有效的安置和使用，没有有效的培训计划和时间规划。不健全激励机制和不健全企业文化，导致人才流动频繁和人才流失严重。

人力资源激励不足

如果要使一个企业的人力资源发挥最大的效力，那么就要给员工提供足够的激励，包括物质的和精神的。在大多数家族企业中，企业的利润是按资金投入的比例分配的，员工无权分配企业的剩余价值，他们只有工资，这样就不能充分调动企业员工的积极性。即使有的管理人员比较得企业主器重，也就是多得些奖金，缺乏精神激励。

人力资源开发不足

在家族企业中存在重血缘、轻外人的培训模式，主要是业主狭隘的用人理念造成的。家族血缘关系和信任心理，使业主认为家族员工是自己人，要把培训的精力和资本花在自己人身上，俗话说“肥水不流外人田”。重利用、轻投入的培训模式是指家族企业倾向于直接利用“现成”的人力资源，不愿意或不舍得对人力资源在时间和资金上进行培训投入。

优秀人才流失严重

家族企业任人唯亲而非任人唯贤，企业的关键权力均为家族组织的核心成员把持，家族掌握了对企业的绝对控制权，人力资本主要在家族内部封闭运作，体内循环，外部人才被排斥在这个封闭运作圈之外，很难融入企业的运作体系。即使进入核心管理层，其职位权力很难获得制度化的保障，不能进行独立决策。这必然会导致优秀人才严重流失。

那么，改进家族企业的运营模式，有什么好的办法呢？

建立现代企业制度

现代企业制度最重要的特征之一就是产权关系清晰，所有权与经营权分离。而对于家族企业来说，所有权与经营权的高度统一，制约了其发展。只有建立起现代企业制度，才能从根本上解决人力资本产权不明晰的弊端，也使人力资源管理工作有制度可以遵循，使企业主有制度约束，这样才能确保其决策科学，以推进企业的各项工作顺利进行。

确立“以人为本”的管理理念

人本管理是现代人力资源管理的基本价值观。家族企业必须摒弃把人当作“物”加以利用管理的思维模式，确立将人视为管理的主要对象和最主要资源的人本管理理念，尊重员工需求，关心员工的成长与发展，重视员工的主体性和参与性，实现企业与个人的双赢。

加强企业文化建设

我国大部分家族企业长期以来家族文化与企业文化不分，实施家长制约束下的行为规范，成员之间以亲缘关系为纽带，以维护家族和个人利益为目标。在竞争激烈的现代，家族企业要获得长期的发展，不仅要注重企业硬指标的建设，更要着力于企业软实力的建设。一个良好的企业文化不但可以激发全体员工的热情，统一企业成员的意念和欲望，齐心协力地为实现企业战略目标而努力，而且是留住和吸引人才的一个有效的手段。

提高内部管理的结构化水平

通过形成明确的规章制度来提高企业内部管理结构化水平是人力资源管理科学化的关键。对家族企业来说，应该做到以下几点。

首先，根据企业战略目标和未来的实际需求，制订人力资源的获取、利用、保持和开发策略。

其次，扩大招聘范围，打破人力资本的封闭运作体系；让不称职的家族成员退出经营，面向社会吸收更有价值的人力资本。

再次，建立、完善激励约束机制，激励机制包括对员工的科学合理的绩效考评和素质评估，并以此为依据公平地实施奖酬。

最后，帮助员工制订职业生涯计划，开发员工的知识与技能，使其所长与公司所需相一致，在实现企业目标的同时实现个人目标。

要建立科学有效的评估体系和约束机制

家族企业应该放下血缘、亲缘关系，建立全面科学的评估指标体系，在公正、公平、公开的原则下，从德、能、勤、绩各方面考核员工，约束员工的行为，调动员工的工作热情；制定相应的规章制度，把企业管理纳入制度化渠道。

建立科学的激励机制，势在必行，包括正常的薪资激励、工作内容激励，最重要的是进行授权激励与精神激励，可以实行股票期权制，把员工利益与公司利益结合在一起，以促进企业的可持续性发展。

原文

近恕笃行①，所以接人②。

注释

①近：亲近。恕：宽恕，此处指以仁爱之心待人。

②接人：喻为礼贤下士。接，接待。人，贤人。

译文

亲近人并常怀仁爱之心，态度诚恳实在，这样就可以礼贤下士。

事典　征服孤傲的刘巴

三国时期，荆州地区有一个叫刘巴的人，字子初，才高八斗，名闻遐迩，但他为人颇为孤傲，不肯轻易屈事就人。

曹操率军征伐荆州，刘备无力抵抗，只好逃奔江南。荆楚有不少贤人高士都投奔到刘备帐下效力，而刘巴却偏偏北上归附曹操。曹操任命他为掾官，并让他前去招降长沙、零陵、桂阳三郡。不巧，刘备已经占领了其中二郡。刘巴到后说降不成，欲归路断，便打算南下交趾，取道北归曹操。

当时诸葛亮劝刘巴投奔刘备，说道："刘备雄才盖世，占据荆州，你不归附刘玄德，还想去哪儿呢？"

刘巴答道："我受曹公的命令来说降，不成功就应当回去，这是我应尽的职责，你不必空费口舌了。"刘备听到刘巴的这些话，心中大为恼恨。

刘备见刘巴不仅不肯归顺自己，而且一而再，再而三地出点子和自己作对，不禁对他产生了满腔怨恨，想找机会杀掉他。不过，后来由于爱才之心，使他消释了对刘巴的怨恨。诸葛亮也一再为刘巴求情，建议刘备收服这个难得的人才。因此，在攻陷成都的时候，刘备号令三军："如有伤害刘巴的人，一定要诛灭三族！"刘巴听说后深受感动，最终臣服于刘备。

进军被州时，刘备任命刘巴为左将军。刘备称王汉中后，又任命刘巴为尚书，代替法正做尚书令。刘备称帝之后，凡是昭告皇天上帝、后土神祇的祭祷之文，以及各种文诰策命，没有一项不是出自刘巴之手。

宽厚待人，忠厚行事，是古代儒家"仁"术的外延使用，目的是造就一幅和乐的人际关系图。刘巴一再给刘备成功的道路上设置绊脚石，令刘备好生烦恼，刘备却用自己的仁爱之心彻底地征服了刘巴。

人物

刘巴（？—222年），字子初，荆州零陵郡烝阳县（今湖南省衡阳县、邵东县一带）人，汉末三国时期官员、名士。祖父刘曜，苍梧太守，父刘祥，江夏太守、荡寇将军。刘巴少时素有才名，刘表屡次推举，他都推辞不愿出仕。为人节俭，不愿与人交往，只重公事，与诸葛亮、法正、李严、伊籍共造蜀科，蜀科之制，由此五人所制。

古为今用　宽恕容人是一种高尚的修养

宽恕容人，忠厚诚恳，既是一种高尚的修养，也是中华民族的传统美德。从理论根源上讲，“宽恕”是孔孟“仁学”的具体运用；从现实意义上看，只有宽恕待人，方可息怒附众，与各种各样的人和睦共处，相安无事，这就是儒家所宣扬的“忠恕之道”。

一天中午，刚刚回家的陈先生走到客厅门口，就听见楼上的卧室有轻微的响声。那种响声对于他来说太熟悉了，是小提琴的声音。“有小偷！”陈先生急忙冲上楼。

果然，一个大约13岁的陌生少年正在那里摆弄小提琴。他头发蓬乱，脸庞瘦削，不合身的外套里面好像塞了些东西。毫无疑问，他是一个小偷。

陈先生用结实的身躯挡在了门口。不过这时，他看见少年的眼里充满了惶恐、胆怯和绝望，这是一种非常熟悉的眼神——陈先生自己小时候惯有的眼神。

由于家庭困难，小时候的陈先生为了生存也曾经做过这样的事情。多亏了大家对他的宽恕，他才有了今天。想起了往事，陈先生愤怒的表情顿时被微笑所代替，他问道：“你是宋先生的外甥吗？我是他的管家。前两天，宋先生说你要来，没想到来得这么快！”

那个少年先是一愣，但很快就回应说：“我舅舅出门了吗？那我先出去转转，待会儿再回来！”

陈先生点点头，然后问那位正准备将小提琴放下的少年：“你也喜欢拉小提琴吗？”

“是的，但拉得不好。”少年回答。

“那为什么不拿着去练习一下？我想宋先生一定很高兴听到你的琴声。”他语气平缓地说。少年疑惑地望了他一眼，但还是拿起了小提琴。

临出客厅时，少年突然看见墙上挂着一张陈先生在大剧院演出的巨幅彩照，身体猛然抖了一下，然后头也不回地跑远了。

陈先生确信那位少年已经明白是怎么回事，因为没有哪一位主人会用他人的照片来装饰客厅。那天黄昏，回到家的陈太太察觉到异常，忍不住问道：“亲爱的，你心爱的小提琴坏了吗？”

“哦，没有，我把它送人了。”陈先生缓缓地说道。

“送人，怎么可能！你把它当成了你生命中不可缺少的一部分。”陈太太有些不相信。

“亲爱的，你说得没错。但如果它能够拯救一个迷途的灵魂，我情愿这样做。”看见妻子并不明白他说的话，他就将经过告诉了她，然后问道：“你觉得这么做有什么不对吗？”

“你是对的，希望你的行为真的能对这个孩子有所帮助。”妻子说。

三年后，在一次音乐大赛中，陈先生应邀担任决赛评委。最后，一位叫小俊的小提琴选手凭借雄厚的实力夺得了第一名！在评判时，他一直觉得小俊似曾相识，但又想不起在哪里见过。

颁奖环节结束后，小俊拿着一只小提琴匣子跑到陈先生的面前，脸色绯红地问：“陈先生，您还认识我吗？”

陈先生摇摇头。

“您曾经送过我一把小提琴，我一直珍藏着，直到有了今天！”小俊热泪盈眶地说，“那时候，几乎每一个人都把我当成废物，我也以为自己彻底完了，但是您让我在贫穷和苦难中重新拾起了自尊，心中再次燃起了改变逆境的熊熊烈火！今天，我可以无愧地将这把小提琴还给您了。”

陈先生用自己的宽容，维护了小俊的自尊，继而帮助小俊成就了梦想。

当我们把儒家的“忠恕之道”放在今天的现实社会中来寻找它的价值时，我们会发现，无论是在人自身的和谐、人与人之间的和谐，还是社会的和谐，甚至于延伸到人与自然的和谐方面，它都存在极大的现实意义。

世界很大，也很现实，谁也不是谁的救世主，过好自己这关，我们才能无愧地活在这个世界上。儒家的“忠恕之道”就是拯救自己的一门大学问。“忠恕之道”首先教我们要忠于自己、宽恕自己，继而我们才能去忠于他人、宽恕他人。就像一句俗语说的那样：“一个不爱自己的人，怎么可能去爱他人。”所以，在我们想要去更好地为他人服务，宽恕他人之前，我们首先要做的是拯救自己，构建自身的和谐。

儒家“忠恕之道”可概括为“将心比心，推己及人”的道德金律，它既是一种道德思维模式，更是一种真诚待人的态度。毋庸置疑，能做到“忠恕”二字的人必定能在人际交往中赢得良好的人际关系。

一个有自己的处事原则，为人守信、宽容，愿意为他人着想的人，自然能得到他人的信任和喜爱。这样的人，在人际交往中会得到大部分人的赞赏，同时良好的人际关系也会对他的事业起到推动作用。所以，儒家的“忠恕之道”对于我们构建人与人之间的和谐具有极大的启示。

“忠恕之道”有利于构建人与人之间的和谐，而人与人之间的和谐是社会和谐的前提，也是开始，只有人与人之间的和谐才能构成社会的和谐，这种和谐思想与“忠恕之道”的道德金律完全吻合；另一方面，做善人的前提是不做恶人，教人有诚恳为人之心，“忠恕之道”是引导人们弃恶从善，趋善避恶，由道德低境界走向道德高境界的重要环节和阶梯。

在现代生活中，“忠恕之道”不仅能成为重要的补充性道德原则，同时也能成为一种生动有效的道德教育方法，它能在潜移默化中达到教育的目的。

人们在处事时，通过换位思考，去考虑对方的感受，就能深切地知道如何为人，这种教育的方式无疑是有效的、民主的，也是和谐社会所提倡的。这样，人们的素质便能在不知不觉中得到提高，从而推进构建和谐社会的步伐。

综上所述，“忠恕之道”作为中华民族的优良道德传统，是儒家道德观中可供我们继承的精神财富。我们应对它进行批判继承，从中汲取出对我们的启示意义，从而使自身修养获得提升。

原文

任材使能[1]，所以济物[2]。

注释

①材：此处指有能力的人，即人才。能：才能。

②济：有益，有利。

译文

任用各种有才能的人，并让他们人尽其才，这样有利于他们发挥自己的能力。

事典　小伙子的“坐功”特长

唐代宗至德宗年间，坐镇三吴的观察使韩滉是一个清正廉洁的官员。在安史之乱后，他对巩固中央政府做出了积极的贡献。虽然他没有像郭子仪等人那样直接参与作战，但多次为朝廷提供物资、军队，在人力、物力方面解了中央政府的燃眉之急。

《唐书》记载，韩滉善于吏治。在选拔官吏、知人善任方面，他使部下人人都能各尽其才。他的一个老朋友的儿子投奔他，想让他帮忙找一份工作。韩滉问这个小伙子有何特长，小伙子回答说一无所长。韩滉一时想不出有什么合适的事分配给他做，便先安顿他住了下来。

有一次，韩滉设宴待客，让这个小伙子作陪。酒宴进行了两个时辰，小伙子自始至终正襟危坐，一副凛然的样子，既不畏怯，也不喧笑，与左右宾客也不交谈。客人以为他是什么有来头的人物，都对他望而生畏。韩滉看在眼里，忽然想到一份差事，如让他去干，再合适不过了。

原来，韩滉手下的军需库储备有大量物资，江南的物产几乎应有尽有。守库的头目换了几次，但怎么也制止不住财物的流失，因为守库军官只要干上几天，就与形形色色的人混熟了。人际关系一杂，许多弊病就出现了。酒宴一罢，韩滉就让这个小伙子去守军需库了。

小伙子自从上任，每天早晨一上班，里里外外检查一番之后，就端端正正坐在办公室里，直到日落西山，除有事需要处理外，几乎连姿势都不变，也从不与人聊天闲谈。自从他接手军需库后，就没有发生闲杂人等随便出入这一军事重地的现象。

“天生我材必有用。”让每一个人充分发挥出他们的最大潜力，施展他们最大的才能，是管理者应该具备的基本能力。

◆◆◆ 人物 ◆◆◆

韩滉（723年—787年），字太冲，京兆长安（今陕西西安）人，唐代画家、宰相，太子少师韩休之子。贞元初，官检校左仆射同中书门下平章事，曾参与平定藩镇叛乱的斗争。他擅绘人物及农村风俗景物，摹写牛、羊、驴子等动物尤佳。所作《五牛图》，被元代赵孟頫赞为“神气磊落，稀世名笔”。好《易》及《春秋》，著有《春秋通例》《天文事序议》等，今均佚。《全唐诗》存诗二首。

◆◆◆ 古为今用 ◆◆◆ 用其所长，容其所短

人们常以“才能”二字来评价一个人。有的人才适合做策划创意，有的人才却适合于处理事务性的工作，还有的人适合做领导工作。清楚了一个人的才能，才可做到人尽其才，各安其位，否则就会造成人才的浪费。

经过考核，小山、小思和小胡三名大学毕业生，在众多的求职者中脱颖而出，被局里录用。三人具体分到哪个部门，局里一直没有研究。直到三人报到时，人事部主任才跑去请示局长。局长说：“这三个人不是说好了‘一个萝卜一个坑’，都有接收部门。”

“是的，我们原来准备了三个‘坑’，但不知哪个‘萝卜’适合哪个

‘坑’。”人事部主任干咳一声，加重了语气，“谁来当局长助理，还得请局长亲自考核一下。”

局长说：“这样吧，我这里刚拟了一个发言提纲，你拿去复印三份，让他们去修改，一个小时后交来。”

一个小时后，人事部主任拿着三份稿子来见局长。

第一份稿子是小山修改的。一则简单的发言提纲，在他手里竟变戏法似的成了一篇洋洋洒洒的大文章，文不加点，整整八页。局长一边看一边点头：“不错啊，这个小山，真的很有本事嘛！”

第二份稿子是小思的。他对发言提纲没有大的改动，只改动了几个错别字，还有两处不通的句子，也改正了。局长看后，笑了一笑：“这个小思，属于深思熟虑的一类，文稿改得好，又不动声色。不错，是个人才！”

第三份是小胡的。小胡这家伙什么也没改，只依葫芦画瓢地将提纲抄录了一遍，错别字还是错别字，不通的文句还是不通的文句，但抄录得工工整整，他那手漂亮的楷书看起来很有功力。局长看后，十分高兴地说：“好，这个小胡不错，是个人才，我要了。你把他放到我的办公室，做我的助理吧！”

“小山是写材料的快手，是不是安排到秘书科？”

“这个小山嘛，下笔千言，新招百出。秘书科的材料，抄抄写写，都是现成的，一出新就出事。你让他去开发部吧！”

“那小思呢？”

“小思也不错，让他去办公室的文印部吧！那里打印的文件多，不能出差错，让他搞校对好了。”

“好，这样安排好！谁最擅长什么，就让他干什么，这就人尽其才、物尽其用了。”人事部主任说罢退出，忙着去宣布三人的分工了。

局长通过一次小小的测试，就分辨出三人各自的才能，并且做到了人尽其才。如果局长不去了解三人的才能，而是随意安排，恐怕就会造成极大的损失。

优秀的领导总是能带领团队成员越过一个又一个巅峰，创造一个又一个新纪录。分析起来，优秀的领导除了有前瞻性的眼光，能找到正确的方向，另外一个重要的特质，就是知人善用。古今中外，无论何种组织，大到政府、宗教、非营利组织、企业，小到一个部门、一个小团队，莫不如此。

知人，即如何识别人才，认识人才的专长、兴趣、弱点及内在的价值取向和人格特质等，这是善用的先决条件。现代人力资源管理关于识别人才的方法和工具很多，招聘费用投入越来越多，但是企业用人部门仍然抱怨没有招到想要的人。千辛万苦招聘到岗的人才还没度过试用期就成了“人裁”。之所以出现此类问题，主要原因是我们不懂得识人的含义，以为把招聘选拔等同于识人，人才一旦录用进了公司就完成了人才的识别。事实上，招聘选择只是识人的前奏曲而已，短短几个回合的测评和面试，只能对人才认识个大概。

路遥知马力，日久见人心。见人心即识别人才深藏的关键特质，如诚信、创新、责任、合作、主动、价值取向等，这些深藏在冰山下的特质和能力，只有通过做事才能显现出来。所以，识人，更重要的在于通过日常的生活习惯、工作态度和工作成绩来观察和识别，唯其如此才能够全面客观地了解人才的能力、兴趣、特长。

对于如何识别人才，古人留下了10条至理真言：穷之以辞，以辨其智；使之以远，以辨其忠；使之以近，以辨其敬；使之以烦，以辨其能；使之以间，以辨其诚；告之以危，以辨其勇；告之以秘，以辨其信；诱之以利，以辨其廉；诱之以色，以辨其贞；灌之以酒，以辨其性。这10招总结得非常全面，涵盖了一个人的智、忠、能、诚、勇、信、廉等最核心的维度。

当然，这是10个识人绝招，多数也需要人在工作中才能派上用场。其实能否真正识人，关键还在于领导愿意用多少时间、精力去观察、发现、考察、总结一个人在工作时所表现出来的行为、能力、兴趣、价值取向和人格特质。优秀的领导不会将识才的重任依赖于人力资源部门的招聘测评和选拔系统，而更多的是透过工作态度和业绩来考察人才。

擅于识别人才，发现人才，不一定善用人才。人才没有得到善用会导致人才的浪费和流失。“巨人”老板史玉柱曾说：“我认为一个人在一个公司就是追求两点，一是待遇问题，二是个人的自我价值能够得到实现，如果后面一点做好了，我相信可以避免人才流失。”

知人不善用，人才的价值得不到尊重和认同，才能就没有得到充分的发挥和提升，如此，人才就会被竞争对手挖走。甚至，竞争对手给他的待遇还不及你，但他还是要离开你。

善用者，必“用其长，避其短”。世上本无废物，废物是放错了地方的宝贝。同理，世上没有庸人，庸人是用错了地方的人才。通常，优秀的人才，往往缺点也比较明显，因为太突出、太优秀，其缺点也因为参照物鲜明对比而变得显眼。

“用其长，避其短”，才能实现人尽其才。汉高祖刘邦平定天下之后得意扬扬地讲：“夫运筹帷幄之中，决胜千里之外，吾不如子房；镇国家，抚百姓，给馈饷，不绝粮道，吾不如萧何；连百万之军，战必胜，攻必取，吾不如韩信。此三人，皆人杰也，吾能用之，此吾所以取天下也。”如果刘邦把张良、萧何、韩信三者的位子调换过来使用，结果会怎样呢？

由此可见，优秀的领导者，不仅要懂得知人、识人，更要懂得善用人才。识人知人，让我们寻找到合适的人才；善用，让我们留住适合的人才。知人兼善用，则企业人才济济，产出优良，上下同心，企业业绩高歌猛进不在话下。善用人才的核心是用其所长，容其所短。天天盯住其短板找毛病，人才何以甘心让你使用？领导者没有胸怀，必定不容人所短。用人所长，天下处处是人才；用人所短，天下无可用之人才。

原文

瘅恶斥谗[1]，所以止乱。

注释

①瘅（dàn）：憎恨。恶：恶人或恶行。斥谗：斥责谗佞与谗言。

译文

憎恨恶人与恶行，痛责谗佞与谗言，这样就可以防止发生动乱。

事典　周幽王烽火戏诸侯

周幽王的宠姬褒姒闭月羞花，沉鱼落雁，令人沉迷，却唯独不好笑，整日板着脸。自从嫁给周幽王，她就从没给过幽王一个笑脸。这周幽王也十分奇怪，宫中美女如云，且个个对他毕恭毕敬，逢迎巴结，他偏偏不喜，却独独喜欢这个对他冷冰冰的褒姒。

俗话说，“重赏之下必有勇夫”，何不悬赏？周幽王想到这里又有了希望，于是便令人下告示：“凡有逗褒姒一笑者赏银万两。”

虢石父见到周幽王的告示，赶来禀报：“臣有办法令王后开心一笑。”

周幽王大喜，抓住虢石父的双手激动地说：“假如爱卿能让寡人的爱妃一笑，寡人给你黄金万两。”

虢石父道：“臣为大王、王后服务是分内之事，岂能贪图大王的封赏。”

周幽王说道：“快点说一下，你到底有何计能使王后开心？”虢石父附耳对周幽王说了几句话，周幽王大喜。

次日，周幽王亲自去请褒姒郊游，褒姒本待不去，但耐不住他痴缠硬磨，只好随他前去。一行人浩浩荡荡来到烽火台，周幽王搀扶着褒姒下车，又亲自搀扶褒姒一步步走上烽火台。二人迎风远眺，极目四望，惬意无比。

见褒姒兴致很高，周幽王令人点燃烽火，只见一股狼烟，直冲云霄，煞是壮观。过不大时，只见远处烟尘滚滚，原来是诸侯见烽火乍起，以为外敌来犯，派兵来救幽王。见诸侯上当，褒姒果然展颜一笑。幽王见褒姒开心，自是也笑得前仰后合。将官问道：“大王点燃烽火，可是有敌来犯？”

周幽王直笑得前气不接后气，说道：“寡人和你们开玩笑的，你们还当真了，真是傻子。”将官异常恼怒，但碍于他是大王，不好发作，只好愤愤地挥手，领兵退去。

周幽王见褒姒嫣然一笑，大感受用，回味无穷，随后照葫芦画瓢又来了两次“烽火戏诸侯”的游戏。第二次诸侯们虽有了一次上当的经验，但怕周王室真的有什么事，还是派兵来了，来后发现再次上当，再次愤愤而去。第三次的时候，诸侯们便知道这只不过是周幽王的一个游戏而已，没人前来了，后来又怕出事，还是派兵来了，发现又上了当，再次愤愤离去。

周幽王因听信奸言，三戏诸侯，众叛亲离，最终在骊山下被杀。

◆◆◆ 人物 ◆◆◆

周幽王（？—前771年），姬姓，名宫涅，周宣王姬静之子，母姜后，西周第十二任君主，公元前781年—公元前771年在位。公元前782年，周宣王去世，姬宫涅继位，是为周幽王。公元前771年，犬戎攻入西周都城镐京，杀死姬宫涅，西周灭亡。姬宫涅死后，谥号幽王。

◆◆◆ 古为今用 ◆◆◆ 要明辨进言，听信谗言丢失人才

“谗言”在词典中的解释有两种：一为诽谤的话，二为挑拨离间的话。人类生存的环境不是真空的，有佞者，就有“谗言”。“谗言可畏”，古往今来，有无数豪杰受害于谗言，如屈原因谗言而被放逐，岳飞因谗言而遭杀身之祸。凭空捏造、无中生有的“进言”，一旦成了心术不正者诽谤或是离间他人的工具，不仅会让无辜的人身心疲惫，如负千钧，而且还会影响内外团结，不利于工作的落实和事业的发展。

小孙是公司刚刚通过招聘选拔出的人才。被公司录用后，他被分在了市场部。到任后，他积极向公司老员工请教，学习经验，并通过自学，努力提高自身的业务水平。短短半年内，他的业务水平大增，从半年前的懵懂少年，变成了公司的业务骨干。市场部王主任非常喜欢这个能干的小伙子，并打算报告公司上层领导，对其予以重用。

和小孙同在市场部的小刘，平时工作不认真，还总出错。他在公司工作两年了，始终没有得到过重用。小刘看见小孙进公司不久就能得到领导信任，很是嫉妒。这天，小刘来到王主任的办公室，打算向他说一些小孙的坏话。

“王主任，你觉得小孙这个小伙子怎么样啊？”小刘问道。

“这个小伙子工作努力，态度认真，前途无量啊！小刘你虽然是老员工，但你应该向他学习啊！”

“王主任，我在私下里听见小孙埋怨公司制度，还总说自己没有得到重用呢。”小刘说。

“新人嘛，对公司制度有些不适应，说几句牢骚的话，是很正常的。”王主任说。

“不过，我还听说，小刘觉得在市场部做一名普通职员非常屈才。现在正准备材料，向公司上层领导汇报，他想做市场部主任。”

这句话刺激了王主任。从那时起，他再也没重用过小孙。小孙虽然能力突出，但始终都是一名普通的职员。

王主任能够发现、培养人才，这是很可贵的品质，但他却经受不住谗言的攻击，被谗言蒙蔽了理智。在现代社会中，把“不信谗言”作为一种修养，是团队干部加强和改进思想作风、工作作风的体现，也是提高公司、团队的思想境界的一项内容。良莠不分、是非不明，才会听信谗言。听信谗言，就会疏离群众，背离人心。不为谗言所动，是领导干部基本的道德素质反映，是成事立业的保证；反之，不仅会给自己和他人的工作生活带来影响，也会贻害事业。

要做到不信谗言，就要明辨进言。“言不取苟合，行不取苟容”，意思就是在言行方面应有自己的观点、立场，不随便附和别人。有的人为了维护集体利益，或是出于对组织和个人认真负责的态度，所进之言真实可信；有的人则利用进言之机，进行挑拨离间，以个人利益为目的，可信度大打折扣。因此，作为领导，对部属的进言建议，要持一分清醒，留一分谨慎，对什么是可信的，什么是不可信的，要客观地分析，理性地思辨，并多听他人的建议，才能兼听则明。

“言道听之，必以其事观之，则言者莫敢妄言。”意思是说，听取意见的方法，必须以事实考察它是否真实，那么提意见的人就不敢胡言乱语了。摒弃谗言，就要以事实说话，对进“谗言”的行为严惩不贷，不仅要让居心叵测者无地自容，在事实面前抬不起头，而且还要在班子选配、干部提拔上，做到慎用或坚决不用。远离谗言，就要远离溜须拍马、拉拉扯扯，不搞小圈子和拉帮结派，让谗言者无任何“浑水摸鱼”的机会。各级领导只要树立了扶正祛邪的正派风气，就能震慑卑鄙谗佞，维护内外团结，树立公正形象，让“谗言”没有市场，最终只能成为一堆令人作呕的垃圾。

在现实生活中，只要仔细观察一下我们周围的人和事，就不难发现，不少人尤其是担任一定职位的上司们，他们同样很难听得进“逆耳”的诤言和忠言，而对顺耳的佞言和谗言却很容易听进去。平心而论，要说这些上司对佞言谗言情有独钟，那也未免太冤枉他们了，正如一句俗语所说：“当事者迷，旁观者清。”如果他们知道别人在自己耳边讲的是馋言和佞言，当然会拒绝。遗憾的是有些人一旦做了领导，耳朵就会自觉或不自觉地变软，变得听软不听硬了。久而久之，他所领导的单位或部门必定是君子受气，小人得志，工作局面难以打开，最后自己也成为“孤家寡人”。

原文

推古验今[①]，所以不惑[②]。

注释

①推：推想，推求。验：证实，检验。

②惑：困惑，迷乱。《荀子·解蔽》：“内以自乱，外以惑人。”

译文

推想古人行为验证当今之事，即知古以鉴今，这样就可以不困惑了。

事典 陈升之烧地图

宋神宗熙宁年间（1068年—1077年），高丽国派使者入朝纳贡。使者每到一个郡县，都要索取一张当地的地图，而所到之处也都满足了他的请求。

这一天使者来到扬州，同样送上一份公文索要扬州地图。当时陈升之任扬州太守，他看着高丽索要扬州地图的公文，不觉心中生疑。高丽国要我们的地图干什么？他想起当年朝廷派卢多逊出使南唐。

当时卢多逊对南唐后主李煜说：“朝廷准备重修天下地图册，各地的图册都已齐全，唯独没有江东各州的，想让你为我们提供一本这种地图。”李煜命人绘制奉上，于是南唐十九州的地理地形、兵力屯戍、人口分布等为宋朝尽知无遗。卢多逊把这些地图带回，后来朝廷以此为依据，布置攻打南唐，为灭南唐提供了极为有利的条件。

想到这里，陈升之暗暗警觉：我朝地图万万不可让高丽使者带走。于是，他召见了高丽使者，欺骗他说：“我想先看看两浙地区所提供的地图，以便仿照复制，然后再交还给你，不会耽误你回国复命的。”

使者信以为真，就把那些地图全部交了出来。陈升之拿过来之后，一把火全给烧掉，然后对高丽使者说：“若要我朝地图，须以高丽地图交换。”使者无言以对，只得作罢。

历史的经验值得记取，陈太守若不是知悉宋王朝之所以能够顺利消灭南唐，是因为通过地图掌握了南唐的有关情报，也就不会想到高丽的险恶用心。

◆◆◆ 人物 ◆◆◆

陈升之（1011年—1079年），字旸叔，初名旭，北宋大臣，建州建阳（今福建省建阳市）人，进士出身，官至中书门下平章事、集贤殿大学士。时王安石行变法，设制置三司条例司，他在该机构名称问题上与王安石相忤，乃称疾不朝。后任镇江军节度使、知扬州。是历史典故“四相簪花”人物之一。

◆◆◆ 古为今用 ◆◆◆ 读史可以明志，让自己看得更远

“读史可以明志”，学习历史有助于提高认识能力。历史现象背后往往存在着错综复杂的内在联系，为我们认识和解决问题提供有益启示。多学习一些历史知识，多了解一些历史事件，多掌握一些历史经验，有助于我们开阔眼界和胸襟，在认识问题时站得更高、看得更远。

一个团队的领导要做好工作，需要通过学习历史来认识我们所处的历史方位，在对历史的深入理解中准确把握现实，正确创造未来。

学习历史有助于加强政治修养。一个国家、一个民族、一个政党要不断兴旺发达，就不能忘记自己的历史，忘记自己的历史文化传统。一部中华民族史就是中华文明历经磨难而不衰的发展史；一部中国近现代史就是中国人民救亡图存、实现独立富强的奋斗史。

深入学习这些历史有助于领导干部从波澜壮阔的历史中体会成败兴衰、荣辱得失的经验教训，从而形成科学的世界观、人生观、价值观，不断加强政治修养。一方面，通过学习这些历史，领导者可以深刻认识中华文明源远流长的强大生命力；另一方面，通过学习这些历史，领导者可以坚定理想信念。

学习历史有助于增强工作能力。唐太宗李世民说：“以铜为镜，可以正衣冠；以史为镜，可以知兴替；以人为镜，可以明得失。”

“历史是最好的教科书”，历史是现实的镜鉴，历史的经验值得吸取，历史的教训值得警戒。历史上关于治理国家与社会的思想十分丰富，包含着许多为政用人、做事敬业的深刻道理。领导干部学习这些历史，可以从中学习借鉴如何充分调动各方面的积极性，使我们的工作获得最广泛、最可靠、最牢固的群众基础和力量源泉；学习借鉴如何驾驭复杂局面，确定合适的工作方法和思路，找准工作的着力点，开创工作的新局面。

原文

先揆后度[1]，所以应卒[2]。

注释

①揆（kuí）：揣测。度（duó）：计算，推测。

②应：应对，应付。卒：同“猝”，没防备，突然发生。

译文

先揣测事态的发展，然后推测其中利害，这样就可以应付突然发生的情况。

事典　万二的眼光

明太祖朱元璋出身于穷苦农家，自幼受尽土豪劣绅的欺凌。他的父母亲还有三个哥哥，都死于因饥荒而起的瘟疫，因此他自幼对富豪之家充满刻骨铭心的仇恨。元末乱世，他抱着杀富济贫的纯朴思想参加农民起义，后来几经磨炼，夺取了天下，开创了一个新王朝。

朱元璋掌握了国家政权后，自然首先要实现的理想就是“均贫富，济苍生”。他的施政大计、吏治方略、治国政策，都一步步把矛头指向了贪官污吏和富豪大户。

当时在浙江嘉兴安亭镇，有一大富翁名叫万二，他的财富之殷实，远非如今之所谓大款可比。别看他是个商人，对天下大事、国家政策非常留心。只要有人进京办事，他都要设宴款待，打听京城里的消息。有一天，他听进京的人说，朱元璋近日有诗曰：

百僚未起朕先起，百僚已睡朕未睡；

不如江南富家翁，日高三丈犹拥被。

万二从皇帝的这首诗中，立即敏锐地嗅出了隐隐的杀机。他叹息道：“不祥之兆已经开始萌动啦！”然后，他将家产施舍给亲朋好友，四方穷人，自己买了一艘大船，携带全家老少，浪迹天涯，不知去向。

未出三年，江南巨富全被以种种罪名处死，杀头的杀头，抄家的抄家，无一善终，唯有万二逃过了这场浩劫。想来，这与万二仔细分析当时的具体情况，并且果断地采取行动有很大的关系。

人物

朱元璋（1328年—1398年），字国瑞，原名重八，后取名兴宗，濠州钟离（今安徽凤阳）人，明朝开国皇帝。他建立了全国统一的封建政权，为进一步加强中央集权，废丞相，设承宣布政使司、提刑按察使司、都指挥使司三司分掌权力。洪武三十一年，朱元璋病逝于南京，享年70岁，庙号太祖。

古为今用　揆情度理，学会察言观色

在职场中，为了增强自身的应变能力，就必须懂得揆情度理，察言观色，随机应变。也就是说，一要通达人情世故，二要明白事理常规，这样才能减少盲目性，掌握主动权，从而使自己永远立于不败之地。

职场新人小倩向上司薇小姐请教："薇姐，我有个问题想跟你请教。"薇小姐非常不耐烦地说："没看我正忙着吗？！"小倩吃了闭门羹，失望地走了。无疑，这是一次失败的沟通，小倩可能会有这样几种心理反应：

"她怎么能用这样的态度对我？"

"她明明在发呆，还说很忙，是不是她看我不顺眼？"

"她究竟是怎么想的？"

这些都是负面的想法，对于找出问题的症结毫无帮助，只会继续增加两个人之间的隔阂。

如果小倩换一个角度想：

"是不是她遇到了什么麻烦事？"

"是不是她对我其他方面的表现不满意？"

"什么事让她很焦虑？"

后来，小倩经过观察，发现薇小姐是个对工作追求完美的人，每当有新任务时，她就会很焦虑。小倩去请教时，正好领导给薇小姐布置了新任务。原来，薇小姐正焦头烂额地想方案，所以面对小倩的请教十分不耐烦。

如果小倩能够端正心态，从积极方面考虑，就不会抱怨薇小姐的不耐烦，甚

至还会主动帮助她。但如果小倩不能随机应变，从坏处考虑，就会同薇小姐产生隔阂。其实，在现实生活中有很多人，就是因为缺少察言观色、随机应变的能力，才会在工作中屡屡碰壁。

在职场中，我们只有一次“演出”机会，而且连“彩排”都没有，你得永远做好随机应变的准备。

察言观色是一切人情往来中需要操纵自如的基本技术。不会察言观色，等于不知风向便去转动舵柄，顺风顺水无从谈起，弄不好还会在小风浪中翻了船。直觉虽然敏感却容易受人蒙蔽，懂得如何推理和判断才是察言观色所追求的顶级技艺。言辞能透露一个人的品格，表情眼神能让我们窥测他人内心，衣着、坐姿、手势也会在毫无知觉之中出卖它们的主人。言谈能告诉你一个人的地位、性格、品质及至流露内心情绪，因此善听弦外之音是“察言”的关键所在。

如果说“观色”犹如察看天气，那么看一个人的脸色应如“看云识天气”般。“观色”有很深的学问，因为不是所有人在所有时间和场合都喜怒形于色，相反，“笑在脸上，哭在心里”“笑里藏刀”的情况更多见。“眼色”是“脸色”中最应关注的重点。它最能不由自主地告诉我们真相，人的坐姿和服装同样有助于我们观人于微，进而识别他人整体，了解其内心意图。

举例来说，和上司打交道时，对其眼手的观察，能够让我们洞悉其内心：

上司说话时不抬头、不看人，这是一种不良的征兆——轻视下属，认为此人无能。

上司从上往下看人，这是一种优越感的表现——好支配人，高傲自负。

上司久久地盯住下属看——在等待更多的信息，对下级的印象尚不完整。

上司友好和坦率地看着下属，或有时对下属眨眨眼——认为下属很有能力、讨他喜欢。

上司的目光锐利，表情不变，似利剑要把下属凿穿——这是一种权力、冷漠无情和优越感的显示，同时也在向下属示意：你别想骗我，我能看透你。

上司偶尔往上扫一眼，与下属的目光相遇后又往下看——如果多次这样做，可以肯定上司对这位下属还吃不准。

上司向室内凝视着，不时微微点头——这是非常糟糕的信号，它表示上司要下属完全服从他，不管下属们说什么、想什么，他一概不理会。

上司双手合掌，从上往下压——对身体起平衡作用，表示和缓、平静。

上司双手叉腰，肘弯向外撑——这是好发命令者的一种常见的肢体语言，往往是在碰到具体的权力问题时所做的姿势。

上司坐在椅子上，将身体往后靠，双手放到脑后，双肘向外撑开——这固然说明他此时很轻松，但很可能也是自负的表现。

上司拍拍下属的肩膀——这是对下属的承认和赏识，但只有从侧面拍才表示真正承认和赏识；如果从正面或上面拍，则表示小看下属或显示权力。

察言观色不是让你阿谀奉承

在职场，每个人都讨厌那种见风使舵，墙头草一般的人。学会察言观色不是让你阿谀奉承，或是为了迎合某个人的想法，而专门和其保持一致的发声，而是让你在合适的时候，说合适的话或表达自己真实想法的话。

察言观色是要你在合适时机做合适的事

学会了察言观色，看懂一个人的心情、情绪，便可在合适的时候做合适的事，比如在老板心情不好时说高兴的事，在老板心情好时说些不太好的事。同样一件事情，在处理时机和策略的选择上，都是需要进行思考的。比如，在老板心情不好的时候，你去找老板谈费用报销的事，就很不合时宜。

察言观色需要长期积累职场经验

随着职场阅历的增加，一个人察言观色的功力会不断增强。当你最后可以一接触就知道这个人是个什么样的人，看一眼就能知道他心情好、心情不好的时候，你的功力就到了炉火纯青的地步了。那时，你再处理起什么事情来，就可以得心应手了。到那时，你在别人的眼中不但是个工作能力出色的人，还是一个特别会理解人，善解人意，什么事情都处理得滴水不漏的人了。

学会察言观色，用你的行动去关心和理解别人，在你心情不好的时候，一样会得到别人的理解！

原文

设变致权[①]，所以解结[②]。

注释

①设变：“变”此指变则，与正道的正则相对。正则不能用时，则用变则，叫作“设变”。权：权衡，衡量。“权”与“经”相对，当用经法行不通时，就用衡量是非轻重以因事制宜的权宜之计的权变来解决问题，叫作“致权”。《公羊传·桓公十一年》：“权者何？权者反乎经，然后有替者也。”

②结：问题的症结。

译文

设想到事物因时势之变而偶然需要的变化，再加上权衡而谋划，这样就可以解开问题的症结。

事典　庄王的绝缨之宴

春秋时期，楚庄王平息内乱之后，举行庆功宴。文武百官饮至天黑，大家喝得酒酣耳热，楚庄王意犹未尽，于是让手下点上灯，继续痛饮，并且召妃子来为众将斟酒。突然，狂风大作，烛火都灭了。正当大家不知所措时，只听一个妃子惊叫起来。

原来，一大将饮酒过多，失去理智，趁黑摸了妃子之手，拉扯妃子的衣服。此妃挣脱，顺手摘得此将帽顶之缨，向楚庄王报告说：“刚才灯火熄灭的时候，有人拉扯我的衣裳。我扯断他的帽带拿在手里了。叫人赶快把火点上吧！看看断帽带的人是谁！”

没有想到楚庄王却说：“不急点灯，众将摘帽痛饮，务必尽兴！”

妃子不依，要求楚庄王为其报仇，楚庄王不以为然：“宴赐群臣喝酒，让人喝醉而失礼，怎么可以为了彰显女人的节操而使臣子受辱呢！”接着，他又传令左右说：“今晚同我一起喝酒，不断掉帽带，就不算尽兴！”随后，一百多名臣子都把帽带拉断。之后，楚庄王才叫人把灯点上，大家都十分尽兴而离席散去。

过了三年，晋国和楚国交战。当时有位大将总是在前面冲锋陷阵，五度交锋，五度奋勇作战，带头击退了敌人，最后终于获得胜利。

楚庄王惊讶地问他说：“我的德行浅薄，又不曾特别优待你，你为什么毫不犹豫地为我出生入死到这样的地步呢？”

那大将回答说：“我本就该死！从前喝醉而失去了礼节，君王您却隐忍而不诛杀我。我始终不敢因为君王您庇荫的德行而不显扬地加以报答，常常希望自己能够肝脑涂地，用颈上的热血溅到敌人身上！我就是那天晚上帽带断了的人哪！”

楚庄王用出乎大家意料的方法化解一场轩然大波，不仅笼络了人心，保全了自己的颜面，而且还开发出了一位勇将，为楚国的发展做出了重要贡献。

◆◆◆ 人物 ◆◆◆

楚庄王（？—前591年），又称荆庄王，出土的战国楚简文写作“臧王”，姓芈，熊氏，名侣，谥号庄。楚穆王之子，春秋时期楚国最有成就的君主，“春秋五霸”之一。他不仅使楚国强大，威名远扬，也为华夏的统一、民族精神的形成做出了贡献。

◆◆◆ 古为今用 ◆◆◆ 灵活变通才是大智慧的表现

随机应变是智慧的表现。灵活变通并非牺牲原则，它以机智巧妙的迂回战术解开死结，避免激化矛盾，同时诱导误入歧途的人走上正道。

有一次，一位名叫小华的普通职员给总公司李总经理写了一封信。在信中，他对李总制定的一些管理制度颇为不满，而且措辞十分强硬。李总看完信后不仅没有生气，反而还写了一封回信。他在信中说：“仔细想来，您的意见非常有价值。我很高兴知道您对公司的这些看法。以后欢迎您经常给我提意见，相信我们会有更好的交流！”

李总的一位朋友知道此事后，忍不住对他说：“你身为公司的老总，怎么能这么软弱？别人写信骂你，而你竟然还邀请别人经常来交流。”

李总笑笑说：“你知道水的智慧吗？”

那位朋友说：“水也有智慧吗？”

李总说：“你如果认为我这是软弱的话，那么水的智慧就是软弱！”他的朋友似懂非懂。

两个月后的一天，李总正在办公室和他的朋友谈论公司的运营状况，忽然有人敲门。李总开门后，一个陌生人走了进来。陌生人说：“请问李总在吗？我是咱们公司的一名普通员工。”

李总让他进屋后，一聊才知道，原来他就是前不久写信骂他的小华。三人坐在一起谈公司、谈市场、谈发展，气氛非常融洽。谈了很长时间，小华才起身准备离去。他站起身来由衷地对李总说：“我非常敬佩您的胸怀，我当时的那封信措辞是那么激烈。假如我是您，收到信后一定会大发雷霆，没想到您不但没有生气，反而还那么客气地邀请我经常提意见！”

送走小华后，李总的那位朋友不解地问：“我只是觉得你很软弱，可是他为什么却会那么尊敬你呢？”

李总说：“水的智慧就是当它遇到进攻时，它不仅不会一味地反抗，反而还敞开心扉来容纳别人，而只有这样，外来的力量才会和水相容！你用一块石头去砸一下外面的柏油马路试试看——一味强硬不仅不能化解任何矛盾，反而还会导致两败俱伤！”

这个故事教会了我们如何处理人与人之间的矛盾，并将这种矛盾化为合作。水在遇到石头击打的时候，从来不做任何抵抗，但它的软弱却是一种无比深奥的智慧，因为这种软弱有时候正是化解矛盾的神奇力量。

职场中永远不会少了“矛盾”的身影，你在职场中的每时每刻都要面对各种各样的矛盾。既然矛盾的产生不可避免，那么你就得学会如何去处理矛盾，这个时候你首先要记住一点，你的上司或者管理层的人处理员工矛盾时，并不会非常关心谁是谁非，他们更关注的是，谁能更好地掌控局势，而谁又处于被动位置。

一般来说，你只要公正、客观，并且简单地说明事实，就能化解潜在的危险。在这种情况下，你可以将比较复杂的形势转变成客观事实，从而以真正的中立者的身份去了解究竟发生了什么。也就是说，你得多听，得学会控制，千万不要为自己辩解。在解决矛盾的过程中，你还得学会去克服一系列的困难。了解了这些困难，你就可以在对抗各种冲突、矛盾的时候做到游刃有余。

当职场中发生冲突事件时，化解冲突的真正目的在于避免让类似不愉快再次发生。掌握下面这四个要诀能更有效地解决麻烦。

时机比什么都重要

也许你觉得保持稳定平和的情绪应该能有效化解冲突，实际并非如此，冲突能否成功解决完全取决于对时机的把握。比如说，在打网球的时候，你肯定不会在一只脚还在半空悬着，对方已经严阵以待的情况下反击，而是要耐心等到对自己有利的时候再出手。

大发雷霆毫无用处

在解决冲突的时候应该力求简化、干脆利落，而不能让冲突演变成没完没了的纷争。比如说，你的小助理犯了个很愚蠢的错误，虽然你很想大发一通脾气，但这实在是下下之选。你得控制住自己的情绪，用坦诚、平和的语气告诉他，这件事确实是他做得不对，但人非圣贤，孰能无过，以后多加注意就可以了。这样会让他少受情绪干扰，从而专注于眼前的工作。

再生气也不要迁怒他人

如果你因为对某件事生气而迁怒于另外一件毫不相干的事情，这实在是不应该；但如果你因此事而迁怒了其他人，那就更不可原谅了。

不要带着怒气去训话

带有怒气的训话通常具有破坏性，这些话很可能是说出后悔都来不及的话。如果能够平心静气地表达相反的意见，则会收到意想不到的效果。训斥下属的时机，最好不要在他把事情办砸了正灰头土脸的时候。一个有责任感的员工做错了事，必然深知其过，感到内疚，此时最害怕的莫过于再听到上司的训斥了。在犯错员工沮丧的时候，最需要安慰和鼓励。教育员工的最佳时机是在他连战连捷、志得意满的时候，最好用前例提醒他，告诉他曾经有过哪些工作失误。

原文

括囊顺会[1]，所以无咎[2]。

注释

①括囊：意思是封闭口袋，比喻缄口不言。括，扎住；囊，储藏东西的袋子。《易·坤》："六四，括囊，无咎无誉。"

②咎：灾祸。

译文

遇事缄口不语，不轻易表态，凡事顺应时机，这样就可以免遭灾祸。

事典　爱耍小聪明的杨修

相传东汉末年，杨彪的儿子杨修，才思敏捷，灵巧机智，是曹操的谋士，官居主簿，替曹操典领文书，办理事务。

有一次，曹操造了一所后花园。落成时，曹操去观看，在园中转了一圈，临走时什么话也没有说，只在园门上写了一个"活"字。工匠们不了解其意，就去请教杨修。

杨修对工匠们说："门内添活字，乃阔字也，丞相嫌你们把园门造得太宽大了。"工匠们恍然大悟，于是重新建造园门，完工后再请曹操验收。曹操大喜，问道："谁领会了我的意思？"左右回答："多亏杨主簿赐教！"曹操虽表面上称好，而心底却很忌讳。

有一天，塞北有人给曹操送了一盒精美的酥，想巴结他。曹操尝了一口，突然灵机一动，想考考周围文臣武将的才智，就在酥盒上面竖写了"一合酥"三个字，然后送给文武大臣。

大臣们看着酥盒上面的文字，百思不得其解，纷纷向杨修求教。杨修看到盒子上的字，竟拿来餐具让大家一人一口把酥吃掉。

大家问他："我们怎么敢吃丞相的东西？"

杨修说："是丞相让我们'一人一口酥'嘛!"

在场的文臣武将都为杨修的聪敏而拍案叫绝。而后，操问其故，修从容回答说："盒上明明写着'一人一口酥'，怎么敢违抗丞相的命令呢？"曹操虽然喜笑，而心头却很讨厌杨修。

曹操生性多疑，生怕人家暗中谋害自己，常吩咐左右说："我梦中好杀人，凡我睡着的时候，你们切勿近前!"有一天，曹操在帐中睡觉，故意落被于地，一近侍慌取被为他覆盖。曹操即刻跳起来拔剑把他杀了，然后又回到床上睡觉。睡了半天起来的时候，他假装不知情况，佯惊问："何人杀我近侍？"大家都以实情相告。曹操痛哭，命厚葬这名近侍。

人们都以为曹操真的是梦中杀人，唯有杨修又识破了他。被杀的近侍下葬时，杨修指着他的尸体叹惜道："丞相非在梦中，君乃在梦中耳!"曹操听到后，更加厌恶杨修。

曹操出兵汉中，进攻刘备，困于斜谷界口，欲要进兵，又遭马超据守，欲收兵回朝，又恐被蜀兵耻笑，心中犹豫不决，正碰上厨师端来鸡汤。曹操见碗中有鸡肋，因而有感于怀。正沉吟间，夏侯惇入帐，请夜间口号。曹操随口答道："鸡肋！鸡肋！"夏侯惇传令众官，都称"鸡肋"。

杨修见士兵们都在传"鸡肋"二字，便叫随行军士收拾行装，准备归程。有人将这件事报知了夏侯惇，夏侯惇大惊。随后，他请杨修至帐中，问道："公何收拾行装？"

杨修说："从今夜的号令来看，便可以知道魏王不久便要退兵回国。'鸡肋'，吃起来没有肉，丢了又可惜。现在，进兵不能胜利，退兵恐人耻笑，在这里没有益处，不如早日回去，明日魏王必然班师还朝。所以，我先行收拾行装，免得临到走时慌乱。"

夏侯惇说："您真是明白魏王的心事啊！"随后，他也收拾行装。不久，军寨中的诸位将领全都得知此事，纷纷开始准备行装。曹操得知这个情况后，立刻传唤杨修并问他缘由，杨修说明了事情的原委。

曹操大怒："你怎么敢造谣生事，扰乱军心！"接着，便喝令刀斧手将杨修推出去斩了，并将他的头颅挂于辕门之外。

杨修不了解曹操的为人，只知道卖弄自己的小聪明，没有顺应曹操真正的心思，到最后落得身首异处的悲惨下场。

◆◆◆ 人物 ◆◆◆

杨修（175年—219年），字德祖，弘农华阴（今陕西华阴东南）人，东汉末期文学家，太尉杨彪之子，以学识渊博而著称。建安年间被举为孝廉，任郎中，后为汉相曹操主簿。后被曹操杀害，时年44岁。

◆◆◆ 古为今用 ◆◆◆ 举止顺应大局，才能免造祸殃

杨修喜欢耍小聪明，不注意保持低调的做人原则，最终送了性命。在现实生活中，尤其是那些混迹于职场的人，要时刻注意搞好与同事、上级之间的关系。那么，怎么做才能避免发生像杨修这样的悲剧呢？

尽快建立良好的人际关系

初入职场，同事们都会对你展现友善和友好，这是同事之间要互相帮助、体现团结友爱的职场"明规则"。当然，你可以在心里和某些人刻意保持一定的距离，但表面上还是应该和单位不同层级的同事建立起热情和友善的关系，哪怕对方只是一位勤杂工。要记住，凡事给别人留发挥的空间，其实也是在给自己留下发挥的空间。

不要参与任何的派系争斗

有种说法是"职场如江湖"。在职场中，每个人都在争当"老大"，因而会形成不同的利益团体，也会形成明争暗斗的职场派系。有些人觉得进入职场后，只要找一些前辈搞好关系就行了。殊不知，跟错了领导，跑错了派系，犹如女人嫁错了老公，有可能随时遭遇危险。所以，初涉职场的人还是别掺和一些派系争斗，保持中立比较好。

勤学好问

工作伊始，对于没有工作经验的职场新人来说，许多工作不上手是正常的。这个时候向同事请教是让自己尽快进步的最优方法。千万不要不懂装懂，那样只会导致自己的工作做不好，甚至还给别的同事造成麻烦，严重时还有可能给你所在的单位造成经济上或社会声誉上的损失。另外，当你虚心向同事请教，让对方给你一点工作上的指导的时候，从某种意义上也是在让同事产生成就感，你表达出的感激和钦佩之情都会让他对你也产生好感。

用脑子听话，用眼神沟通

无论你从事的是什么工作，多用耳朵去聆听，多与别人进行沟通，都是让你真正快速进步的方法。有经验的职场人，通常要求职场新人多用脑子去听话，多用眼神进行沟通。实践证明，但凡事业成功靠的就是“六分勤奋、三分机遇和一分贵人相助”，因此身处职场，我们要多用脑子少说话，这对职场成功至关重要。

注意积累实力

职场中有个通用的道理：具备实力才具有话语权。在职场，累积权力的基础就在于如何尽快让自己累积起足够的专业实力。尤其是初入职场的职场人，如何尽快成长为一个让领导放心、能独当一面的行家里手，是决定着自己是否能脱颖而出、赢得上司青睐的关键，也是决定着自己能否事业有成和出人头地的关键。

不要锋芒毕露

初入职场，大多职场新人都满怀抱负，一身冲劲和干劲，这本来是件好事，但是如果过于要强，锋芒毕露，则绝对不是好事，相反还会招来“杀身之祸”。虽然职场“明规则”提倡每一个人要充分发挥自己的才能，但一旦锋芒毕露，很可能遭受排挤和打压。

不要出现“政治性”错误

不是只有从政的人才需要“政治觉悟”，其实在你事业的道路上“政治”是无处不在的，因此，避免出现“政治性差错”很重要。比如，表现出对你不懂业务上司的蔑视或不屑一顾，越级报告，或是不看场合随意打断老板的笑话或公开质疑上司的管理理念等。要知道“公司政治”是妥协的艺术，这些不明智的举动可能会葬送你的事业前途。

不要与同事发生金钱往来

职场人际的复杂使得职场断然与学校不同，再亲密的同事关系也与同学关系不同。职场暗藏着许许多多切身利益的交汇点，因此，尽量不要与同事发生经济上的往来，尤其要避免同事之间相互借钱。

不要与同事过多闲聊

初入职场，找机会与同事聊天是尽快融入职场、建立良好人际的方法之一。但职场毕竟不是聊天场，利用吃饭、下班时间与同事聊天可以，但上班时间切不可与同事过多聊天。尤其要注意的是，聊天话题中切不可涉及上司。即使是你的同事在说批评上司的话或发牢骚宣泄自己不满，你也切记不要因为所谓的出于礼貌而去应承，因为这样很可能让你被职场小人利用。

初入职场，一定要首先了解下这些职场注意事项，进而才能学会优雅地应对各种职场事件。

原文

橛橛梗梗[1]，所以立功。孜孜淑淑[2]，所以保终。

注释

①橛橛（jué）：把木桩打入地下，仗着大地力量来巩固自己，此处喻坚定不移。梗梗：木茎挺直貌，此处喻刚直不阿。

②孜孜：勤勉，不懈怠。淑淑：美之又美，善之又善。淑，美好，善良。

译文

坚定不移，耿直不阿，这样就可以建功立业；勤勤恳恳，精益求精，这样就可以善终如始。

事典　司马迁与《史记》

西汉史学家司马迁出生在黄河岸边的龙门，他从小看着波涛滚滚的黄河从龙门下呼啸而去。听着父老乡亲们讲述古代英雄的故事，他心里十分激动。他的父亲司马谈是汉朝专门修史的官员，他立志要编写一部史书，记载从黄帝到汉武帝3000多年的历史。受父亲的影响，司马迁努力读书，大大充实了自己的历史知识。他还四处游历，广交朋友，积累了大量的历史资料。

司马谈临终之时，泪流满面地拉着儿子的手说："我死之后，朝廷会让你继任我的官职的，你千万不要忘记我生平想要完成的史书！"

司马迁牢记父亲的嘱托，每天忙着研读历史文献，整理父亲留下来的史料和自己早年走遍全国搜集来的资料。正当他专心致志编写《史记》的时候，一场横祸突然降临到他的头上。司马迁因替一位将军辩护，得罪了汉武帝，入狱受了酷刑。此时的司马迁悲愤交加，几次想血溅墙头，了此残生。但想到《史记》还没有完成，他便打消了这个念头。他想：人总是要死的，有的重于泰山，有的轻于鸿毛。我如果就这样死了，不是比鸿毛还轻吗？我一定要活下去！我一定要写完这部史书！

想到这里，他尽力克制自己，把个人的耻辱、痛苦全都埋在心底，重又摊开光洁平滑的竹简，在上面写下了一行行工整的文字。

就这样，司马迁发愤写作，用了整整18年时间，在他60岁时，终于完成了一部52万字的辉煌巨著——《史记》。这部前无古人的著作，几乎耗尽了他毕生的心血，是他用生命写成的。

正是由于司马迁具有刚直不阿的气节、高风亮节的品质，以及自强不息的精神，才最终在困难中崛起，不仅成就了历史，也成就了自己。

人物

司马迁（前145年—？），字子长，西汉夏阳（今陕西韩城南）人，中国古代伟大的史学家、文学家，被后人尊为"史圣"。他最大的贡献是创作了中国

第一部纪传体通史——《史记》（原名《太史公书》）。《史记》记载了从上古传说中的黄帝时期到汉武帝元狩元年长达3000多年的历史，被鲁迅誉为“史家之绝唱，无韵之离骚”。

◆◆◆ 古为今用 ◆◆◆ 自强不息才能真正品味到生命的意义

司马迁能够名垂青史，除了因一部独一无二的《史记》之外，还有他那自强不息的精神。自强不息的精神表现出了人类勇于进取、勇于开拓、勇于向自己的惰性宣战的无畏气概，在人类社会的不同领域、不同层面都有着不同的体现。

在社会发展的层面上，它体现为积极否定、革故鼎新的改革精神；从民族进步、社会发展的角度来说，“自强不息”体现为一种刚健、豪迈、不屈不挠的奋斗精神。传统文化中，要求君子应该像天宇一样运行不息，即使颠沛流离，也丝毫不屈不挠。

宣先生是一个知名的企业家。他出生在农村，出生时右手少了3根手指。他说：“当时想做事，一无资金，二无技能，再加上身体的缺陷，前面的路究竟该怎么走？我很苦恼，甚至还有过轻生的念头。但路要走下去，就必须与命运抗争，我想我总能找到适合自己的生存路子。”

宣先生高中毕业的第一年，他身无分文。他向人借了20元钱买种子，种下番茄和西瓜。一年的辛勤劳作，为他换来了1600多元的回报，这让宣先生很兴奋。他看到了希望。

第二年起，他把全部精力投入水库里，养起了鱼。由于当时没钱买饲料，每天天不亮，宣先生就与弟弟一起出去割草喂鱼，最多的时候，一天要割10多担。现在虽然已经过去20多年，他手上的老茧依旧很厚。宣先生每做一件事，都倾注全部的心血，不见效便不罢休。正是凭着这股不屈不挠的精神，他创建了自己的公司，并成为一名知名的企业家。他的自强不息的精神一直激励着很多人。

人世沉浮如电光石火，盛衰起伏，变幻难测。如果你有天才，勤奋则使你如虎添翼；如果你没有天才，勤奋将使你赢得一切。命运往往掌握在那些勤勤恳恳工作的人手中。

推动世界前进的人，并不是那些严格意义上的天才，而是那些智力平平而又非常勤奋、埋头苦干的人；不是那些天资卓越、才华四溢的天才，而是那些不论在哪一个行业都勤勤恳恳、劳作不息的人们。

即使你身有残缺，即使你没有过人的天资，即使别人看不起你，只要你自强不息，就能改变别人对你的看法，就能开拓出一片属于自己的天地！

天赋超常而没有毅力和恒心的人，只会成为转瞬即逝的火花。懒惰就像是一种毒药，它既毒害人们的肉体，也毒害人们的心灵。无论多么美好的东西，人们只有付出相应的劳动和汗水，才能懂得这美好的东西是多么来之不易。

自强者未必都能够成功，而不自强者成功未有之也。既然理想的种子已经撒下，那么在汗水的浇灌和心血的培养下，我们必将获得一定的收获。我们一定能“自胜者强，自强者胜”。

本德宗道章第四

夫志心笃行之术，长莫长于博谋，安莫安于忍辱，先莫先于修德，乐莫乐于好善，神莫神于至诚，明莫明于体物，吉莫吉于知足，苦莫苦于多愿，悲莫悲于精散，病莫病于无常，短莫短于苟得，幽莫幽于贪鄙，孤莫孤于自恃，危莫危于任疑，败莫败于多私。

本章精要

- 在时机不好、运气不佳、遭受耻辱的情况下，能忍辱负重，才能远害安身。
- 人心达到专一、真诚的极点，就会出现不可思议、不可测度的奇功异能。
- 能深入事物之中，亲身体察事物之理，方能对事物的法则、规矩、总体、枝节以及前因后果和关系，明鉴无遗。

原文

夫志心笃行之术[1]，长莫长于博谋[2]。

注释

①术：这里指方法、道理、谋略。

②长：（对某事）做得特别好。博谋：广思多谋。博，大，丰富；谋，计议，计谋。

译文

专心致志、认真行事的方法，最好的莫过于广思多谋。

事典 周瑜用计杀蔡、张

赤壁大战前夕，孙、刘联合抗曹，周瑜年轻气盛，怒斩曹操来使，并且派大将甘宁大败曹军。

曹操的队伍都由北方骑兵组成，善于马战，可不善于水战。首战失利后，曹操大怒，亲率百万大军，驻扎在长江北岸，并且让两个精通水战的降将蔡瑁、张允加紧训练水军。

一次，周瑜带兵到曹营中窥探详情，发现对岸曹军在水中排阵，井井有条，十分在行，心中大惊，问左右："谁在帮他们训练水军？"

手下告诉他是蔡瑁和张允，周瑜一听非常吃惊，他知道这两个人从小就生活在江东，对水战非常熟悉，要想击败曹操，就必须除掉这两个心腹大患，这样曹操的势力就会大大削弱。

正当周瑜为此事愁眉不展的时候，部下传报故人蒋干来访。周瑜闻讯，非常高兴。这蒋干是曹操的谋士，他此番前来是劝降周瑜的。周瑜决定利用蒋干大做文章。

周瑜把自己的计谋给大家说了一遍，大家连声称好，决定依计行事。为了麻痹蒋干，周瑜带着众人热情地把蒋干请入帐内，并设盛宴款待他。筵席上，周瑜让众将作陪，并吩咐部下说："蒋干和我是同窗好友，虽然从江北来，不过请大家放心，他绝对不是曹操的说客。今日宴席之上，只提友情，不说战事，违令者即席斩首！"

蒋干闻听此言，吓得面色如土，哪敢再提劝降的事情。周瑜又笑着对蒋干说："我自领兵以来，滴酒不饮，今日故友相会，一定要喝他个一醉方休，不醉不归！"

整个酒宴，周瑜大肆炫耀武力，并且在一开始就封住蒋干的嘴，让蒋干无计可施，只得假意应酬。

周瑜假装喝得酩酊大醉，要求和蒋干同榻而眠，并且倒头就鼾声大起。蒋干心中有事，想起在曹操面前曾经夸下海口，不知回去如何交代。见周瑜要求和自己一起住，心想这是个好时机，也许此番能探听些什么。

由于心中有事，蒋干没有任何睡意。他见周瑜鼾声如雷，便摸到桌前，拿起一叠文书偷看起来。没想到，他在里面发现了一封曹操水军都督蔡瑁、张允写给周瑜的降书，上面写着，他们约定与周瑜里应外合，击败曹操。他连忙把降书藏起，和衣睡下。

天刚蒙蒙亮，有人进帐喊道："大都督醒了吗？"周瑜假装惊醒，问道："这么早什么事？我床上怎么睡了一个人？"

那人说道："昨天都督饮酒后，要求和子翼一块睡，都督怎么忘了？"

周瑜假装懊悔，和那人走到外面，小声说："唉，不知道我酒后是不是说了什么不该说的话。你来有什么事情？"

蒋干仔细偷听他们的谈话，只听那人说道：“江北有人到此……”他正要往下说，却被周瑜喝住：“小声点！”于是那人的声音变低，说：“蔡瑁、张允说，现在还不能下手……”他说话的声音越来越低，下面的话蒋干就听不见了。

不一会儿，周瑜返回，蒋干假装睡觉，一动不动。周瑜也放心地躺下继续睡觉。蒋干心中着急，断定周瑜和蔡瑁、张允已经商量好了里应外合的计划。他知道周瑜是个心细的人，天明发现降书不见一定会怪罪自己，于是他趁周瑜返回熟睡期间，迅速赶回曹营。曹操看了信件，顿时火起，杀了蔡瑁、张允。等冷静下来，曹操才知中了周瑜反间之计，但也无可奈何了。

周瑜闻听曹操斩了蔡瑁、张允，知道大功告成，说：“我所担心的就是这两个人，现在这两个人既然已经被曹操所杀，曹操也就没有什么可怕的了！”结果，赤壁一战，曹操水军一败涂地。

周瑜利用反间计让曹操自己杀了自己的得力干将。曹操此举正是削弱了自己的力量，增强了别人的力量。反间计历来被军事家所运用，它是削弱敌方力量的一个很好的办法。

◆◆◆ 人物 ◆◆◆

周瑜（175年—210年），字公瑾，安徽庐江舒县人，东汉末年名将。他出身士族，他的堂祖父周景、堂叔周忠，都官居太尉之职；其父周异，曾任洛阳令。周瑜本人身材高大，有姿貌、精音律，江东有“曲有误，周郎顾”之语。208年，周瑜率江东孙氏集团军队与刘备军队联合，在赤壁之战中大败曹军，由此奠定了三分天下的基础。公元210年，积劳成疾，病逝于今湖南岳阳，年仅35岁。正史上说周瑜“性度恢廓”“实奇才也”，南宋名臣范成大誉之为“世间豪杰英雄士，江左风流美丈夫”，宋徽宗时追尊其为平虏伯。唐武庙六十四将、宋武庙七十二将之一。

◆◆◆ 古为今用 ◆◆◆ 运筹帷幄，掌握谋略思维的根本

谋略是一个人成就事业的必要条件，但并非任何一个普普通通的人都可以

进行谋略，做到运筹帷幄而决胜千里。只有具备了某些条件的人才具有谋略思维。谋略思维主体的条件有如下几方面。

主体性

谋略思维主体的主体性，是指进行思维的人应该有主观能动性和自主性，能够维护和遵从自己的自主选择。

主体性的成熟和确立，是进行谋略思维的必要条件。理论上对主体性的强调，往往表现为实际中对实践的自觉，即一个人越是强调和训练其主体性，就越是能自觉地参与实践，在不经意间发挥谋略思维的作用。谋略思维的运用不是从外面强加给思维主体的，而是主体长期锻炼和培养的一种内在思维能力的自觉体现。

离开了主体的自觉自主，就不会有谋略思维。因而，我们每一个人，尤其是处于领导岗位的人，应该加强和培养自己的主体性，培养自己尽职尽责的敬业精神。这对于我们解决工作中遇到的矛盾、调解人际关系和调动其他人的积极性、以及在对外活动中维护本集团利益等，都具有很大的帮助。

独立性

谋略思维主体的独立性，是指思维主体在各种场合要具有不受外界和他人的干扰、独立做出判断的能力。

任何人在思考问题、采取行动时，都会遇到外界因素的干扰，这些因素有的来自竞争对手，有的来自环境的不适应或突然变更环境下的心理不安。思维主体需要暂时抛开不利因素，既不受他人诱导，也不为不适环境所困，独立地、专心地做出判断；否则，就容易为人所利用，围着他人转；或者因环境而心浮意躁，做出错误决策。例如，一位国家领导人往往都会有很多顾问，在他周围形成“智囊团”，向他献计献策。然而，在对待同一问题时，“智囊团”成员不可能意见一致，有支持的，有反对的，也有持保留意见的。如果一个领导人被其顾问的多种声音“撞击”得不知所措，后果将不堪设想。

当然，思维主体的独立性又离不开思维主体的应变性。应变性，即思维主体在遇到某些预料外的情况时，需要随机应变。不顾情况的变化，一味强调独立性，只会使独立性走向僵化、模式化。强调这一点，对我们的思维活动和实际工作都很有意义。

自控性

谋略思维主体的自控性，是指思维主体能够自觉控制自己的情绪、好恶以及事物发展的进程的能力。如果思维主体做不到这一点，就会影响他对事物做出正确判断，影响谋略思维的进行。

事物的发展具备多种可能性，它可以发展成这样，也可以发展那样。比如，一个人小时候总有许多梦想，长大后，既想成为军人，又想成为科学家，还想成为政治家，但是，往往只有一种可能变为现实。

究竟哪种可能变为现实，要看客观环境、主体的能动性等，需要主体对各可能进行择优，即在综合考虑各种因素后，确定一种既符合客观事物本性，又对自己最为有利的策略，而排除其他的策略。如果一个小孩喜欢运动，身体素质好，在篮球项目上悟性极好，而对文化课不感兴趣，那么对于他的最优选择就是让他向体育方面发展。

正确地利用谋略思维的择优功能，是任何一位希望行动获得成功的人必须做到的。一个人必须对行动的形式、时机、步骤、动力等都进行优化考虑，以保证其决策的顺利实施，才能达到自己的目的。

原文

安莫安于忍辱[1]。

注释

①辱：屈辱，侮辱。

译文

最安全的莫过于忍辱负重。

事典　勾践卧薪尝胆

吴王阖闾打败楚国后，成了南方的霸主。越国是吴国的邻国，与吴国素来不和。公元前496年，越王勾践即位。为了征服扩大自己的影响，吴王发兵攻打越国，两国在檇李（今浙江嘉兴市西南）展开了一场大战。吴王阖闾满以为可以打赢，却没想到吃了败仗，自己中箭受了重伤，再加上岁月不饶人，回到吴国就咽了气。

吴王阖闾死后，他的儿子夫差即位。阖闾临死时对夫差说："不要忘记报越国的仇！"

夫差记住这个嘱咐，并叫人经常提醒他。他经过宫门时，手下的人就扯开了嗓子喊："夫差！你忘了越王杀你父亲的仇了吗？！"

夫差流着眼泪说："不，不敢忘。"

后来，为了报父仇，夫差叫伍子胥和另一个大臣伯嚭操练兵马，攻打越国，结果越国战败，越王勾践被抓到吴国。吴王为了羞辱越王，派他做看墓与喂马这些奴仆才做的工作。越王心里虽然很不服气，但仍然极力装出忠心顺从的样子。吴王出门时，他走在前面牵着马；吴王生病时，他在床前尽力照顾。吴王看他这样尽心伺候自己，觉得他非常忠心，最后就允许他返回越国了。

忍辱负重的勾践回到越国后，立志报仇雪耻。他唯恐眼前的安逸消磨了他的志气，便在吃饭的地方挂上一颗苦胆。每逢吃饭的时候，他就先尝一尝苦味，还对自己说："你忘记会稽的耻辱了吗？！"他还把席子撤去，用柴草当褥子。这就是后来人所说的"卧薪尝胆"。

勾践决心要使越国富强起来，他亲自参加耕种，叫他的夫人自己织布，以此来鼓励生产。越国因遭到亡国的灾难，人口大大减少，所以他就制定了奖励生育的制度。他叫文种管理国家大事，叫范蠡训练人马，自己虚心听从别人的意见，救济贫苦的百姓。全国的老百姓都巴不得多加一把劲，好叫这个受欺压的国家变成强国。越王勾践整顿内政，努力生产，使国力渐渐强盛起来。他和范蠡、文种两个大臣

经常商议如何讨伐吴国。

公元前475年，越王勾践做好了一切准备，大规模地进攻吴国。吴国接连打了败仗。越军把吴都包围了两年，夫差被逼得走投无路，说：“我没有面目见伍子胥了！”说着，他就用衣服遮住自己的脸，自杀了。后来，勾践北上中原与诸侯会盟，成为春秋时期的最后一个霸主。

◆◆◆ 人物 ◆◆◆

勾践（？—前465年），春秋末越国国君，前497年—前465年在位。姓姒，名勾践，又名菼执，曾败于吴，屈服求和。后卧薪尝胆，发愤图强，终成一代霸主。

◆◆◆ 古为今用 ◆◆◆ 忍辱负重是一种等待，也是一种承担

1998年，牛根生是伊利集团的副总裁，也是当年伊利的第一功臣。当时，伊利80%以上的营业额都来自他主管的事业部。牛根生在伊利员工当中的威信也相当高。他们对牛根生的信服来源于他的为人之道和人格魅力。

后来，牛根生突然感觉到了不对劲——自己在伊利做了16年，但在使用资源方面却感到了种种不顺畅，比如说自己在调动很小的一部分资金时，众多部门都说三道四。最极端的时候，他连买把扫帚都要打报告审批。牛根生找到总裁郑俊怀反映问题，那时他第一次从老大哥的眼神读出“陌生感”和“不信任感”。牛根生突然意识到自己深陷困境。

牛根生一共向郑俊怀递交了三次辞呈。前两次，郑俊怀都说了一些挽留的话，牛根生收回了辞呈。牛根生发现自己的环境不仅没有得到改善，反而越来越恶劣。牛根生第三次递交辞呈是在一次董事会上。

牛根生将辞呈放到郑俊怀的面前，他对郑俊怀说：“郑大哥，如果你想让我离开，我现在就正式辞职，至少不能因为我个人影响企业的发展。”

这一次，牛根生没有得到挽留，相当于被扫地出门。

牛根生辞职后，回到北京大学进修。在北京大学的那段日子里，他整天骑着

一辆破自行车穿梭于各个教室之间。40多岁的“老牛”坐在教室里听课，望着身边那些风华正茂，甚至略显稚气的同学，内心有种说不出滋味。

“我必须首先化解掉内心的委屈和痛楚，方才可能静下心来融入陌生的校园环境当中去。”牛根生在心里如此告诫自己。

在北大进修的过程，他抽时间重新审视了自己在伊利16年的各种经验和教训，让原本在企业中形成的应激反应模式转换成理性的思维模式。经过在北大的沉淀与升华，“蒙牛王朝”的宏伟蓝图在他心底酝酿成熟。

牛根生从北大出来时，正好自己原来的那帮部下也已经离开了伊利。他们一起找到牛根生，希望他带领他们重闯出一条新路。

1999年1月，“蒙牛”正式注册成立，名字是“蒙牛乳业有限责任公司”，注册资本100万，都是牛根生和他妻子多年的积蓄。“蒙牛”一成立，他的许多老部下一批批地投奔而来，总计有几百人。当时牛根生曾经告诫他们不要弃“明”投“暗”，他自己也不能保证“蒙牛”一定会有一个光明的未来。但是，老部下们义无反顾地加入了“蒙牛”的团队。

宋人苏轼在《留侯论》中曾说：“古之所谓豪杰之士者，必有过人之节，人情有所不能忍者。匹夫见辱，拔剑而起，挺身而斗，此不足为勇也。天下有大勇者，卒然临之而不惊，无故加之而不怒，此其所挟持者甚大，而其志甚远也。”

有了大家的信任与鼓励，牛根生忍辱负重，励精图治，终于走出了一条属于蒙牛人自己的道路！

俗话说：“人生不如意之事十有八九。”不要说“十有八九”，其实人生有时甚至事事都不能顺我们的心意。古代所谓的豪杰，一般都有着超乎常人的修养，更有着忍一般人所不能忍的功夫。古人说：“必须能忍受别人不能忍受的触犯和忤逆，才能成就别人难及的事业功名。”我们想要在这个反复无常的世界里生存，就必须包容一切，接受一切，忍耐一切，然后才能改变一切，克服一切。“心字头上一把刀”，谓之“忍”，你若挨得过这把刀，寸寸心血会叫你顽强地生存下去，助你成功！

原文

先莫先于修德①。

注释

①先：先要，首要。修德：修养德行。

译文

最首要的莫过于修养德行。

事典　徐庶借马试刘备

徐庶是三国时期的一个谋士，其才华有独到之处。他想报效刘备，但是不知刘备的德行如何，便想找个办法试一试。

徐庶知道刘备有一匹的卢马，于是对刘备说："主公，我以前学过一点相马的技艺，请让我给你看一看你的战马，可以吗？"

刘备高兴地说："可以，先生尽请相看。"说完，他就命人把马牵到院中的空地上。

徐庶仔细地看了一会儿，突然佯装大惊失色，对刘备说："主公，这匹白色的马，是一匹日行千里的千里马。但是，人家说白马会克其主，你留在身边是很危险的。"

刘备听了，微微一笑，毫不在乎地说："死生都是命中注定的，谁也决定不了，和白马有何关系？更何况这匹马救过我一命，是我的救命恩'马'，就是真的克主，又有何关系呢？"

徐庶听后说："这马终究会克死一个人的，你可以把它送给你最痛恨的人，等到马克死他之后，你再骑它，就没有妨碍了。"

刘备听了徐庶这番话，大为生气，毫不客气地对徐庶说："先生，我留下你辅佐我，是希望你告诉我一些对国家、对民众有益的大道理，帮助我建功立业，而你却教给我一些专门害人的方法。先生，我实在不敢领教你的高论，你还是另择高枝吧！”

徐庶哈哈大笑道：“我听人说明公仁义爱人，但是心中一直未敢相信。今天特意用这番话来试探你，果然所传不虚！”

从此之后，徐庶不但自己尽心尽力辅佐刘备，还向刘备推荐了诸葛孔明。

从这个故事之中可以看出，人生在世，要以德为先。有高尚的品德，才能招纳贤明之人归附，成就伟大事业。

人物

徐庶，生卒年不详，字元直，颍川郡长社县（今河南禹州）人，汉末三国时期人物。本名福，后因为友杀人而逃难，改名徐庶，自此遍访名师，与司马徽、诸葛亮等人为友。曾仕官于新野的刘备，后因曹操囚禁其母而不得不弃刘投曹，临行前向刘备推荐诸葛亮之才。此后徐庶仕魏，官至右中郎将、御史中丞。

古为今用　进德修业是首要之事

《论语》中说：“自天子以至于庶民，一是皆以修身为本，其本乱而未治者未之有矣。”修身之本是修德，即使富有四海，贵为天子，缺德者仍难以常保。勇冠三军的盖世英雄，若无德者仍会遭败亡。治人事天，无德者，则天不应，人不顺。

2004年“感动中国”年度人物徐本禹，家境贫寒。考入大学后，他被列入特困生，得到学校的资助、老师同学的关爱和社会的帮助。这些来自各方的帮助化为他强大的精神动力，激励他自强不息，立志成才，做一个对国家、对社会、对他人有用的人。

他在思想上积极进步，被评为学校优秀共青团员，并当选为共青团湖北省第十一次代表大会代表。他满腔热情，积极投身社会实践，被评为湖北省大学生社会实践先进个人。他富有爱心，在大学期间节衣缩食，用自己勤工助学的微薄收入和刻苦学习所得到的奖学金，先后资助多名经济困难的同学，并积极为社会公益事业捐款。他在自述中写道：“我唯一能做的就是把爱心传递下去，用自己的行动来帮助那些生活上需要帮助的人。”

2002年7月，徐本禹参加学校组织的暑期社会实践，到贵州省大方县猫场镇狗吊岩村设在山洞里的为民小学支教一个月。这次社会实践使他更加深刻地认识了国情，激发了他强烈的社会责任感。他决心以实际行动为改变当地贫穷落后的状况，贡献自己的力量。

返校时，当地的孩子们对他依依不舍。他向孩子们承诺，一年后会再回去给他们上课。考上研究生后，他打算放弃深造机会，回到贵州实践自己“阳光下的诺言”。学校经过研究，决定为他保留研究生学籍两年，支持他的行动。

2003年7月，徐本禹重返生活和工作条件十分艰苦的为民小学义务支教。当时团中央西部志愿者计划尚未实施，为了保证他的基本生活，学校团委和他所在的经济贸易管理学院为他提供了生活补助。后来，贵州团省委将他补入贵州扶贫接力计划。徐本禹深受感动和激励，每月从微薄的生活补助中节省出一半的钱，用来资助当地孩子上学。他的感人事迹经媒体报道后，社会各界纷纷伸出援手，使当地教育条件迅速得到改善：学校迁出山洞，搬进了新校舍，在校学生由原来的不足100人增加到250多人。

徐本禹之所以能够做到这些，不仅因为他有较高的专业素养，更重要的是他拥有高尚的道德情操。道德是否高尚，既关系到自身的人品修养，也关系到对周围环境的影响，甚至还关系到事业的成功。

道德能够完善自我人格。道德为人们人格的发展提供了真、善、美的标准，使人们的人格发展有了努力的方向，对消除人格的内在冲突有重要意义。它可以使人们感到更多的满足和愉快，减少不安和愧疚。

原文

乐莫乐于好善①。

注释

①乐：爱好，喜好。《论语·雍也》："知者乐水，仁者乐山。"比喻各人爱好不同。好：爱好，此指乐意追求。善：善行。

译文

最使人快乐的莫过于喜于行善。

事典　卜式的善行

西汉大臣卜式，小时候以种田畜牧为生，曾经畜羊一百多头。弟弟成人后，他把田宅财物全都给了弟弟，自己则到山里牧羊。十多年后，他的羊达到了1000多头，而他的弟弟却将所有财产都用光了。于是，卜式又分给了弟弟一些羊。

那时候汉朝正在对匈奴采取军事行动，卜式上书说，愿意捐出一半家财帮助朝廷平定边疆。皇帝派人问卜式："你想做官吗？"

卜式说："我自小牧羊，没有学习做官，不想做。"

使者说："你家里如果有冤情，说出来吧。"

卜式说："我生来跟人没有争斗，同乡的人贫穷，我救济他们；不善良的人，我教育他们。去到哪里，人们都顺从我，我怎么会有冤情呢？"

使者说："那你想要什么呢？"

卜式说："皇上讨伐匈奴，我认为贤能的人应该勇于献身，有钱的人应该捐出来，这样的话匈奴就可以灭掉了。"

使者将卜式的话全都告诉了丞相弘。弘说："这不是人之常情，所以希望陛下不要允许。"皇上听信谗言，不仅不领情，反而将卜式囚禁起来，过了几年才将他放了回去。卜式回家后，又到田里牧羊了。

匈奴浑邪等人投降之后，朝廷开支很大，国库空虚。贫民大迁徙的所有费用皆由朝廷支出，朝廷负担不起来。此时，卜式又拿出大量钱款给河南太守，用来发给迁徙的民众。

河南的富人受到影响，都帮助贫民。皇帝听到卜式的名字，说：“是以前希望捐出一半家产帮助边疆的人。”随后下诏赐给卜式很多奖赏，但卜式把这些奖赏全部还给了官府。

那时候，很多富豪都争相把财产藏起来，唯有卜式还想给朝廷捐钱。皇帝为了表彰他，下诏拜卜式为中郎官，赐爵左庶长，赏田十顷，布告天下，用来使其尊贵显赫，并用他的良好品德教育、激励天下人。

人物

卜式，生卒年不详，西汉大臣，洛阳人。他以牧羊致富，官至御史大夫。后因反对盐铁官营，又兼不习文章，他被贬为太子太傅，以寿终。

古为今用　当代的雷锋精神重在大爱与真情

1994年，全国道德模范郭明义看了鞍山团市委希望工程办公室号召向濒临失学儿童捐资助学的电视短片。短片中孩子们渴求知识的目光，深深刺痛了他。第二天，他向岫岩山区一名失学儿童捐献200元钱，十几天后，又给这个孩子寄去200元钱。

要知道，此时的郭明义月收入不足600元，上有年迈的父母，下有正在上学的女儿。他们一家三口，挤在市郊的一所不足40平方米的房子里。但是，为了让更多的孩子走进课堂，他在15年的时间里，累计捐款7万多元，帮助了100多名贫困儿童。

为了挤出钱资助贫困儿童，在很长一段时间，郭明义不吃午饭。20世纪90年代，献血会给点营养补助，这个钱他也捐了。

后来，单位怕给他钱就被捐掉，干脆给办成购物卡，可是他找同事、磨妻子，还是将购物卡换成现金捐了出去。他很少买新衣服，一年四季都穿工作服。

在他家采访时，看着还是水泥地面、没有任何装修的“陋室”，记者劝他也要善待自己和家庭。郭明义略加沉思，说："接触不同的社会群体，就会有不同的人生思考。我经常接触孤儿院的孤儿、上不起学的孩子、生活困难的职工，和他们相比，我就感觉自己非常富足，我就非常想去帮助他们。"

收入微薄的郭明义资助了100多个孩子，然而他知道，还有很多孩子需要帮助。2008年3月4日，他发起成立了以捐资助学为主要活动的"郭明义爱心联队"，仅一年半时间，"爱心联队"的成员已经从开始时的12人发展到30人，已资助了120多名贫困学生。毫无疑问，郭明义这种行善的念头其实就是雷锋精神的具体体现。

大爱与真情

这种大爱与真情的形象表达正如雷锋同志说的"对待同志像春天般温暖"。雷锋短暂的一生，始终充满着对祖国、对人民的赤子之心，洋溢着对社会的感恩真情。所以，他时时处处地努力将自己"春天般的温暖"洒向人间，洒向社会；所以，他总是亲切地对待他人，以奉献为快乐，以爱国家、爱人民为崇高的追求，这也是雷锋"一贯做好事而不做坏事，一切从人民利益出发，全心全意为人民服务的精神"的最为深厚的内在动力。

当今社会，迫切需要弘扬雷锋同志这种大爱与真情，以克服社会转型时期的浮躁、功利与冷漠，以消除"陌生人社会"的隔阂、无助与歧视，让人人都能沐浴"春天般温暖"。

努力行善，做个好人

站在当代的视角来观察，实际上也就是在主动地积德行善，一方面是在为构建社会美德尽力，另一方面也是在提升自己的人格境界，是在做一个脱离了低级趣味的高尚的人。学习雷锋精神，就是要在生活的点滴中，积极行善，同时自觉做一个对家庭、对社会、对国家有益的人，从而积累社会善意，使春风化雨，共建美好社会。

责任与奉献

雷锋同志之所以一贯做好事，之所以对同志抱有春天般的温暖，其间也包含着他始终如一的责任与奉献精神。正如他在日记中所写："如果你是一缕阳光，你是否照亮了一片黑暗？如果你是一滴水，你是否滋润了一寸土地？如果你是一粒粮食，你是否哺育了有用的生命？如果你是一颗最小的‘螺丝钉’，你是否永远地坚守岗位？”学雷锋，尤其要彰显这种“螺丝钉”般的责任坚守与义无反顾的奉献忠诚。在个人利益最大化的时代，我们不仅要问团队给予了我什么，更要问我为团队做出了什么贡献。如果只是一味地索取和等价交换，那么我们将不会有值得我们崇拜和仰慕的英雄，我们也很难产生仰望星空的激情，而只有令人不安和迷茫的琐碎和庸俗。

雷锋精神告诉我们，青春不应虚度，青春是大可作为的，我们理应让青春充满意义。弘扬雷锋的青春精神，将会培育起一种神圣而圣洁的人文情怀。

原文

神莫神于至诚①。

注释

①神：神奇，奇异莫测，异乎寻常。至，极点。诚，忠诚，真诚。至诚：极为诚恳，诚心诚意，是儒家的最高思想境界。

译文

最神奇的莫过于人心达到真诚的极致。

事典　飞将军引弓射虎

汉朝大将李广，祖辈精通箭术，故他自幼即练就了过硬的射箭本领，在历次战斗中，勇猛杀敌，屡立战功。

汉武帝时，李广为右北平郡太守。当时右北平郡常有老虎出没，危害人民，为了为民除害，李广经常带兵出猎。

一日，李广狩猎回来，路过虎头石村，已是夜幕降临时分，月色朦胧。这里怪石林立，荆棘丛生，蒿草随风摇曳，唰唰作响。行走间，他突然发现草丛中有一黑影，形如虎，似动非动。情急之下，李广让士兵闪过，拉弓搭箭，用尽全身力气，只听“嗖”的一声，正中猎物。然后，他策马上前察看，当正要搜取猎物时，不觉大吃一惊，原来所射并非一虎，而是一块虎形巨石。仔细一看，箭头已入石。这时众随从也围拢过来观看，均赞叹不已。当时李广也不自信，又回到原处上马重射，比前更加用力，可是连射数箭，都没入石。

事后，当地百姓闻听此事更加敬慕，匈奴也闻风丧胆，多年不敢入侵。李广任太守时，关心士兵，将士同心，爱护百姓，水乳交融，深受军民爱戴。唐代诗人王昌龄的《出塞》一诗中也提到过他：“但使龙城飞将在，不教胡马度阴山。”

◆◆◆ 人物 ◆◆◆

李广（？—前119年），陇西成纪（今甘肃静宁西南）人，西汉名将。曾任骁骑将军，常年抗击匈奴，匈奴畏服，称之为“飞将军”，数年不敢来犯。元狩四年（前119年），漠北之战中，李广任前将军，因迷失道路，未能参战，愤愧自杀。

◆◆◆ 古为今用 ◆◆◆ 心志专一，才能事有所成

陈毅元帅幼年时酷爱读书，他总是把书带在身边，有空就看上几页。如果发现了一本好书，那简直比什么都高兴。有一次，他到一位亲戚家去欢度中秋节，一进门就看到了一本自己很想读的书，于是忘记了步行几十里路的疲劳，立即到一边专心读起书来。

他完全沉浸到书中去了，亲戚几次来催他吃饭，他也舍不得将书放下。亲戚把刚蒸好的糍粑给他端来，谁知他嘴里吃糍粑，注意力却在书上。糍粑本应该蘸糖吃，可他竟把糍粑伸到砚台里蘸上墨汁往嘴里送。

过了一会儿，亲戚又给他端面条来，只见他满嘴都是墨，便喊来了众亲友。大伙儿一瞧，都忍不住哈哈大笑起来。陈毅却平静而诙谐地说：“吃点墨水没关系，我正觉得肚子里墨水太少哩。”

李广在精力极度专一、至诚的情况下，将弓箭射入巨石内。陈毅在精力高度

集中的情况下，误把墨水当糍粑，自己却毫无察觉。这些事例并非没有道理。我们在日常生活中，都会有类似的经历。当然，我们不会像李广一样去深夜射虎，或像陈毅元帅一样吃墨水，但我们却可以在精神高度集中的情况下，将本职工作做得非常完美，甚至超出了自己的意料。

在日常工作中，怎样才能做到专心致志，并把专注力发挥到极致呢？

要有高度的责任心

大家一定有这样的体会，在临近工作考核或完成某项重要任务时，总是有高度集中的注意力，对环境的干扰也能适应，甚至会达到“泰山在前而目不见，雷鼓在侧而耳不闻”的境地，这就是因为有高度的责任心约束着你。

要有安静的环境

许多人往往易受环境的影响，工作的时候会情不自禁地听音乐或看信件报刊。因此，在工作时要尽量避免那些影响注意力的刺激，不为无关因素所干扰。如果无法避免，也要持冷静的态度，培养“闹中求静”的本领。

要有浓厚的兴趣

注意与兴趣是“嫡亲姊妹”，没有浓厚的兴趣，对事情漠然置之，就很难集中注意力，更难长时间地维持注意力。兴趣有直接兴趣（对活动本身感兴趣）和间接兴趣（对活动目的感兴趣）。直接兴趣往往是无目的的、轻松的、短暂的；间接兴趣往往是有目的的、强迫的、持久的。要培养注意力，必须要把两者交替运用。

要有坚强的意志

在日常的工作中，我们总会碰到一些枯燥无味、令人头疼的工作，但它又是非常重要的，这时就需要我们强迫自己去完成。换句话说，有时候我们必须强迫自己去培养自己集中注意力的良好习惯。

努力学会控制自己

一位名人曾经说过，人什么都容易做到，最不容易做到的就是控制自己。努力学会控制自己，三九寒天，能从暖烘烘的被窝里爬出来；三伏暑天，能从凉阴阴的地方走出去。具备了这样的自制力，才能令自己真正做到专心致志。

原文

明莫明于体物[①]。

注释

①明：明白事理，这里可引申为高明。体：体察。物：万事万物。

译文

最高明的莫过于深入事物之中，体察事物之理。

事典 陈平抗旨救樊哙

汉初，北方燕王卢绾反叛的时候，刘邦让樊哙督兵出征。正当樊哙在前线激战的时候，和樊哙平时有怨仇的人乘机对刘邦说樊哙的坏话。刘邦当时生病了，本来就心有猜忌，时时提防有人反叛，一听说樊哙有不轨之谋，便破口大骂：“樊哙老匹夫，见我生病，竟然希望我马上死掉！”随后，他立即命令陈平用驿马把周勃送到樊哙军中，前去接替樊哙的职务，同时叫陈平取樊哙的首级回来。

陈平和周勃两人接受了诏令，马不停蹄地奔往前线。作为刘邦的老部下，陈平和周勃心中明明知道这樊哙是被冤枉的，但是王命又不能违抗，一场考验落在了两位老臣身上。

在路上，两人商议说：“樊哙是皇上的老部下，战功累累，关系网极广，又是吕皇后的妹妹吕媭的丈夫。皇上素来倚重他，这次皇上生病，容易动怒，听信别人的谗言，一时明白不过来，这才要杀他。恐怕将来病好后，他就会后悔。皇上一后悔，可能就要拿我们出气。即使皇上不怪罪我们，吕皇后也会怪怨。再说，如果皇上驾崩，那麻烦就更大了。我们是不能亲手杀他的，不如把他装入囚车，押回长安，交给皇帝，到时候他怎样处理与我们毫不相干。”

两人商议之后，在樊哙的军营外围设了一个祭坛，用皇上的符节把樊哙召来。读完诏书，由周勃接任统兵之职，陈平把樊哙押进囚车，解往长安。

在回长安的途中，陈平听说高祖驾崩，担心吕后恼恨这件事，马上单骑先回长安，向吕后汇报了事情的经过。吕后一听樊哙未死，暗暗长出了一口气。等到樊哙的囚车一到长安，吕后就下令放了他，并恢复了他的官职和封邑。

陈平根据自己对刘邦和当时的情况的分析，做出了正确的选择，不仅保全了自己，还为汉朝留下了一位忠臣。由此来看，有时候为人不能盲目执行命令，要具体情况具体分析。

◆◆◆ 人物 ◆◆◆

陈平（？—前178年），阳武（今河南原阳）人，西汉王朝的开国功臣之一。在楚汉相争时，曾多次出计策助刘邦。汉文帝时，曾任右丞相，后迁左丞相。曾先后受封户牖侯，曲逆侯，死后谥献侯。“反间计”“离间计”，均出自其手。

樊哙（？—前189年），今江苏省沛县人。西汉开国元勋，大将军，左丞相，著名军事统帅。为吕后妹夫，深得汉高祖刘邦和吕后信任。后随刘邦平定臧荼、卢绾、陈豨、韩信等，为汉高祖刘邦的心腹猛将，封舞阳侯，谥武侯。

◆◆◆ 古为今用 ◆◆◆ 深查事理，调整思考的角度

国庆期间，小刘跟老公小张好不容易订到了回老家的火车票，上车后却发现有位女士坐在他们的位子上。小张示意小刘先坐在她旁边的位子，没有请那位女士让位。小刘仔细一看，发现那位女士的右脚有一点不方便，这才了解了老公的意思。小张就这样从北京一直站到济南，从头到尾都没向这位女士表示这个位子是他的。下车之后，心疼老公的小刘对老公说：“让位是善行，但从北京到济南这么久，大可中途请她把位子还给你，换你坐一下。”

小张却说："人家不方便一辈子，我们就不方便这几个小时而已。"

听到老公这么说，小刘相当感动。有这么一位善良又为善不欲人知的好老公，让小刘觉得世界都变得温柔了许多。

能设身处地为他人着想，了解他人心里想些什么的人，永远不用担心未来。

人与人之间相处，难免有误解、有矛盾，这时如果你能设身处地为他人着想、为对方着想，你就会选择宽容、选择忍让，如此一来，你的委曲求全也就能感化对方，所谓的矛盾也就迎刃而解了。

有人说，现在的社会，越来越多利益的交换、财富的博弈、地位的较量，不可能为他人着想；也有人说，为他人着想，是以别人为中心，委屈自己，势必会失去自我；还有人说，我为他人着想，他人并不一定为我着想，到最后吃亏的还是自己。

其实，越是在如今的时代，越是在如此的社会风气和思想观念之下，越是需要提倡"为他人着想"。我们每个人的内心其实都渴望社会的和谐与人际的融洽，而这和谐、融洽又全都呼唤着人内心的和谐，呼唤着"为他人着想"。

为他人着想，就是自己在考虑问题的时候，也调整一下思想的角度，看看别人怎么考虑同样的问题；为他人着想，就是在考虑自己利益的时候，不要无视别人的存在；为他人着想，并不是要求人人"毫不利己，专门利人"，但是必须改变"毫不利人，专门利己"；为他人着想，是换位思考，是善解人意，是尊重他人，而换位思考、善解人意、尊重他人，永远都受人欢迎，而且会受任何人的欢迎。

为他人着想，换位思考，会使误解的双方尽释前嫌，会使争吵的夫妻和好如初，会使同事之间消除矛盾。有时候，矛盾的双方都坚信自己对、别人错，甚至交锋激烈，互不相让，其实，并没有多少根本的利害冲突，也没有多少上纲上线的是非对错，仅仅是各自看问题的角度和立场不同。

如果双方或者其中一方能够换位思考，为他人着想，会发现："原来事情并没那样糟糕！"这样就能够主动做出让步。只要做出哪怕是一点点的让步，也完全有可能出现海阔天空的大好局面，甚至化敌对为友好，化干戈为玉帛，化战争为和平。人同此心，心同此理，为他人着想，心理学上叫作“同理心”，是心理健康、人格健全的标志，是人在社会上与他人友好相处、合作进步的心理基础，是人能够获得成功与快乐的重要“情商”。

能够为他人着想，是一种文明，粗俗的人做不到；是一种自信，卑怯的人做不到；是一种豁达，狭隘的人做不到；是一种成熟，幼稚的人做不到；还是一种胸怀、一种风度、一种博爱，斤斤计较、缺乏风度、自私自利的人做不到。总之，只有内心真正强大、真正和谐的人，才会替他人着想；内心脆弱、心智不全、心术不正的人做不到。

为他人着想，是我们最重要的个人素质与修养之一。这样的素质与修养，能够为我们带来意外的丰厚回报。当你为他人着想的时候，往往能够让他人也为你着想，如此你一定也有所获得，进而实现“双赢”。从来只知道为自己着想的人，也只能引得他人的设防与拒绝，使得自己一步步走进孤立无援的境地，最终不但没有多少“盈利”，反而会遭到一次又一次的“亏损”。

我们或匆忙或悠闲地行走在人生的旅程中，当我们面对并肩而行或者擦肩而过的人的时候，那些明显有利于自己的事情，并不一定真的就是天经地义的事情，所以，请尽可能为他人着想吧。

原文

吉莫吉于知足①。

注释

①吉：吉利，吉祥。知足：满足，此指满足于已经得到的利益和地位。

译文

最大的吉祥就是满足于自己已经得到的。

◆◆◆ 事典 ◆◆◆ 追求一瓢饮的颜回

相传孔子一生共收了3000多名学生，其中最受器重的是颜回。孔子曾对颜回说："回啊！你住得那么简陋，吃得那么差，为什么不去做官呢？"颜回说："学生有些薄田，虽然收成不多，但吃穿已经够了；空闲的时候弹弹琴，足以自娱；跟夫子学学道，足以自乐。何必再做官呢？"

听了颜回的话，孔子感叹地对学生们说："颜回的品德多么高尚啊！一篮干粮，一瓢冷水，住在简陋的小巷里，别人不堪其忧，他却不改其乐，他的品德多么高尚啊！"

其实，多余的物质不必过分去追求，否则得不偿失，知足常乐的人不会为利禄而劳苦。这样的思想于现代人是颇有益处的。

◆◆◆ 人物 ◆◆◆

颜回（前521年—前481年），字子渊，春秋时期鲁国人，十三岁即拜孔子为师。在诸弟子中，孔子对他称赞最多，不仅赞其"好学"，而且还以"仁人"相许。历代文人学士对他也无不推尊有加，自汉高帝以颜回配享孔子、祀以太牢，三国魏正始年间将此举定为制度以来，历代统治者封赠有加，无不尊奉颜子。

◆◆◆ 古为今用 ◆◆◆ 知足常乐

有几个人在岸边岩石上垂钓，而旁边几名游客在欣赏海景之余，也围观他们钓上岸的鱼，口中啧啧称奇。只见一名钓者竿子一扬，钓上了一条大鱼，约三尺长。落在岸上时，那条鱼的身体仍腾跳不已。钓者冷静地用脚踩着大鱼，解下鱼嘴内的钓钩，顺手将鱼丢回海中。围观的众人一阵惊呼，这么大的鱼犹不能令他满意，足见钓者的雄心之大。

就在众人屏息以待之际，钓者鱼竿又是一扬，这次钓上的是一条两尺长的鱼，钓者仍是不多看一眼，解下鱼钩，又将这条鱼放回海里。第三次，钓者的钓竿又扬起，只见钓线末端钩着一条不到一尺长的小鱼。围观众人以为这条鱼也将和前两条大鱼一样，被放回大海，却不料钓者将鱼解下后，小心地放进自己的鱼篓中。游客百思不解，遂问钓者为何舍大鱼而留小鱼，钓者经此一问，回答："那是因为我家里最大的盘子，只不过有一尺长，太大的鱼钓回去，盘子也装不下。"

何谓智者，何谓愚者？知足常乐谓"智"，贪得无厌谓"愚"。贪婪的人，永远只能陷在欲望无边的痛苦沼泽中，贪婪越多，失去的也就越多。现实生活中，在面对诱惑时，能清楚自己需要什么的人很少，所以不幸的人也就很多。有几个人能做到"舍大鱼取小鱼"呢？

生活的乐趣不在于你拥有多少，而在于你要求多少，唯有懂得知足常乐的人才能享受生活的喜悦。真正的快乐是心灵的快乐，知足常乐，保持内心的纯净，你就能感受到生活的美好，"舍大鱼取小鱼"其实是人生的一种大智慧啊！

知足是一种处事态度，常乐是一种幽幽释然的情怀。《大学》中有语："止于至善。"意思是说，人应该懂得如何努力而达到最理想的境地，懂得自己该处于什么位置是最好的。唯知足常乐，才不至于好高骛远，迷失方向，心有余而力不足，而弄得心力交瘁。

古人的"布衣桑饭，可乐终身"是一种知足常乐的典范；"宁静致远，淡泊明志"中蕴含着诸葛亮知足常乐的清高雅洁；"采菊东篱下，悠然见南山"中尽显陶渊明知足常乐的悠然；沈复所言"老天待我至为厚矣"表达着知足常乐的真情实感。

知足常乐是一种人性的本真，在孩童时代，我们会为拥有自己梦想得到的东西而喜上眉梢，笑逐颜开，烙下一串串深刻的记忆，今日重温，也许会忍俊不禁。无论行至何方，所处何位，知足常乐永远都是情真意切的延续。

当然，知足常乐不是要在成绩簿上"睡大觉"，沾沾自喜，盲目乐观，矫揉造作，狂放不羁。事情的发展不可能一蹴而就，在这个层面上，知足常乐符合辩证唯物主义原理。要懂得运用辩证唯物主义的观点去分析问题，洞察暂时的成功，而后乐于进取，乐于开拓，为将来取得更大的成功鼓足信心，做好充分的准备。如此，乐观的心态才不至于扭曲前进的风帆。

做到知足常乐，良好心态就会和待人处事并驾齐驱，充满和谐、平静、适意、真诚。这是一种人生底色，当我们都在忙于追求、拼搏而找不着北的时候，知足常乐，这种在平凡中渲染的人生底色所孕育的宁静与温馨，对于风雨兼程的我们是一个避风的港口。

原文

苦莫苦于多愿[1]。

注释

①苦：痛苦，遗憾。《后汉书·岑彭传》："人苦不知足。既平陇，复望蜀。"

译文

最大的痛苦莫过于有太多的愿望却得不到满足。

事典　得陇望蜀的刘秀

东汉初年，有两个反对光武帝的地方势力，一个是割据巴蜀的公孙述，一个是称霸陇西的隗嚣。公元32年，刘秀亲自带兵围剿隗嚣。

隗嚣是天水成纪人，青年时曾投在王莽国师刘歆的门下。刘秀建立东汉政权后，隗嚣在刘秀与公孙述之间徘徊不定。

光武帝的大将邓禹经营关中，其裨将冯愔造反，逃窜进入陇地，被隗嚣在高平击败。隗嚣因此受到邓禹的重用，被任命为西州大将军，受命管理凉州、朔方的事务。光武帝对隗嚣也很尊重，不把他当作属下，对隗嚣礼遇有加。

但是隗嚣不甘居于人下。建武五年，隗嚣派使者周游来长安。周游途经冯异军营，被仇家杀害。光武帝派卫尉铫期带珍贵礼物去赏赐隗嚣，刚到郑县地面，就被盗贼掠去。光武帝认为隗嚣是忠厚长者，一心要招揽他，至此只得叹息说："我和隗嚣之间的事，看来好不了。他派来的使者被杀，我送去的礼物被抢!"

正好公孙述出兵攻打荆州，光武帝就下诏书，要隗嚣出兵伐蜀，遭到隗嚣的拒绝。刘秀知道隗嚣不可能臣服，就亲自来到长安，派耿弇率七将军，经过陇地去攻打公孙述，没想到遭到隗嚣的阻挠，汉军大败。与此同时，公孙述派兵出蜀，与隗军呼应。

在汉军不断的攻击和劝降下，隗军手下渐有叛降的将领。隗嚣的形势逐渐窘困，但他拒绝投降，带着家属投奔西域守将杨广。光武帝命令吴汉、岑彭包围西域，耿弇、盖延包围上部，把隗嚣围在西域，而自己动身返回洛阳。

临走之际，他留下一函给围攻西城的岑彭说："如两座城池都攻下，你就可带兵南下去攻下西蜀。人心苦于不知足，才平定陇右，又想着蜀地。"

从此，"得陇望蜀"就成为讥讽人心没有餍足之时的成语。

人物

刘秀（前5年—57年），字文叔，南阳郡蔡阳县人，出生于陈留郡济阳县，东汉王朝开国皇帝，中国历史上著名的政治家、军事家。他在位33年，大兴儒学，推崇气节，东汉一朝也被后世史家推崇为中国历史上"风化最美、儒学最盛"的时代。刘秀死后，葬于原陵，上庙号世祖，谥号光武皇帝。

古为今用　修身从淡泊名利开始

圣人之道，淡泊无欲。对于身外之物，来就来，去就去，无须牵挂。财物的聚散多寡，不值得为之大喜大悲，佛门认为有求皆苦，人的生、老、病、死莫不因为人愿望渴求太多而苦难缠身。禅宗讥讽："一具臭骨头，何为立功课？"儒家认为"无欲则刚"，把"恭谦俭让，对人不求名，对物不求奢"的人视为君子；道家则根本以"无欲无求，一身傲骨，两袖清风，遨游人间"为美。

当代大学者钱钟书，终生淡泊名利，甘于寂寞。他谢绝所有新闻媒体的采访，中央电视台《东方之子》栏目的记者，曾千方百计想冲破钱钟书的防线，最后还是不无遗憾地对全国观众宣告：钱钟书先生坚决不接受采访，我们只能尊重他的意见。

20世纪80年代，美国著名的普林斯顿大学，特邀钱钟书去讲学，每周只需钱钟书讲40分钟课，一共只讲12次，酬金16万美元，食宿全包，可带夫人同往。待遇如此丰厚，可是钱钟书却拒绝了。

他的著名小说《围城》发表以后，不仅在国内引起轰动，而且在国外反响也很大。新闻和文学界有很多人想见见他，一睹他的风采，都遭他婉拒。有一位美国女士打电话，说她读了《围城》，非常想见他。钱钟书再三婉拒，她仍然执意要见。

钱钟书幽默地对她说："如果你吃了个鸡蛋觉得不错，何必一定要认识那只下蛋的母鸡呢？"

1991年11月，钱钟书80岁寿辰前夕，家中电话不断，亲朋好友、学者名人、机关团体纷纷要给他祝寿，中国社会科学院要为他开祝寿会、学术讨论会，钱钟书一概坚辞。

名利作为社会评价的结果，对个人是一种责任引导，对社会是一种进取引导。它不应是行为者的出发点，而应是他们履行社会责任的副产品；相反，以个人名利思想作行为引导，着眼于衣锦还乡，封妻荫子，在世俗社会人前显贵，则难免因誉致毁，求荣取辱，人财两空。

加强修养应首先从无私奉献、淡泊个人名利开始，只有自觉地把个人理想融入为集体、团队奋斗之中，个人才会有光明的前途。如果出发点是谋求个人名利，就很难把自我修养的根本宗旨坚持到底。

提倡淡泊个人名利，不是提倡"无为"，而是为了弘扬一种奋发进取的伟大精神，用超越功利的境界，做出功在当代、利泽千秋的事业。古训"淡泊以明志，宁静以致远"，正是在这个意义上具有了新的内涵。

提倡淡泊名利，还体现在如何对待荣誉上。有了成绩，首先想到团队对自己的培养和共同努力，不能贪天之功归为一己。在处理事业的长远要求和个人当前功绩的关系上，要反对急功近利，不能干图虚名而招实祸的蠢事。要划分当得利与不当得利的界限，坚持取之有道，坚持正当手段和正当目的的统一。

淡泊态度与进取精神的统一，平常心与责任感的统一，应该是我们处理名利问题的基本原则。

原文

悲莫悲于精散①。

注释

①悲：悲哀，悲伤。精，精神，也可理解为信念。

译文

最大的悲哀莫过于人的精神散失，信念丧失。

事典 屈原洞中苦读

被梁启超称为中国文学家的老祖宗的屈原，不仅有远大的政治抱负，忧国忧民，而且有着深厚的文学造诣。他是我国第一位伟大的诗人，他的诗歌充满了忧国忧民的情怀和浪漫主义才情，其中最有名的有《离骚》《天问》。可惜，屈原因为不愿随波逐流地活着，最后跳江而死。后来，人们为了纪念这位伟大的诗人，将每年的农历五月初五定为端午节，用划龙舟和吃粽子来纪念他。屈原是怎么成为一个伟大诗人的呢？这里有一个小故事，讲述了屈原小时候苦读诗书的事情。

如果屈原生活在现在，也是一个典型的“官二代”，他从小智力超群，看东西过目不忘。老师布置的作业他很快就能做完，然后他会一个人跑出去玩耍。

父亲看到这些情况，为了让屈原能学到更多的知识，继承自己的官位，就把他送到了当时只有官宦子弟才可以进的学校——“管学”。

在学校里，屈原的天资很快引起了师傅的注意。但是让老师和父亲大为恼火的是，屈原总是在路上记一些和做官没关系的民间诗歌，虽然这些诗歌都抒发了人们对人间美好感情的向往，但是老师和父亲却认为，那些诗歌都不能登大雅之堂，是民间的凡夫俗子作的，当官的人是不能背那些东西的。

但是，屈原已经被这些美妙的诗歌所深深吸引，认为人间最美好的诗歌正是存在于民间。于是，从此屈原不顾长辈的反对，不论刮风下雨，天寒地冻，都躲到山洞里偷读《诗经》。

经过整整三年，屈原熟读了《诗经》305篇，从这些民歌民谣中吸收了丰富的营养。他的《离骚》《九歌》《九章》《天问》成为不朽的传世之作，屈原也因此成为一位伟大的诗人。

◆◆◆ 人物 ◆◆◆

屈原（前340年—前278年），战国时期楚国人，芈姓，屈氏，名平，字原。出生于楚国丹阳，是楚武王熊通之子屈瑕的后代，任三闾大夫、左徒兼管内政外交大事。他对内主张举贤任能，修明法度，对外力主联齐抗秦。后因遭贵族排挤，被流放沅湘流域，最后投江而死。屈原是中国最早的浪漫主义诗人，中国文学史上第一位留下姓名的伟大的爱国诗人。他的出现标志着中国诗歌进入了一个由集体歌唱到个人独唱的新时代。

◆◆◆ 古为今用 ◆◆◆ 一壶沙子一壶水

一个沙漠探险队正在沙漠上艰难前行着，这时大家发现遇到了一个大问题——所有人的水壶都没水了。在沙漠中，没水意味着什么，大家心里都很清楚。所有的队员都感到死神正在向他们挥手，他们都觉得四肢乏力，几乎都走不动了。

这时，队长把所有队员召集在一起，只见他拿起一个水壶，缓缓地说：“我这边还有一壶水，我们还有希望在喝完这壶水之前走出沙漠，找到水源。”他接着说：“但我们就这一壶水了，没有走出这沙漠，谁也不能喝这壶水。”

这壶水在队员手中传开，大家拿着水壶都感到沉甸甸的，一股希望重新在身上流淌着，浑身充满着力量。

终于，探险队走出了沙漠。就在大家喜极而泣的时候，大家不约而同地想到了那壶水，那壶水再次在所有队员的手中传开，最后回到了队长的手里，队长缓缓地打开壶盖，倒出了满满一壶的沙子。

探险队之所以能够走出沙漠，依靠的是信念的力量。如果没有队长那“一壶水”的鼓励，或许他们都不会走出沙漠；很可能他们在失水过多之前，就已经因没有信念而垮掉。

人生之于信念，如同航船之于舵手。如果航船没有舵手，就会在大海中迷失方向，就会在暗礁险滩中遇难，就会被惊涛骇浪所吞没；如果人生没有信念，就会在前进中迷失自我，生活就将变得黯淡无光，生命也就变得没有意义。活着，也只不过剩下一个躯壳；活着，也只不过是行尸走肉。

人生之于信念，就如同飞鸟之于羽翼。如果飞鸟没有羽翼，就不能展翅高飞，就不能掠过长空，就只能望空兴叹；如果人生没有信念，就不能获得成功，就不能实现夙愿，只能怨天尤人，生命也就变得毫无价值。活着，也只不过是浑浑噩噩，无所事事；活着，也只不过如无根的浮萍，随波逐流。

坚定的信念，不是从来就有的，它总是徘徊于坚持与动摇之中，总是彷徨于前进与退缩之中。信念的失去，固然有外在的迫力，但主要还在于自己。外因永远靠内因才起作用。正如信念的重塑，需要外在的推动力，但最终，还要靠自己去完成，任何人也不可能把信念，深种于你的心中。

信念，是人的认识、情感、意志的统一体或“合金”。信念中，包含有一定的认识，如果没有这些认识或观念，人们就没有相信的对象，从而也就不会有信念。但是信念绝对不是冷冰冰的认识现象，它作为人们强烈认同的认识，是跟人的感情紧密联系在一起的。坚定的信念，往往伴随着炽热的感情。也正因为如此，信念总是在感情的驱使下导致相应的行动。信念，不是仅仅深藏于人的内心的东西，它总是要向外表现出来，表现为行为和实践意志。在信念的鼓舞下，人们的意志是坚强的，行为是坚决的，而且始终不渝。

信念，是人们在长期的人生实践中逐步形成的，其中积淀了一个人多年的生活经验，包含了社会环境对他的长期影响。信念一旦形成，是不会轻易改变的。一定的思想观点成为一个人的信念，除了经过理智上的反复认识和深刻认同外，还有感情上的强烈支持。

当一个人抱有坚定的信念时，他就会全身心投入到信念所要求的事业中去。精神上高度集中，对自己相信和追求的事业全神贯注，态度上对自己的事业充满高度的热情，而且在行为上坚定不移，始终不渝。应该说，这正是对待事业和生活的应有态度。只有投身于生活的怀抱，生活才能接纳你；只有全力以赴地为事业而奋斗，成功才会向你走来。

原文

病莫病于无常①。

注释

①无常：变化不定，没有固定的变化规律。佛教认为，世间一切事物都处在生起、变异、坏灭的过程中，迁流不伴，绝无常住性。

译文

（一）最严重的病痛莫过于反复无常。

（二）最大的弊端莫过于不遵从客观规律，制定的政策经常变化。

事典 朝令夕改的来历

“朝令夕改”出自西汉晁错《论贵粟疏》，意思是早晨下的命令，晚上又改变了，形容政令时常更改，使人无所适从，亦称“朝令暮改”“朝令夕更”。

西汉文帝统治后期，官僚、地主、商人不断加重对农民的压榨和剥削。大量农民破产逃亡，生活极端困苦，社会动荡不安，社会秩序一片混乱。为了维护西汉王朝的统治，晁错于公元前168年上书文帝，反映情况，提出政见，这就是著名的《论贵粟疏》。在这篇奏疏中，他提出了奖励粮食生产，打击商人投机牟利，促进农业生产发展的一些措施。

晁错在分析当时农民的生活情形时指出：农民终年辛勤劳苦，不得休息，还要遭受水旱灾害和各种赋税的盘剥。而且这些沉重的赋税没有一定的时间，往往很突然，早上的规定，到了晚上又改变了。这样变化无常，逼得农民有粮食的只好半价出卖，没有粮食的只好借高利贷，甚至被迫卖地卖房，卖儿卖女，以此还债。

汉文帝看到晁错的上书以后，接受了他的建议，采取了一些措施，使农业生产有所发展，国家的经济有所增强，也使当时的阶级矛盾有所缓和。

人物

晁错（前200年—前154年），是西汉文帝时的智囊，颍川（今河南禹州）人，西汉政治家、文学家。汉文帝时，晁错因文才出众任太常掌故，后历任太子舍人、博士、太子家令、贤文学。景帝即位后，任御史大夫。

古为今用　朝令夕改是一种坏习惯

“叮……”一阵电话声打破了办公室的沉静，看着来电显示上的内线号码，人力资源部刘经理慌忙接起了电话。

“您好，李总？”

“上周开始运行的绩效考核制度停了吧，再重新做一套，这一套不行。”

“可是……”

老板的电话简短到没等经理说话已经断了，刘经理拿着听筒，一脸茫然。

这是在公司、企业中常见的情况，老板对于已经制定的规章制度，说变就变，朝令夕改。

老板的言行对于员工的行为有着直接的影响。老板的朝令夕改让员工摸不着头脑，无法工作，手忙脚乱，整天忙的都是收拾残局，在这样的企业或公司工作是不会快乐的，也是没有希望的，这样企业的向心力和凝聚力逐渐丧失，员工对企业逐步失去信心，工作没有干劲，没有成就感，时间长了就会考虑跳槽。

要提高一个人的积极性很难，然而要打消一个人的积极性却很简单，有时简单到只需一个眼神、一句话。有些企业的老板，听不进反对意见，不能容纳人才，在企业内，习惯“一言堂”，“人治”大于“法制”，“感情管理”重于“科学管理”。

结果，企业上下整天都在看老板的脸色行事，都在揣摩研究老板的心思，与老板之间不断地在进行博弈，无法配合工作，最终导致人才流失。员工跳槽不仅仅是为了钱，他们更需要有良好的工作环境。企业文化、领导人的素质，这些因素对员工的去留也会起到决定作用。朝令夕改的企业必定留不住员工，失去人才，企业就失去了生存的根基，就必定不会长远。

所以，作为企业的领导，千万注意不要让员工无谓地劳作，要知道你的一个指令将会传导到基层，各级员工都会为你的指令而忙，忙了半天没有效果，是无谓的劳作，甚至是错误的、负面的劳作，领导者自身又不敢承担责任，试想其结局会是如何的糟糕？如果这样的次数多了，员工也就疲了，主管者的智慧也就没有效用了。大家又不能违抗上级的命令，怎么办？员工就会“兵来将挡”，你有千条律令我有一定之规，各扫自己的门前雪，大家都在忙，其实是各自忙各自的，装着忙的样子给上级看，一级骗一级。

在现实生活中，“朝令夕改”的成因有着多种因素。

管理者出台的管理制度不严谨

如企业存在责权不分、互相扯皮、管理流程混乱、文件满天飞、表单重复烦琐等问题，企业没有先在理顺管理体制上下功夫，而是今天听到一种新的管理方法，马上就在企业中开始推行，明天听到另一种管理方法，又马上开始推行，整个企业朝令夕改，企业成了“四不像”，进也不是退也不是。

没有理清组织目标

企业的决策过程有问题，如搜集数据、分析讨论，并非依据一定的程序，而是照个人的喜好与直觉做判断。不能准确地了解一个组织、部门存在的精神与中短期目标，连要卖牙膏还是卖计算机都不清楚，想必所做出的决策一定是朝令夕改、摇摆不定。企业一旦出现这种情况，那就是一件非常危险的事。

互信政策的欠缺

平时老板未能善意经营，导致组织内缺乏互信，待决策必须弹性应变时，才要求员工配合、支持，当然太迟了，自然会被视为朝令夕改。

性格原因

性格优柔寡断，遇事摇摆不定，这类老板往往迟迟不能做出决断，就算做出了决断，也会一而再，再而三地反复思索权衡，结果会使企业错过许多发展的大好机会。优柔寡断的害处不只体现在决策中。决策之后，仍然优柔寡断，导致反复地决策，反复地对下属下达命令，使企业运转经常处于打旋涡阶段，导致效率低下，员工缺乏工作积极性。

朝令夕改型的老板，也未必全都优柔寡断，也有一种类型就恰恰与之相反，即做事不慎重，随意性很强，经常拍脑袋决策，就像一个人，常立志但不立长志。这种类型的老板做事格外干脆利落，往往只需几秒钟的时间就能做出一个重大的决定，实施没两天就又后悔了。

朝令夕改，对某些老板来说不仅是一种习惯，更是一种意识。他们的思维里没有说话算话这个概念，千金一诺的作风和他们扯不上半点关系。说话随随便便，说的时候既不用心，说了之后又全然不放在心上。他们下命令全凭自己的情绪，高兴的时候给你下了一个命令，等到心情不好时他就会忘记自己说过的话，高声责问你为什么要这样做，一通训斥之后又让你去做和上一个命令完全相反的事情。时间久了，再好的人才也会卷铺盖走人。

针对这些原因，怎样才能避免企业朝令夕改?

从组织实际出发，进行有效管理

从最基础的管理做起，根据企业自身发展规律进行逐步规范的管理，引进最适合企业发展的管理方法。逐步建立起各项管理体系，从最基础的规章制度做起，做好内部的管理评估，缺什么就补什么。对企业来讲，最适合的就是最好的，而不是最好的就是最适合的。

理清组织目标

企业的决策过程要做到依据程序进行，如搜集数据、分析讨论，决不能按照个人的喜好与直觉做判断。决策并非只来自老板的一句话，因为担任管理职务久了，老板可能欠缺对一线业务或信息的掌握，所以正常的决策过程，必须借由部门上下讨论以达成共识。

准确地把握一个组织、部门存在的精神与中短期目标，在决策过程中扮演相当重要的角色，只有把握好目标才能保证朝令不再夕改。

建立互信的政策

若真为了大环境的改变，老板必须随时弹性地改变策略时，如何不让部属觉得“朝令夕改”呢？老板与部属之间因平日的沟通而建立的互信基础是关键所在。

老板与部属应做定期的沟通，对彼此的理念与意见有一定程度的了解，对任何重大事项都能偶尔交换意见，要使任何决策的宣布都不显得随意且突兀，以避免造成部属的信心危机与认知冲击。

性格因素训练

若要从性格因素上改变朝令夕改，绝非一夜之事，必须有所规划地进行有目的的训练，才能逐渐转变。作为企业的老板一定要起到带头作用，做到不独断专行、三秒钟决策，更不能优柔寡断，要勇于坚持自己的看法，果断决策，只有这样才会给你的企业带来生机，员工才会有干劲。

原文

短莫短于苟得①，幽莫幽于贪鄙②。

注释

①短：指长度小，此处喻为浅薄的见识。

②幽：隐秘，引申为私曲。贪鄙：贪婪卑鄙。

译文

最浅薄的见识莫过于用不正当的手段取得财物、名利、地位；最愚昧的行为莫过于贪得无厌、卑鄙无耻。

事典 贪“柴”丧国

春秋时期，南方有一个小国，名字叫绞国。公元前700年，楚武王率军攻打绞国。绞国因国小势弱，闭门坚守，楚军屡战不下。两军在绞国都城下相持一个多月，不能决定胜负。楚武王心急如焚，急欲求一个破敌良策，以便诱使绞军出战，早早结束这场战争。

进军受挫，退兵蒙耻，围城则空耗兵力，从各方面考虑对自己都没有益处，于是他征询谋士们的意见。大夫莫傲屈剖析了军情之后，认为只能以利相诱，才能引出绞军。他说，由于围城已有月余，城中的木柴恐怕将要用完了，绞国国君一定会急于得到木柴。如果给他们一点木柴的小利，他们一定会放松警惕来搞大量的木柴。那时，我们可诱其出城，趁机全歼绞军。楚王觉得此计可行。

楚武王下令，让一批楚军扮成伐木的樵夫进山砍柴，担回营中，故意引诱绞军前来劫柴。另命一支精锐部队偷偷隐藏在深山之中，寻找有利于作战的地形，等候绞军进入包围圈中。还有另一支部队，准备随时切断绞军的后路。

于是，每天都有樵夫入山打柴，担到楚军营中去卖。绞军的侦察人员把这情况报告给了绞国国君。绞国国君正为木柴即将用完而忧虑，听之大喜，命一小部分军队准备劫柴。第二天，绞军马到功成，劫回一批木柴。他们审问樵夫，樵夫都说，楚军在深山中雇用大批民夫砍柴，以备过冬之用，全没有军兵看守，只有几个地方官员去督察。接连几天，绞军都如愿以偿，审问之后，都和先前捉来的樵夫回答一样，而且樵夫还说柴快要伐完了。

绞国国君大喜，命令绞军的精锐部队开进山中，准备把木柴全部劫入城中，以解燃眉之急。不料，大量的绞军进入了楚军早已准备好的包围圈中。一阵激战，绞军大败而回，负责断后的楚军又是一阵冲杀。这时楚军猛烈攻城，混入绞国都城的和扮成樵夫被抓入城中的楚军将士，在城内接应。很快，都城就被攻陷，绞国国君俯首投降。从此，绞国就从地图上永远消失了。

为了贪“柴”小利，夺取“不义之财”，结果绞军国破家亡，楚军则利用小利的计谋赢得大战。由此可见，为人一定不可贪图小利，否则后悔莫及。

◆◆◆ 人物 ◆◆◆

楚武王熊通（？—前690年），芈姓，熊氏，名通，春秋时期楚国的国君。熊仪之孙，熊坎次子，熊旬之弟。《世本·居篇》云："楚国惯例，继任国君'必伯实立'或'必长实立'。"然熊通杀其兄熊旬之子自立为楚国国君。武王奉行铁腕政策，敢作敢为，给楚国留下了清朗而安宁的江汉平原和一套初具规模的国家机器，楚国由此强盛。

◆◆◆ 古为今用 ◆◆◆ 富贵无常，不义之财不能得

2009年6月8日，据中央纪委有关负责人证实，深圳市委副书记、市长许宗衡涉嫌严重违纪，接受组织调查；同年，7月17日，广东省委十届五次全会通过决议，许宗衡涉嫌严重违纪，根据《中国共产党章程》的有关规定，决定撤销其十届省委委员职务。

2009年8月27日，全国人大常委会表决通过有关报告，深圳市委原副书记、原市长许宗衡，广东省劳动和社会保障厅原厅长刘友君，因涉嫌严重违纪，被依法终止代表资格。经查，许宗衡利用职务上的便利为他人谋取利益，收受巨额贿赂；违反廉洁自律有关规定，收受巨额礼金礼品，为其亲属经营活动谋取利益；生活腐化。有"地铁市长"之称的许宗衡，几乎染指深圳所有的大型工程，历年贪污的金额高达20多亿元。

由于案情严重，许宗衡将被依法判处死刑，他将是继广东省前政协主席陈绍基后，另一位被判处极刑的广东省地方要员。据悉，许宗衡的主要罪状包括巨额贪污、买官、生活腐化，而其中最严重的指控是买官。

孔子曾以"富贵无常"告诫王公，勉励百姓。苟安现状的人，即使不败亡也不会有所前进。以许宗衡为代表的当代贪官，蔑视法律，大敛不义之财，他们也终将接受正义的审判。

所谓贪污，按照字面理解，是贪念达到了污染身心，污染社会的程度。有关贪污的讨论，从古代到现代不曾断过。古代的贪污现象猖獗，社会公费开支用

于什么项目，需要用多少钱，没有严密的会计、审计制度，全凭当官的一句话。这实际就给为官者贪污提供了机会。许多落马官员之所以贪污成性，这固然与一个人的思想信念有关，但是外在的原因也不容忽视。

民众的监督脆弱

官员的权力来源于民众，但相对于官员的权力来说，民众的权利实在小得可怜，以至于监督权得不到切实的保障。一方面，民主监督过于形式化，很多听证会之类的都是做做样子。在很多重大决策上，相关部门的领导都没有“主动”去听取多方面的意见。另一方面，监督渠道不通畅，群众发现的问题没有及时得到反映，有的就算反映了也没有多大回应。

对于官员干部的廉政教育过于柔软

大家都希望能把国家的公职人员教育成无私奉献、清心寡欲、全心全意为人民服务的人民公仆。但是，这样的好官员少之又少，存在更多的是那些为自己谋福的官员。所以在对官员进行廉政教育的同时，更要加大法律的惩戒力度，做到“违法必究”“执法必严”，让官员“不想贪”，更“不敢贪”！

所以，防止官员贪污，要加强思想教育，更要做好外在的工作：

充分发挥民众的监督作用

要排除那些“事不关己，高高挂起”“反正说了也没多大作用”“我怕惹祸上身”等想法。只有大家都坚定打击贪污，杜绝贪污风气才有实现的可能。

除了要唤醒民众的打击意识，还需要切实保障民众的监督权。一方面，要强化民众监督的法律制度保障，通过制定专门法律，确立群众监督的法律地位，明确群众监督的权限和程序，使之能够依法行使监督权，并受法律应有的保护。另一方面，要完善民众监督的有效途径。

加大法律的惩罚力度，切实执行法律制度

只有当惩罚达到一定的震慑力，才能够体现出法律的威信。也只有当法律真正奏效，真正地对贪污犯罪分子毫不讲情时，才能发挥出法律的真正作用。

原文

孤莫孤于自恃[①]。

注释

①孤：孤傲。自恃：即过分自信而骄傲自满。

译文

最大的孤傲莫过于过分自信而骄傲自满。

事典 大意失荆州

诸葛亮奉刘备的命令，进四川辅佐刘备。他把守卫荆州的重任交给了关羽，并嘱咐他一定要联孙抗曹，可关羽骄傲自满，目中无人，硬是把本可以结成同盟的孙权，推到曹操那边去了。

早在刘备自立为汉中王的时候，曹操就派人约会孙权共同夺取荆州。孙权不仅没有答应，反而愿和关羽结为儿女亲家。关羽听说大怒，对使者说："我的虎女怎能嫁给那个犬子？"孙权见关羽实在无礼，就决定趁关羽和曹军交战的机会，夺回荆州。

他的大将吕蒙把战士化装成商人的模样，骗过了关羽的江边守军，顺利渡江，趁关羽毫无防备，没伤一兵一卒就占领了荆州。

在吕蒙渡江的同时，曹操派大将徐晃带大队人马攻打关羽。徐晃的兵比关羽多，他把关羽包围起来。关羽带着关平、廖化拼命冲杀出一条血路，退到荆州城外的一个小城——麦城。

这时，吕蒙又把麦城紧紧围住。关羽派廖化找刘封求救，刘封胆小怕事，不敢出兵。吕蒙派诸葛瑾劝说关羽投降。关羽拒绝道："你要不是诸葛亮的哥哥，我早就把你杀了！"

吕蒙看关羽不降，就派兵加紧攻打。关羽知道麦城马上要被攻破，就留下王甫、周仓守麦城，自己率领关平、赵累和200名士兵从北门冲了出去。

关羽在狭窄的山间小路上遇上两次伏击，身边的士兵越来越少。关羽一心想快点跑回成都，别的什么都顾不上了。突然一声怪响，关羽的马被绊马索绊倒，他从马上摔了下来，伏兵立刻把他捆得结结实实。

孙权要劝降关羽，关羽大骂孙权。主簿左宪对孙权说："曹操当年对关羽那么好，可关羽还是杀了他的人，去投奔刘备，你现在能留住关羽吗！"于是，孙权就把关羽杀了。

大意失荆州，现比喻因疏忽大意而导致失败或造成损失，有粗心大意、骄傲轻敌的意思。

人物

关羽（约162年—220年），字长生，后改云长，河东解县（今山西运城）人，东汉末年的名将。关羽兵败被害，去世后，逐渐被神化，被民间尊为"关公"。历代朝廷多有褒封，清代奉为"忠义神武灵佑仁勇威显关圣大帝"，崇为"武圣"，与"文圣"孔子齐名。

古为今用 工作中不需要骄傲自满

某新开业的营销公司招聘了一些业务员，小刘是其中非常聪明的一个。他在很短的时间内，就适应了公司的要求。接受培训的时候，其他业务员苦于无法记住资料，而小刘很快就可以熟练背诵资料了，因此他总是能在培训的时候看到其他业务员向他投来羡慕的目光。

小刘开始骄傲起来，他走到同是业务员的小张面前说道："小张，你背诵资料的时候为什么把眼睛瞪得那么大啊？这怎么能集中注意力来记住资料呢？"小张听到他这样说自己，心中很不高兴，但也不去反驳他，转过头去继续背自己的资料，没有理他。

小刘一看小张没搭他的话，于是又走到小赵近前说道："小赵，你怎么也把眼睛瞪得那么大？是不是公司资料太难懂，你理解不了？真是脑子够笨啊！"小赵同样像小张一样，把头转了过去不去看小刘。

小刘又讨了一个没趣后，来到另一个业务员面前说道：“其实资料没有什么难背，只是你不用心去记，说到底就是懒。”这位业务员没好气地抬起头来对小刘说：“你多聪明啊！业务主管的位置就是给你留着呢！”说完话也不去理小刘。

最后，小刘发现所有参加培训的业务员都把头一扭，全都不用正眼看他。他一次就把所有的同事全得罪了，原因就是因为他骄傲自满，目中无人。

骄傲是一种恶习，如果不能充分认识到这种恶习带给我们的负面影响，我们的人生之路将不会平坦。骄傲的员工必然不能顾全大局，他们缺乏操控事物的智慧。他们往往傲气十足，利令智昏，骄傲的恶习使得他们已经失去了正常人的智慧。

真正有智慧的人，不一定是叱咤风云、位高权重的人，也可能并没有什么了不得的功绩。克服了骄傲之心的人，他们往往精于进退之道，对时机的把握恰到好处，这是人性中的一种另类智慧。

当然，在我们身边的同事中也可能有一些骄傲自负的人。他们才疏志大而无所顾忌，小事不成而好高骛远，什么都看不起。对于这种人，他们的形迹已经近乎狂妄，我们应该敬而远之。同时，狂妄是骄傲的一种极端表现形式，是不可一世的自我膨胀，但又是一种主观上的绝对胜利。狂妄的人往往以一种绝对优势的姿态，对待历史，对待这个世界，没有什么东西能摧毁他的自信，他们对自己的能力过分崇拜，寄予太高的希望。

如果我们克服了骄傲的恶习，就能以我们的智慧与这些人相处。同时，我们的远见告诉我们，狂妄的人终有遭遇挫折的一天，这一日就在不远的将来。看到他们的所作所为和不够美妙的人生结局，我们更能保持一颗清静之心。

工作是一件需要踏踏实实去对待的事情，如果心中存了一点骄傲，就会蒙蔽我们本来充满智慧的双眼，使我们看不清事情的本来面目。时间将会证明这一恶习的害处。克服了骄傲的人是智慧的，他们深谙事物发展的本质，以虚怀若谷之心看待世间万物，以一颗平淡之心对待自己的成功。对他们来说，任何一点成绩的取得，都不是单凭个人的能力所能实现的，人与人之间的帮助必不可少。这样的人生，自然会路越走越宽，成绩会越来越大。

原文

危莫危于任疑[1]，败莫败于多私[2]。

注释

①危：危险。任疑：任用人才却多疑，与“用人不疑”相对。

②多私：指处处都是以权谋私。

译文

最危险的莫过于任用人才却又多疑，最败事的莫过于处处谋私。

事典 崇祯帝多疑失栋梁

明朝末年，天下大乱。辽东地区，后金（清朝前身）意欲南下入侵，国内更是匪患四起。明朝官吏贪污腐朽，大明江山已经是摇摇欲坠。

崇祯帝为挽救大明江山，重用大将袁崇焕，镇守边关抵御后金。袁崇焕到任后，加强军队训练，并选择合适战术；避免同后金的骑兵作战，利用大炮和城墙同后金作战。后来，后金的首领努尔哈赤受伤，不久就死去了。袁崇焕威震辽东，后金不敢与之正面交锋。

为了除去袁崇焕，后金使用了反间计。生性多疑的崇祯帝本来就不信任袁崇焕，害怕他手握重兵，会产生不臣之心，时刻提防着袁崇焕。因此，他很轻易地就被后金的反间计欺骗，认为袁崇焕投靠后金企图造反。于是，崇祯帝抓捕了袁崇焕，并将其处死。

袁崇焕死后，辽东无人镇守，后金迅速南下。再加上无法抵抗国内农民起义的冲击，明王朝的大厦终于垮塌了。

由于崇祯帝对自己所用的人缺乏最基本的信任，最后害己害人，导致国家覆亡。

人物

袁崇焕（1584年—1630年），字元素，号自如，祖籍广东东莞石碣，明末著名军事家、抗清名将。先后取得了宁远之战、宁锦之战、广渠门之战等胜利。解了京师之围后，魏忠贤余党以“擅杀岛帅（毛文龙）”“与清廷议和”“市米资敌”等罪名弹劾袁崇焕，皇太极（后金第二位大汗）又趁机实施反间计，袁崇焕最终被崇祯帝以通敌叛国罪处以凌迟。

古为今用　疑人不用，用人不疑

我国古人非常看中“疑人不用，用人不疑”的用人之道。如果你对一个人并不十分信任，甚至对他有所怀疑，就不要任用此人担任重要职务；一旦任用了一个人担任职务，就要给予他充分的信任。

信任是一种相互的作用力，只有信任别人了才能得到别人的信任，自己都不信任别人，怎能赢得他人的信任。信任在生活中时刻存在着，不管是在生活中还是在工作中，只有相互信任，才能共同发展，信任是我们共同发展进步的奠基石。

有一家生产小玩具的工厂，生意很好，但夏天到来后，却接到了不少投诉电话。顾客们纷纷投诉：有些玩具盒竟然是空包装，打开后里面没有玩具。这让这家工厂的总经理赵总很恼火，他认为问题肯定出现在包装环节，一定是有人故意偷取了包装盒里的玩具。

赵总提出要在包装车间里安装监控探头，来监视工人们的工作，找出到底是谁在“监守自盗”。车间主任小张提出了反对意见：“安装车间的工人都是老员工了，没有人会因为一个小小的玩具而进行盗窃；安装监控探头很明显是对员工们不信任，这样不仅不会解决问题，反而会伤害工人的工作积极性。”

小张还说：“这个问题的出现是由于多种原因造成的。首先是因为工作量大，大家面对大量的玩具和包装盒进行工作，稍有分神就很难分别出空包装盒，造成了空包装盒混在成品中的问题。其次是因为车间闷热，员工们工作时间一长就会无法坚持，难以保持平静的情绪。”

但赵总并不听小张的建议。监控探头安装完毕后，工人们果然怨声载道，认为这是对他们的侮辱。同时，空包装盒的现象并没有解决，调取监控录像也没有发现任何问题。可是，由于工人们产生了不满情绪，玩具产量大幅度下降。

没办法，赵总又找到了小张，让他提出解决办法。小张说：“首先应该拆除监控探头，保护工人的积极性；另外，可以在车间里装配几个大风扇，这样不仅能够缓解车间温度高的问题，同时还可以有效分辨空包装盒。因为空包装盒分量轻，风扇一吹就会产生移动。”赵总拍手称好。

几台大风扇很快就安装在了车间内。由于监控探头被拆除，员工们的积极性渐渐提高。同时，大风扇的安装，有效地解决了空包装盒的问题。

其实，对于一个企业来说，相互信任在企业的成长发展中起着重要的作用。

员工来到企业，就是因为相信这个企业能给自己带来更好的成长发展的机会，使自己的人生更加美丽。如果你不相信你所在的公司，那你就没有留下的必要了。

公司也要信任员工，信任员工做的每件工作都是为了企业的发展，疑人不用，用人不疑。公司既然选择了这名员工，就该用信任的眼光去看待他做的每一件工作。员工间相互信任团结，相互帮助，这个企业才能无坚不摧。

还有，顾客只有信任企业才会选择企业的产品。试想一下如果顾客对这个公司相当不信任，他会选择该企业的产品吗？顾客是企业的衣食父母，企业需要做到值得他们信任，让他们知道选择这个企业是对的，这就需要企业的产品质优价廉。

其实，所有的信任关系都是环环相扣的，如果彼此之间没有信任关系就没有企业的稳定发展。

遵义章第五

以明示下者暗，有过不知者蔽，迷而不返者惑，以言取怨者祸。令与心乖者废，后令缪前者毁。怒而无威者犯，好直辱人者殃，戮辱所任者危，慢其所敬者凶。

貌合心离者孤，亲谗远忠者亡。近色远贤者惛，女谒公行者乱，私人以官者浮。凌下取胜者侵，名不胜实者耗。

略己而责人者不治，自厚而薄人者弃废。以过弃功者损，群下外异者沦，既用不任者疏。行赏吝色者沮，多许少与者怨，既迎而拒者乖。

薄施厚望者不报，贵而忘贱者不久，念旧恶而弃新功者凶。用人不得正者殆，强用人者不畜，为人择官者乱，失其所强者弱。决策于不仁者险，阴计外泄者败，厚敛薄施者凋。战士贫游士富者衰。货赂公行者昧。

闻善忽略，记过不忘者暴。所任不可信，所信不可任者浊。牧人以德者集，绳人以刑者散。小功不赏，则大功不立；小怨不赦，则大怨必生。赏不服人，罚不甘心者叛。赏及无功，罚及无罪者酷。听谗而美，闻谏而仇者亡。能有其有者安，贪人之有者残。

本章精要

- 把策略、秘密、方法等手法全部明示，是愚昧无知的表现。
- 有了过错不知悔改，是非常愚蔽的；沉溺于嗜好中，不知道迷途知返是困惑的。
- 故意装作公正，找麻烦侮辱别人，就会遭殃；迫害所任用的人，是很危险的；用轻慢的态度对待应当尊敬的人，必是粗鲁残暴。
- 对于贤能的人，给了职位却不放权，被任命的人就会寒心，和领导者疏远。
- 富贵之后就忘记了贫贱时候的状况，地位一定不会保持长久。
- 推行德治就会将人笼络到自己身边；采用严刑酷法，就会离心离德。
- 听见“谗言”，因为顺耳而心里美滋滋的；听到“直言”，因为逆耳而记恨进谏的人，如此必然有灭亡的危险。
- 能珍惜自己拥有的，就会心安理得；贪图别人拥有的，则会给他人或自己带来伤害。

原文

以明示下者暗①。

注释

①明：明慧，高明。暗：愚昧，糊涂。

译文

过分向下属显示自己的高明是糊涂的。

事典　郑板桥断案

清朝乾隆年间，画家郑板桥中了进士，做了山东范县县令。一天，来了个年轻貌美的寡妇朱月姣击鼓鸣冤，哭诉同村富绅魏善人夜闯民宅，对其欲图不轨。

魏善人辩称与她丈夫是旧友，现时常接济月姣，被告是因为朱月姣向自己借了十两银子，不想归还，对自己进行诬陷。

郑板桥在一时无证据的情况下，当即判朱月姣三日内交还银两。蒙冤含恨的朱月姣大骂郑板桥是糊涂官。郑板桥并不理会朱月姣的哭骂，把朱月姣赶出公堂，却留下魏善人看他继续审判别的案子。遇到借贷双方都是贫苦人的案子，郑板桥请魏善人拿出十两银子做善事；遇到儿子不肯赡养的白发老婆婆，郑板桥又叫魏善人代替做这婆婆的儿子。这魏善人发现连连“出血”，情况不妙，欲想推脱。

郑板桥说：“你对朱月姣这种年轻之人都肯接济，为何不同情这风烛残年的老人？”魏善人脱口而说：“我并没有送银子给朱月姣。”他终于露出马脚，被判罚银二十两，赔偿朱月姣的名誉损失。朱月姣再次来到公堂，才知郑板桥的心机用意，说郑板桥是“难得的糊涂”。

人物

郑板桥（1693年—1766年），名燮，字克柔，江苏兴化人，清朝著名官吏、书画家、文学家。一生主要客居扬州，以卖画为生，是“扬州八怪”之一。其诗、书、画均旷世独立，世称“三绝”，擅画兰、竹、石、松、菊等植物，其中画竹已五十余年，成就最为突出，著有《板桥全集》。

古为今用　该精明时精明，适时装装傻

“事不可做绝，话不可说绝”，这是基本的为人处世之道。怎么做才能给自己留有余地呢？这就要求我们学会“糊涂”。

作为一名职场精英，心中要对全局洞若观火、明察秋毫，心中了若指掌，面上却应该不动声色，在给予别人适当的信任之余，更应该把握分寸，不把自己全部的真正的意图显现出来，因为将自己的想法全部暴露给他人，是一种极不

明智的做法。一个透明的人对于他人来说是毫无威信可言的。别人如果完全了解了你的喜好、憎恶、计划、图谋，明白你每一步的意图与用意，那对你在职场上的打拼非常不利。“知彼知己，百战不殆”，如果别人知你，而你不知彼，结果可想而知。

向他人显露得越少，你真正的想法就如同苏轼笔下的庐山，“横看成岭侧成峰，远近高低各不同”，不仅给了下属揣摩、发挥的空间，也给了你自己变通回旋的余地。因此，“糊涂”的领导反而能够取得较好的成绩。

某贸易公司向社会公开招聘，小梁和小珍一起应聘进入了公司。二人既是大学同学，也是好朋友，业务能力都很出色，实力不相上下。然而一段时间以后，小梁明显感觉到小珍的人际关系比自己要好，周围同事对她总是有求必应，有说有笑，对自己反而冷淡得多。

小梁心里很不平衡，便暗中观察起小珍的一举一动，竟发现很多奇怪的地方。比如，小珍私下经常会和大家一起聊天，针对生活中的事情问这问那，有些明明是自己会做的事，也会在同事面前假装并不熟悉，然后诚恳地向大家请教。

还有一次，公司开会讨论年终项目的策划方案进展，老板在征求大家的意见时，顺势询问了一下在座员工对公司的福利待遇有什么意见和建议，让大家每个人都发言。同事们大多积极参与，谈了谈自己的提议。但问到小珍时，她却表示自己没有意见，同意小梁的建议，并补充了几个需要注意的问题。最终，小梁的提议被采纳了。自从那次开会之后，小梁便发现，凡是要大家提意见的公开会议，小珍从不第一个主动发言，却总能在适当的时机表达出自己的看法。

“我以前认识的小珍伶牙俐齿、得理不饶人，才华也绝不逊色于办公室里的其他同事。可自从进了公司，我从未见过小珍在同事面前炫耀自己的任何才能，还常常一脸微笑地‘装傻’。”小梁还发现，小珍的工作业绩却是从来不马虎的。凡是分内的事，她每次都完成得让人无可挑剔，也因此在同事之间有着极好的口碑。

小梁说：“虽然当初对小珍的做法很不理解，但我现在明白了，那是她在自我保护。适当地装不懂，藏起锋芒，缓解了被孤立和戒备的尴尬气氛。这样一来，她便能与同事一团和气、相安无事。”

在职场中，你不露锋芒，可能得不到重任；你锋芒太露，却又易招人陷害。才华显露要适可而止，最好既能有效地保护自我，又能充分发挥自己的才华。有句话说，“花要半开，酒要半醉”，鲜花完全绽放的时候，有可能立即就会被人采摘，而且此时也是这朵花衰败的开始。在职场中，最重要的生存技巧就是适时“装傻”，不露自己的高明，更不纠正对方的错误。职场中“小人”有的是，正所谓“明枪易挡，暗箭难防”，小心无大错。

装傻也是要有演技的，那什么时候演，什么时候不演呢？在职场中，要正事聪明些，小事糊涂些。正事就比如本职工作或是自己的正事，如合同、薪水、待遇、升迁等，这些事都需要清楚些。还有，要工作聪明些，关系糊涂些。对自己的工作一定要清楚，不能含糊，“大概、可能、好像”尽可能不要说；在处理人际关系上，变数很大，非常微妙，还是做和事佬，少表态，尤其不要背后议论他人。

在职场上，总把自己当最聪明的人，一定是跑龙套的命。真正聪明的高手，大智若愚，该精明时精明，不该精明时装傻，这就是职场中的“傻”人心计。

原文

有过不知者蔽[①]，迷而不返者惑[②]。

注释

①过：过失，过错。蔽：欺骗，蒙蔽。

②迷：迷失，指沉迷于某种嗜好，不能自持。惑：迷乱，心疑不定。

译文

有了过错而不能自知就会受到蒙蔽，走入迷途而不返回正道便陷入迷乱。

事典　南辕北辙的错误

在战国时代，实力强大的诸侯国总想称霸天下。随着魏国国力的强大，魏国君主也想当天下霸主，他准备先攻打赵国的首都邯郸，让赵国向自己臣服。魏国的大臣季梁正在国外办事，听到这个消息，焦急万分，匆忙赶回魏国，来不及洗脸换衣，就急忙进宫拜见魏王。

魏王正在部署攻打赵国的计划，看见季梁风尘仆仆的样子，很奇怪，问道：“你有什么事这么着急见我，连衣帽都不整理一下？”

季梁说：“大王，刚才我在路上遇到一件奇怪的事，赶紧来禀报大王。”

魏王很好奇，连问是什么事。季梁说：“刚才我看见一辆向北走的马车。我问车上的人：‘你上哪儿去呀？’那人说：‘去楚国呀！’我很惊奇，问他：‘楚国在南方，你怎么往北方走呢？’他却毫不在乎地说：‘我的马是上等的好马，怎么跑也跑得到楚国！’我更奇怪了，又问他：‘你的马再好，这也不是去楚国的方向呀。’他说：‘不用担心，我带的路费很多。’我很想不通，告诉他：‘你带的钱再多，可是你走的路根本就不是去楚国的路呀！’他却哈哈大笑，说：‘那又怎样！我赶车的技术很高明哩！’大王，他不听我的劝告，继续赶车向北方跑去了。”

魏王听了忍不住大笑起来，说：“天下哪有这么蠢的人！”

季梁却接着说道：“大王，您不是想成为各国君主的首领吗？那就需要先取得天下人的信任。可是您现在仗着咱们比赵国土地多一点，军队强一点，就想去征服人家来提高自己的威信，这样做只会离大王想要达到的目标越来越远，就像那个赶车的人，要去南方的楚国，却偏偏向北方走，只会越走离楚国越远！”

魏王听了觉得有道理，就暂时放弃了攻打赵国的计划。

人物

季梁，生卒年不详，又称季氏梁、季仕梁，春秋战国时代政治家、军事家、思想家。春秋初期随国大夫，我国南方的第一位文化名人，开儒家学说先河的重要学者。李白誉其为“神农之后，随之大贤”。季梁对随楚关系格局影响重大，辅佐随侯期间，提出“夫民，神之主也"的唯物主义思想、"修政而亲兄弟之国"的政治主张以及"避实击虚"的军事策略，使随国成为"汉东大国"。

◆◆◆ 古为今用 ◆◆◆ 知错必改，定能取得一番成绩

中国有句俗语："知错能改，善莫大焉。"一般人只会留意自己的优点，而不会及时发现自己的缺点；即便被别人点出了自己的缺点，也无法以正常心态接受。殊不知，"人无完人"，一个人的发展正是在改正错误的基础上进行的，要想成就一番事业，就必须做到"知错必改"。

沈从文是我国现代著名作家，他出生在湖南省凤凰县的一个农户家庭。小时候，沈从文特别喜欢看木偶戏，常常因为看戏入迷而耽误了读书。

一天上午，沈从文从课堂里溜出来，一个人跑到村子里去看戏。那天木偶戏演的是"孙悟空过火焰山"。沈从文看得眉飞色舞，捧腹大笑，一直看到太阳落山，他才恋恋不舍地回到学校。这时，同学们都已放学回家了。

第二天，沈从文刚进校门，老师就严厉地责问他为什么旷课。他羞红着脸，支支吾吾地答不上来。老师气得罚他跪在树下，并大声训斥道："你看，这楠木树天天往上长，而你却偏偏不思上进，甘愿做一个没出息的'矮子'！"

第三天，老师又把他叫去，对他说："大家都在用功读书，你却偷偷溜去看戏。昨天我虽然批评了你，可这也是为了你好，一个人只有尊重自己，才能得到别人的尊重。"

老师的一番话，使沈从文感动得流下了眼泪。他暗暗发誓，一定要记住这次的教训，做一个受人尊重的人。此后，沈从文一直严格要求自己，长大后成了著名的作家。

知错就改，是一种可贵的美德。我们每个人都有或多或少、这样或那样的缺点，这些都会成为阻碍我们个人进步的因素。当发现自己的错误，或是被他人指出自己的错误，我们应当欣然接受，正所谓"闻过则喜"，这才能够取得进步。有道是"良药苦口利于病，忠言逆耳利于行"，如果我们讳疾忌医，不敢正视自己的缺点，不仅不会提升自身水平，还会为自己埋下更多的祸根。蔡桓

公就是因为不愿正视自己的缺点，最终丢了性命；而沈从文能够成为一代作家，与他的知错能改密不可分。

在日常生活中，如果有人给我们指出缺点，这证明他对我们抱有关心的态度，我们应该感谢这些良师益友。凡是在错误的道路上不知悔改的人，他们终究会距离成功越来越远。

原文

以言取怨者祸①。令与心乖者废②，后令缪前者毁③。

注释

①言：言论。怨：怨仇。祸：灾难，灾祸。

②令：命令。乖：背离，违背，不和谐。废：停止，不再使用，如半途而废。

③缪：错误。毁：毁灭，指彻底破坏或消灭。

译文

因说话不慎而结怨会招致灾祸，政令与民心相悖就会废止，前后的号令不一致就会失信败事。

事典 贺若弼父子的悲剧

贺若弼，隋灭陈名将，其父贺若敦为南北朝北周时的大将，以威猛出名，曾任金州总管。在参加平定湘州之战中立有大功，自以为能受朝廷封赏，没想到因被奸人所诬，不赏反被降职，心中愤愤不平，当着使者的面大发怨言。

当时北周权臣宇文护早就对他不满，有除之而后快之意。这次听到使者回来一说，他马上把贺若敦调回，迫其自杀。临死之前，贺若敦对儿子贺若弼说："吾必欲平江南，然此心不果。汝当成吾志，且吾以舌死，汝不可不思。"说完，他拿锥子狠狠地刺破儿子的舌头，想以痛感让贺若弼记住他的临终遗言和血的教训。

转眼十几年过去，已是大隋天下，贺若弼也成了隋的右领军大将军，以吴州总管镇守江北，成为灭陈的前线。他在灭陈战役中任行军总管，灭陈后和韩擒虎争功，使文帝杨坚心有不快，认为他贪功邀宠。

贺若弼看到不如自己的杨素都坐上尚书右仆射的高位，而他还是一个将军，不满之情溢于言表。一些好事之人便把他说的气话告之杨坚，杨坚把他下狱责备一番，念他有功将其放了。

谁知他不但不能警觉和收敛，反而夸耀他和太子杨勇的关系密切。后来杨勇失宠被废，他又为杨勇鸣不平。文帝又把他招来质问："我用高颖、杨素为宰相，你在众人面前多次大发厥词，说他们什么也不能干，只会吃饭。什么意思？言外之意是说我这个皇帝也是废物不成？"贺若弼只能伏地求宽恕。

文帝把他削职为民，一年后复其爵位，但并不重用。后来，贺若弼被隋炀帝所杀。

祸从口出，贺若弼父子虽然战功显赫，但是由于其口无遮拦，最终招致杀身之祸。

人物

贺若弼（544年—607年），复姓贺若，字辅伯，河南洛阳人，北周隋朝著名将领。贺若弼出生在将门之家，其父贺若敦为北周将领，以武猛而闻名，任金州（今陕西省安康）刺史。贺若弼以伐陈有功，封上柱国，进爵宋国公，官至右武侯大将军。公元607年（大业三年），贺若弼被隋炀帝以诽谤朝政的罪名杀害。

古为今用　千万要管好你的那张嘴

俗话说，"祸从口出"。人的嘴巴最主要的功能就是吃和说，人的生存离不开吃和说，所以嘴巴对人来说非常重要。可是如果你因为觉得它重要就纵容它，那么它很可能会给你带来坏处，就像贺家父子一样。所以，管好自己的嘴巴非常重要，职场精英也不例外。

在网络公司工作的小张，平时工作非常努力。一天晚上同朋友聚会，他睡得有些晚，所以第二天早晨没有及时赶上公交车，到公司的时候已经迟到10分钟了。当小张来到公司楼下的时候，正好碰见了同样迟到的小刘，二人谁也没说话，一起朝楼上跑。

小张刚刚坐到位子上，就被部门经理叫到了办公室。部门经理对小张说：“小张啊，你平时工作很努力，前几天总经理还夸奖你呢，怎么今天就迟到了啊？你看，整个部门就你自己迟到了。”小张听后很是委屈，因为今天小刘也迟到了，可是部门经理却单独批评自己。

小张说：“经理，我承认自己迟到了。但今天又不是我自己一个人迟到。今天，小刘和我一起进的公司，我迟到了，他也迟到了，经理你为什么不批评他，只批评我啊？”

显然，小张的这番话，不仅会给部门经理一种不承认错误、拒绝接受批评的印象，还把小刘也得罪了。

对于上班族来说，管好自己的嘴巴至关重要。如果没有掌握好说话的技巧，则有可能给自己带来无尽的烦恼，影响到自己和同事之间的关系，影响到自己的形象，影响到领导对自己的评价，进而影响到自己的升职加薪。

上班族在办公室时说话时可能出现的问题有流言蜚语、喋喋不休、牢骚满腹、胡言乱语、甜言蜜语、恶语相向等。

流言蜚语，是这年头最禁不住的，特别是在网络上，一些没有出处的小道消息传播得最快，而且很容易成为热点。在公司里，也总是有许多小道消息、“路透社新闻”，口口相传。这些消息是真是假，从何而来，基本上没有办法弄清楚，但传播的速度快得惊人。特别是一些涉及个人隐私的，比方说男女关系、家庭婚变等，传播速度接近“光速”。这些“小道消息”都是办公室里的不稳定因素，影响整个团队凝聚力，所以领导还是非常忌讳这种言论的。

一个人在办公室里最好不给别人留下喜欢传播“流言蜚语”的印象，特别是女性，否则会被人戏称为“长舌妇”。在现代的办公室，还要注意另外一种新的流言传播途径，那就是网络。很多人喜欢在网络（比如电子邮件、MSN、QQ）上，传播“小道消息”，这种口耳相传更具有危险性，因为难保你不会被公司IT部门所“监视”，到时想赖也赖不掉。

喋喋不休，是“话痨”的通病，他们虽然在办公室里坐着不动，但嘴巴却没闲着，一张嘴巴是从早说到晚，说到快意处，有可能还要开怀大笑。这种人很可能是将办公室当作茶馆来看待了。

办公室是工作的场所，如果你不是教师或领导，你就要聚精会神地工作，而不应在办公室里夸夸其谈、自吹自擂，或进行时事评述，或播报八卦新闻，仿佛自己是电视台新闻或读报节目的主持人，什么大事小事都要评论一番。

牢骚满腹，是很多人惯有的毛病。这年代都主张个性张扬，每个人的欲望、想法都不一样，满足感也不相同，而且感觉满足的人很少。有些人在办公室就喜欢发牢骚，总之看什么都不顺眼，不论是单位，还是社会，甚至是毫无干系的国际社会，也要到办公室里发一顿牢骚。牢骚情绪最容易传染、蔓延，好端端的办公环境，也许因为你的牢骚满腹，弄得情绪低落、怨声载道。

有些人也许只是习惯性地说两句牢骚话，但总会让同事、领导感觉不舒服，觉得跟他们难以合作，相处起来也困难。现在都强调和谐社会，在办公室内部强调团队合作精神，这种喜欢发牢骚的人最不可取了，容易受到领导和同事的排挤。

胡言乱语，是指说话不经过自己的大脑，凡事不管好坏脱口而出，说出来的通常是些不着边际、幼稚可笑的言论。最容易犯这种错误的人，一般都是缺少社会经验的刚走上工作岗位的新人，比方说刚参加工作的大学毕业生，很容易犯这种毛病。

对于喜欢胡言乱语的人，你没办法掌握他说话的逻辑思维，和这种人交谈起来非常吃力，特别是讨论问题时，你没有办法控制住谈话的主题，谈话时很容易被他带到“沟里”，有时候还会带来尴尬。对这些人最好敬而远之，以免被误伤。

甜言蜜语，通常不应该算作是一种毛病，相反有时还是一种和谐的因素。一个会“甜言蜜语”的人，通常人际关系都非常好。办公室里的这种人，有时也是一种快乐的因子。这里只是想提醒大家注意一下“度”的问题。“过犹不及”，即便甜言蜜语，也不要说得太过火、太肉麻、太势利，否则将适得其反，反而会伤害到自己，特别是对领导。你总是对领导甜言蜜语，不但会让别的同事另眼相待，也会让领导觉得你有求于他，以至于不得不防着你，免得中了你的“糖衣炮弹”。毕竟，对方也不能保证你不是一个“口蜜腹剑”的小人。

恶语相向，是办公室里最要不得的，可以说它是“口舌之灾”。大家都是有血有肉的人，在一个办公室里相处，遇到矛盾在所难免。有了矛盾，大家最好还是心平气和地进行讨论，就算是互相争吵，也要控制在就事论事的范围之内，千万不要扩大到人身攻击或演变成市井上的“骂战”。

办公室里的上班族没必要使用伤及颜面、自尊的“骂战”，它的杀伤力太强大，成本太高昂了，通常和所得不能成正比，绝对是得不偿失。喜欢“恶语相向”的人，最终肯定会因树敌太多，成为孤家寡人，在办公室里无法生存下去。

原文

怒而无威者犯①。

注释

①威：威慑，指慑服人的力量。犯：侵犯，冒犯。

译文

发起怒来却没有慑服人的力量就会受到侵犯。

事典　不识时务的刘法

刘法是宋朝大奸臣童贯的属将。一天，刘法与西夏战于统安城，被打得落花流水，一败涂地。刘法见大势已去，便偷偷抛弃了士兵，一个人逃跑了。他一口气跑了七十多里，直跑得人困马乏。待到四顾无人，他认为没事了，于是下了战马，脱去铠甲想休息一下。

刘法坐下不久，几个挑着担子的人迎面走了过来。此时刘法腹中空空，见到这几个挑夫，以为是商人，就想向他们要些食物充饥。平时刘法骄横惯了，因此态度十分傲慢。挑夫们见刘法傲慢无礼，便拒绝了他。

刘法不由得勃然大怒，瞪大眼睛恶狠狠地说：“难道你们没长眼睛，不认识我刘法吗？今天你们把吃的留下也就罢了，如果说半个‘不’字，你们就谁也别想走，统统把脑袋留下！”

那几个挑夫听了，互相递了个眼色，其中一个上前赔笑说：“原来你就是刘将军啊！小的们有眼不识泰山，这里有吃的东西，等小的给爷取来。”挑夫说完后，转过身，从担子里偷偷地取出一把刀，猛地一刀砍死了刘法，然后割下其脑袋扬长而去。

刘法虽称将军，却不知自己身处何地，还想像往常那样耍威风，岂不可笑？

◆◆◆ 人物 ◆◆◆

刘法，生卒年不详，北宋名将。被夏主弟察哥所败，部兵多半死亡，败逃时为西夏充军前杂役所杀，首级被送去报功。

◆◆◆ 古为今用 ◆◆◆ 树立权威要讲方式有手段

在职场上没有绝对的平等，下属不可能和主管真正打成一片，尤其是做到高级主管。半年前，某公司提拔了几名业务出色的员工担任部门经理。小刘由于销售业绩出色，被提拔为销售部经理。他生性随和，没有做领导前喜欢和人开玩笑；做了领导后，小刘觉得应该和下属打成一片，所以依然经常和下属们开玩笑。有的下属违反了公司的规章制度需要惩罚，小刘却不能严格执行公司规定，他认为应该给予员工宽容。

几个月下来，销售部的员工们都认为自己的部门经理没有足够的威严，都不把小刘放在心上，对于小刘安排的工作也一再推脱，还给他起了一个外号——“招牌经理”。慢慢地，小刘这个部门经理已经无法调动部门里的员工。面对此种情况，小刘只能选择辞去经理职位。

率领下属是领导工作的一部分，在职场中，领导必须选择合适的方式、手段维护自己的威严，才能保证工作的顺利进行。

不和下属随意开玩笑

不要随意和下属开玩笑，尤其是工作上的玩笑，否则下属会觉得你是一个很随意的人。不要和下属说一些无关紧要的话，虽然你的想法也许很好，想和下属拉近关系，但往往适得其反，下属可能会错误理解你的意思。没有更好的办法，就选择沉默，保持主管的威严有利于工作的顺利进行。

要有科学合理的建议

下属就像地里的庄稼，任其发展，最后只会和杂草混在一起。作为领导，应该在工作上给予下属科学合理的建议。当然，领导的建议要有一定的高度，不要在小问题上和下属纠缠不清，那样他会小看你的能力。首先，要给下属以专业上的指导，让下属能够感觉到到领导的专业魅力；其次，对工作方法要进行指导，教给下属正确的工作方法，让他学会轻松工作。

对下属恩威并重

领导对下属应该宽严得宜，恩威并用，这样才会事半功倍。有理有力，以理服人，以德服人，这样的威严才真正让人敬畏，而不是单单装酷。领导立威有多种办法，仔细观察不难发现，有威严的领导往往不是那种动辄打骂的粗鲁之人，而是那种看起来温和却透露着威严的领导者。

保持和悦的表情

一位经常面带微笑的上司，谁都会想和他交谈。即使你并未要求什么，你的属下也会主动地提供情报。你的肢体语言，如姿势、态度所带来的影响亦不容忽视，若你经常面带笑容，自然而然地，你本身也会感到非常愉悦，身心舒畅。一个永保愉悦的神情与适当姿态的人，较容易受到众人的尊重与信赖。

仔细倾听部属的意见

尤其是具有建设性的意见，更应予以重视，热心地倾听。如果是一个好主意并且可以付诸实施，则不论属下的建议多么微不足道，亦要具体地采用。部属将因为自己的意见被采纳，而获得相当大的喜悦。即使这位属下曾经因为其他事件而受到你的责备，他也会毫不在意。由于上司对部属的工作提案相当重视，不论成败皆表示高度的关切，因此属下会感谢这位上司，并觉得一切的劳苦皆获得了回报。

总之，一位成功的管理者，既要有威严，又要有威信，只有这样，才能够最终树立你在公司的权威。

原文

好直辱人者殃[1]，戮辱所任者危[2]，慢其所敬者凶[3]。

注释

①好直：指特意、故意装作公正的样子。殃：祸害。

②戮：杀，残害。

③慢：轻慢。敬：尊敬。凶：这里指凶险。

译文

喜欢故意装作公正地侮辱别人就会遭受祸害，残害和侮辱自己所任用的人会陷入危险境地，用轻慢的态度对待应当尊敬的人会招致凶险。

事典　诸侯渑池会盟

春秋战国时期，秦王派使者通告赵王，想在西河外的渑池与赵王进行一次友好会见。赵王害怕秦国，想不去。廉颇、蔺相如商议道：“大王如果不去，就显得赵国既软弱又胆小。”

赵王于是前往赴会，相如随行。廉颇送到边境，和赵王诀别说：“大王此行，估计路程和会见礼仪结束，再加上返回的时间，不会超过三十天。如果三十天还没回来，就请您允许我们立太子为王，以断绝秦国的妄想。”赵王同意这个意见，便去渑池与秦王会见。

秦王饮到酒兴正浓时，说：“寡人私下里听说赵王爱好音乐，请您弹瑟吧！”赵王就弹起瑟来。秦国的史官上前来写道：“某年某月某日，秦王与赵王一起饮酒，令赵王弹瑟。”

蔺相如上前说："赵王私下里听说秦王擅长秦地土乐，请让我给秦王捧上盆缶，以便互相娱乐。"秦王发怒，不答应。

这时相如向前递上瓦缶，并跪下请秦王演奏。秦王不肯击缶，相如说："在这五步之内，我蔺相如要把脖颈里的血溅在大王身上了！"

侍从们想要杀相如，相如圆睁双眼大喝一声，侍从们都吓得倒退。没办法，秦王也只好敲了一下缶。相如回头招呼赵国史官写道："某年某月某日，秦王为赵王敲缶。"

秦国的大臣们说："请你们用赵国的十五座城向秦王献礼。"

蔺相如也说："请你们用秦国的咸阳向赵王献礼。"

秦王直到酒宴结束，始终也未能压倒赵国，因为赵国部署了大批军队来防备秦国，所以秦国也不敢有什么举动。

秦王依仗自己的实力辱没赵国，结果不仅没有达到目的，反而让自己受辱，这也可算作不尊重别人的后果。

人物

蔺相如，生卒年不详，今山西柳林孟门人，一说山西古县蔺子坪人，官至上卿，赵国宦官头目缪贤的家臣，战国时期著名的政治家、外交家。根据《史记·廉颇蔺相如列传》所载，他生平最重要的事迹有"完璧归赵""渑池之会"与"负荆请罪"。

古为今用　敬人者人敬之，辱人者人怨之

人与人之间交往，应当本着公平互敬的原则，只有这样方能得到更多的朋友。如果一个人为了抬高自己而贬低他人，甚至设法折辱别人，那么终将导致自己的孤立无援。秦王为了显示一下大国的威风，当众羞辱赵王，结果偷鸡不成反蚀一把米，被蔺相如逼得走投无路，当众丢丑。所以古人说："已欲沽直名而置

人于有过之地，此乃取殃之道也。”这句话确实令人深思。

一个人，甚至一个企业、一个国家，要想赢得他人的尊重，都必须学会尊重他人。尊重他人是中华民族的美德，在现代生活中，我们更需要将这一美德传承下去。

一家生意兴隆的点心店门口来了一个乞丐，衣服破烂，身上还散发着怪味。当他畏缩着走过来时，周围的客人都皱起眉头，捏着鼻子，露出厌恶的表情。伙计急忙叫乞丐滚开，乞丐却拿出几张脏兮兮的小面额钞票，说：“今天我不是来乞讨的，我听说这里的点心好吃，我也想尝尝，好不容易才凑到这些钱。”

店老板目睹了这一幕，他走上前来十分恭敬地把两个热气腾腾的点心递给乞丐，还深深地向他鞠了一躬，说：“多谢关照，欢迎下次光临！”

这是老板第一次亲自招呼客人，而客人却是一个乞丐。店老板事后解释说：“买点心对其他客人而言，是一件很平常的事。而这个乞丐为了品尝我们的点心，不惜花掉他辛辛苦苦乞讨来的钱，实在是非常难得，我不亲自为他服务怎么对得起他的这份厚爱？”

“既然如此，那你为什么要收他的钱呢？”旁边的孙子不解地问。

老板笑笑说：“他今天是作为一个客人来到这里的，不是来讨饭的，我们应当尊重他。如果我不收他的钱，岂不是对他的侮辱？要记住，尊重我们的每一个顾客，哪怕是一个乞丐，因为我们的一切都是顾客给予的。”

尊重他人是一种高尚的美德，是个人内在修养的外在表现。尊重，是人的一生修养以及自我内涵的表现，也是人所必须具有的品质。简单地说，它就是一种品德，反映的是一个人的文化素养、道德修养，同时也反映了一个民族的文化底蕴。无论是在学习、工作还是生活中，无论是对同学、老师、领导、同事或是邻居、朋友甚至家人，都应该自觉践行尊重，因为每一个人都希望得到他人的尊重。

在现实生活中，经常有许多人不注意尊重他人：同学之间、师生之间、上下级之间、同事之间、左邻右舍、亲朋好友甚至家人之间，有时候完全以自我为中心，不注意别人的感受，不给对方留下足够的心理活动时间，与别人谈话时，只顾自己侃侃而谈，不给对方插话的机会；在听别人倾吐心事时，东张西望，左顾右盼，心不在焉；对给自己提意见的人耿耿于怀，对批评自己的人做出不礼貌、不文明甚至粗野的言谈举止；等等。这些都是不尊重他人的不文明行为。

你对别人的尊重其实不仅是尊重了别人，同时也尊重了自己，因为尊重也会使别人对你肃然起敬。同学之间、同事之间、邻居之间、师生之间、上下级之间都要学会互相尊重，就是夫妻之间也应该互相尊重。越是亲近的人，你说话越不能放肆，因为越是亲近的人越容易受到伤害。

领导对下属的尊重会更加显示出领导者的水平来。领导，特别是一个单位的主要领导，本来就处在“高处不胜寒”的位置，你对下属说话和蔼可亲，不当众让下属难堪，关心和体谅下属在工作和生活中的难处，会使下属心情舒畅，会使其努力工作，更能赢得下属对你的尊重。

原文

貌合心离者孤①。

注释

①貌：外表。貌合心离，指外表亲密，内怀二心。

译文

外表相合亲密，内心却相异有二心，就会孤立无援。

事典 将帅同心平叛乱

唐玄宗时，郭子仪和李光弼曾同是朔方节度使安思顺的部将，由于政见不同，两人貌合神离，互不讲话。后来安禄山叛乱，郭子仪升任朔方节度使，统兵抵御，李光弼就成了郭子仪的部将。皇帝命令郭子仪率部出征，李光弼担心郭子仪会利用手中权力寻机报复。

李光弼硬着头皮对郭子仪说：“我过去得罪您，是我的不是，今后处置我，我无怨言，只希望高抬贵手放过我妻儿。”

没等李光弼说完，郭子仪紧紧抱住李光弼，满眼流泪地说：“国家危急，百姓遭殃，正需要我们同心协力，眼下正需要你这样的人才，此时，怎能计较个人恩怨？”

从此，郭子仪、李光弼勠力同心，将帅协力，在平息安史之乱中，战功卓越显著。试想，如果郭子仪和李光弼在战场上“将相”不和，钩心斗角，不要说平定安史之乱，二人能否活着回去都成问题。

团结就是力量，一个企业要想快速发展，必须上下一心，同舟共济，方能在市场的大潮中站稳脚跟。

◆◆◆ 人物 ◆◆◆

李光弼（708年—764年），营州柳城（今辽宁朝阳）人，契丹族，唐朝名将，左羽林大将军李楷洛第四子。曾为河西节度副使，参与平定安史之乱，后任天下兵马副元帅。由于和宦官程元振、鱼朝恩等不睦，晚年被他们所排挤，最后病死徐州，追赠司空、太保，谥曰武穆。

◆◆◆ 古为今用 ◆◆◆ 协作是一种强大而持久的力量

从郭子仪、李光弼二人的故事中可以看出，团队合作是多么的重要。即便一个人的能力再强，如果失去团队支持，孤立无援，最终也会一事无成。在现代社会中，更是讲求团队协作。

所谓团队合作，指的是一群有能力、有信念的人在特定的团队中，为了一个共同的目标相互支持、合作奋斗。它可以调动团队成员的所有资源和才智，并且会自动地驱除所有不和谐和不公正现象，同时会给予那些诚心、大公无私的奉献者适当的回报。当团队合作是出于自觉自愿时，它必将会产生一股强大而且持久的力量。

某外企招聘职员，吸引了不少人前去应聘。应聘者中有本科生，也有研究生，他们头脑聪明、博学多才，是同龄人中的佼佼者。聪明的董事长知道，这些毕业生有渊博的知识做后盾，书本上的知识是难不倒他们的，于是他交代公司人事部策划一个别开生面的招聘会。

招聘会开始了，董事长让前六名应聘者一起进来，然后给他们发了15元钱，让他们去街上吃饭；同时要求，必须保证每个人都要吃到饭，不能有一个人挨饿。

六个人从公司里出来，来到大街拐角处的一家餐厅。他们上前询问就餐情况，服务员告诉他们，虽然这儿米饭、面条的价格不高，但是每份最低也得3元。他们一合计，照这样的价格，六个人一共需要18元，可是现在手里只有15元，无法保证每人一份。于是，他们垂头丧气地出了餐厅。

看到他们回来了，董事长问明情况后摇了摇头，说："真的对不起，你们虽然都很有学问，但是都不适合在这个公司工作。"

其中一人不服气地问道："15元钱怎么能保证六个人全都吃上饭？"

董事长笑了笑，说："我已经去过那家餐厅了，如果五个或五个以上的人去吃饭，餐厅就会免费加送一份。而你们是六个人，如果一起去吃的话，可以得到一份免费的午餐，可是你们每个人只想到自己，从没有想到团结起来，成为一个团队。这只能说明一个问题，你们都是以自我为中心、没有一点团队合作精神的人。而缺少团队合作精神的公司，又有什么发展前途呢？"听闻此话，六个年轻人顿时哑口无言。

团队合作不仅会关系到小团队、小集团的利益，还和个人利益息息相关。那么，怎么做才能加强团队合作呢？

建立信任

要建设一个具有凝聚力并且高效的团队，第一个且最为重要的一个步骤，就是建立信任。这里所说的信任是坚实的以脆弱人性为基础的信任，它意味团队的成员必须学会自如地、迅速地、心平气和地承认自己的错误、弱点、失败并适时求助，还要乐于认可别人的长处，即使这些长处没有超过自己。

良性的冲突

团队合作的一个最大阻碍，就是对冲突的畏惧。关于团队内的冲突，有三种不同的担忧：一是担心团队失去控制，二是担心有些人的自尊会在冲突中受到伤害，三是担心冲突会浪费很多时间。

正是基于这些担忧，很多管理者采取了各种措施避免团队中的冲突，比如他们更愿意缩短会议和讨论时间，果断做出自己看来早晚会被采纳的决定，留出更多时间来实施决策。

领导和他的团队需要做的，是学会识别虚假的和谐，引导和鼓励适当的建设性的冲突。这是一个杂乱的费时的过程，但这是不能避免的，否则一个团队就不可能真正做到团结协作。

果断决策

要建设一个具有凝聚力的团队，领导必须学会在没有完善的信息、没有统一的意见时做出决策。正因为完善的信息和绝对的一致非常罕见，决策能力才成为领导者最为关键的能力之一。

无怨无悔才有彼此负责

卓越的团队，不需要领导提醒团队成员竭尽全力工作，因为他们很清楚需要做什么，他们会彼此提醒注意那些无助于成功的行为和活动。而不够优秀的团队，一般对于不可接受的行为采取向领导汇报的方式，甚至更恶劣，在背后说闲话。这些行为不仅破坏团队的士气，而且让那些本来容易解决的问题迟迟得不到解决。

原文

亲谗远忠者亡[①]，近色远贤者惛[②]。女谒公行者乱[③]。

注释

①谗：说别人坏话，这里指谗臣。

②色：指女色，美色。惛（hūn）：迷乱，糊涂。

③谒（yè）：官名，这里指女性专擅弄权。公行：春秋时官名，这里指政府官员。

译文

亲近谗臣，远离忠臣，会导致国毁家亡；亲近女色，远离贤臣，会变得昏聩糊涂；女性掌权干预朝政，会引起宫廷政变。

事典　伍子胥与吴国的兴衰

中国历史上最为刚烈的大丈夫当数伍子胥。楚平王要杀伍奢，又担心他的两个儿子回来报仇，便派使者假借伍奢的名义召唤他的两个儿子。

哥哥伍尚说："父亲召我，若求生不往，为天下耻笑。"弟弟伍子胥说："俱死无益，不如奔他国，借力雪耻。"伍尚不听弟弟劝告，结果与父亲伍奢一起被杀，而伍子胥则四处逃亡。

伍子胥来到吴国，受到吴王阖闾的重用。吴国日趋富强，"西破强楚，北威齐晋，南服越人"。楚国是七国中综合国力强盛的大国。吴楚交兵，吴兵攻入楚国国都，几乎灭了楚国，这是楚国历史上最黑暗的一页。

吴国向南制服了越国，向北伐齐，大败齐兵，威震天下。吴国攻破楚国国都，伍子胥掘开楚平王的墓，出其尸，鞭之三百。

不过，吴国的辉煌仅是昙花一现。阖闾的儿子夫差当政后，重用奸臣伯嚭，疏远伍子胥。其时越王勾践正在卧薪尝胆，一心灭吴，吴国亡在旦夕。

伍子胥敏锐地感觉到即将发生的亡国之祸，数次进谏："越王为人能辛苦，今王不灭，后必悔之。"夫差不听，偏信奸臣伯嚭的谗言，竟然赐刀令伍子胥自刎。

刚烈的伍子胥，刎颈之前，对其人说："把我的眼睛挖出来悬在吴东门之上，我要看一看越寇是如何经此门灭吴的。"夫差得知此话大怒，令人用马革裹住伍子胥的尸体，浮尸江上。后来，卧薪尝胆的勾践果然灭了吴国。

人物

伍子胥（？—前484年），春秋末期吴国大夫、军事家，名员，字子胥，楚国（今属湖北监利）人。吴国倚重伍子胥等人之谋，遂成为诸侯一霸。后由于夫差听信谗言，伍子胥被害。

“近色远贤者惛，女谒公行者乱。”这里的“色”就是指令人沉迷的美色。当然，关于女子执政就是祸水之源的说法，是封建社会的文化糟粕，我们必须进行舍弃。不过，对于谗言佞语，我们必须要提高警惕。

其实，在日常工作和生活中，我们常常可以听到、看到一些人因对谗言不加明辨、轻率听信而栽了大跟头。

谗言的解释有两种，一为诽谤的话，二为挑拨离间的话。谗言可畏，对于这些凭空捏造、无中生有的“进言”，一旦成了心术不正者诽谤或是离间他人的工具，不仅会让无辜的人身心疲惫，如负千钧，而且还会影响内外团结，不利于工作的落实和事业的发展。

小飞是某药店的资深店员，他工作卖力、踏实，业绩一流，但却受到了新来的店长的冷漠对待。原来，这位店长是位眼里不揉沙子的领导，耳朵根子软，听不得下属说什么。小飞觉得店长初来乍到，自己不能和他走得过近，以免被同事们误解为巴结领导。然而没过多久，店长就找小飞谈话：“我听其他同事说，你之前工作是非常积极的，为什么我一来你就变得这么消极呢？”

一句话问得小飞哑口无言。后来他才知道，原来是和自己曾经有过小矛盾的同事在新来的上司面前进了谗言，造成了新店长对自己的“误会”。虽然小飞屡次向新店长解释，并通过实际行动表现自己，但谗言的危害实在太大，小飞一直都没有受到新店长的重用。

其实，我们都应该清楚谗言的危害，尤其是作为团队的领导者，更应该明辨谗言，来保团队内关系的和谐。

“不信谗言”是一种修养，是领导干部加强和改进思想作风、工作作风的体现，也是提高各级领导的思想境界的一项重要内容。良莠不分、是非不明，就会听信谗言；听信谗言，就会疏离群众、背离人心。不为谗言所动，是领导基本的道德素质反映，是成事立业的保证，反之，不仅会给自己和他人的工作生活带来影响，也会贻害事业。

要做到不信谗言，首先要明辨进言。“言不取苟合，行不取苟容”，意思就是，言行应有自己的观点、立场，不随便附和别人。有的人为了维护集体利益，或是出于对组织和个人认真负责的态度，所进之言真实可信；而有的人则利用进言之机，进行挑拨离间，以个人利益为目的，可信度大打折扣。因此，作为领导干部，对部属的进言建议，要持一份清醒，留一份谨慎，对什么是可信的，什么是不可信的，通过客观地分析和理性地思辨，并取各方意见和建议，才能体现兼听则明。

“言道听之，必以其事观之，则言者莫敢妄言。”意思是说，听取意见的时候，必须以事实考察它是否真实，唯有如此提意见的人才不敢胡言乱语。摒弃谗言，要以事实说话，对进谗言者严惩不贷，要让居心叵测者无地自容，在事实面前抬不起头。

远离谗言，就要远离溜须拍马、拉拉扯扯，不搞小圈子和拉帮结派，让进谗言者无任何“浑水摸鱼”的机会。各级领导只要树立了扶正祛邪的正派风气，就能震慑卑鄙谗佞，维护内外团结，树立公正形象，让谗言没有市场，最终只能成为一堆令人作呕的垃圾。

原文

私人以官者浮①。

注释

①私：私下，私自。浮：虚浮不重，可理解为人浮于事。

译文

私下或私自将官位派送给别人，就会造成人浮于事，误国废事。

事典　杨国忠之死

唐朝宰相杨国忠从小放荡不羁，喜欢喝酒赌博，因此穷困潦倒，经常向别人借钱。人们很瞧不起他。30岁时，他在四川从军，发愤努力，表现优异，但因节度使张宥看不上他，只任他为新都尉，任期满后家境更为贫困。

后来，杨玉环被封为贵妃，贵妃的三位同胞姐姐也日益受宠。杨氏姐妹就经常在玄宗面前替杨国忠美言，并将杨国忠引见给玄宗，玄宗任他为金吾兵曹参军。从此，杨国忠便可以随供奉官随便出入禁中。

杨国忠在长安立脚之后，便凭借贵妃和杨氏诸姐妹得宠的条件，巧为钻营。在宫内，他经常接近贵妃，小心翼翼地侍奉玄宗，投其所好；在朝廷，则千方百计巴结权臣。不久，杨国忠便担任了监察御史，很快又迁升为度支员外郎，兼侍御史。在不到一年的时间里，他便身兼15余职，成为朝廷的重臣。

天宝十五载（756年）六月，安史之乱的叛军攻陷潼关，长安危在旦夕，玄宗根据杨国忠的建议，决定逃往四川避难。当走到今陕西兴平县时，将士们又累又饿，加之天气炎热，拒绝继续前进，并最终发生兵变。杨国忠逃进西门内，军士们蜂拥而入，将其乱刀砍死。

杨国忠依仗关系，投机钻营，虽然显赫一时，最终难逃杀身之祸。

◆◆◆ 人物 ◆◆◆

杨国忠（？—756年），本名钊，蒲州永乐（今山西芮城）人，唐朝宰相，张易之之甥，杨贵妃堂兄。出身于弘农杨氏河中房，早年落魄，在杨玉环得宠后飞黄腾达，直至升任宰相，身兼40余职。他任相期间，专权误国，排挤忠良，起用奸佞，败坏朝纲，与安禄山的矛盾最终导致了安史之乱。天宝十五年（756年），杨国忠随唐玄宗西逃入蜀，中途在马嵬驿被乱兵所杀。

◆◆◆ 古为今用 ◆◆◆ 裙带关系不长久

在现在的社会中，无论哪个企业，都有一定的裙带关系在里面，而在企业的发展中，裙带关系也起到了一定的积极作用。然而，企业中的裙带关系是弊大于利的，因为在这样的环境下，企业所用的人员都比较特殊，对于整个企业的发展成为一种制约的条件。

小军学历不高，只有初中文化，但他凭借自已姑父的关系进入一家国企工作。小军的姑父在市政府工作，人脉关系比较广。这家国企的领导看在这一层关系上，给小军安排了一个办公室文员的工作。但文化水平不高的小军却连这份简单的工作也做不好，还总埋怨自己的能力得不到施展，对自己领导也并不尊重。

几年后，小军的姑父因年龄关系，被安排退休了。而这家国企也因为经营不利，亏损严重，需要裁员。没有能力又失去了关系照顾的小军，成为第一批裁员对象中的一员。

其实，这样的裙带关系在许多企业中都存在。在公司或者企业里面安排自己的熟人，或者是跟上头有点关系的人，必然会在企业的管理中产生一定的负面作用，也可能会给企业内部团结带来影响。让亲近自己的人来帮助自己，形成自己的势力，这是企业发展过程中最为忌讳的事。

裙带关系会影响职位的要求

企业在安排每个职位的时候，都有着对这个职位的要求在里面。裙带关系可能会造成职位要求难以满足，那企业的这一职位就失去了存在的意义，这其实是企业的一种损失。企业在发展过程中最容易在这个环节掉链子，致使整个发展变得缓慢。

裙带关系影响人力资源的合理调配

在企业之中，如果依靠裙带关系进来的人，首先在一定的情况下是不会被重新调配的，这样在一定的人员管理上就影响了正常的调配，致使有些人在其位不谋其责，而真正能适合这个岗位的人却进不来，导致人力资源的巨大浪费。这样的浪费不仅仅是人才本身的浪费，也是企业人员管理中的直接损失。因为企业在招聘这些人才的时候，对这些人才进行培训教育，需要的就是依靠他们的这些才能来为企业带来一定的经济效益。但就是由于裙带关系，人员的安排上就出现了一定的问题，造成了这些人才没有及时安排上，导致了人力和成本上的一种浪费。

裙带关系扰乱合理公平的升迁制度

在一些企业中，因为某个人是老总的亲戚或朋友，在职位和岗位的升迁上，有着一定的特殊性，相比之下，他们会比很多普通职员获得更多的机会。这样就会使许多有能力的员工失去晋升的机会，从而对企业失去应有的信心，严重挫伤了他们的积极性。一个企业没有一种公平的竞争上岗的机制，只是任人唯亲，不真正珍惜有才干的人。这样造成的损失不仅仅是人才上的损失，也是一种经济和效益的损失，会严重影响企业的发展。

裙带关系有着有利的因素

裙带关系在企业的发展或者是内部管理上，都会造成一定的影响。但不可否认的是，依靠裙带关系进入的人，也有着不少的人才在里面，特别是在社会关系上，有着其他员工所不具有的优势，对于企业在某方面的攻关起着特殊的作用。

总之，裙带关系有利有弊，但弊大于利。一个企业在招聘人才时，若不是情非得已，尽量不要利用裙带关系；即便利用了裙带关系，也要安排好人事关系，让每个职员都能人尽其才。

原文

凌下取胜者侵[1]。

注释

①凌：欺侮，欺凌。下：弱小。侵：侵犯。

译文

恃强凌弱而获得胜利的人，势必会被人侵犯。

事典　商汤灭夏

夏桀的暴虐统治，导致民不聊生。于是，汤起兵统帅诸侯，讨伐夏桀。

汤满怀自信、豪情万丈地说：“大家都过来呀，靠拢些，你们都仔细听我说。不是晚辈我胆大妄为，举兵作乱，只因夏朝作恶多端，是老天命我来灭绝他。夏桀恣意用尽众人的劳力，无休止地消耗夏朝的国力，所以大众也都懈怠，不跟他通力合作，普天下百姓都说：‘夏桀你这个该死的太阳什么时候衰亡呀？我们都愿意与你同归于尽！’夏桀如此之坏，现在我一定去征伐他。倘若你们辅助我，奉行上天的旨意，我会大大地赏赐你们。请你们不要怀疑，我是不会说假话的。倘若你们不听从我，约束你们的誓言，那我就会杀了你们，绝不会有宽赦的。”

汤说完这番话，便命令管文书的官员将它记下，这就是《汤誓》。

由于夏桀失去了民心，很快就被汤击败。彻底胜利之后，汤颁布了一系列仁政措施，诸侯都归服于商汤。汤便登上了天子的尊位，平定了全国。

夏桀恃强凌弱，压榨百姓，最终被商汤所灭，丢掉了夏朝的江山。

◆◆◆ 人物 ◆◆◆

夏桀（？—约前1600年），姒姓，夏后氏，又名癸、履癸。桀是夏朝第16代君主发之子，在位52年，为历史上著名的暴君。履癸文武双全，赤手可以把铁钩拉直，但荒淫无度，暴虐无道。商汤在名相伊尹谋划下，起兵伐桀。汤先攻灭了桀的党羽韦国、顾国，击败了昆吾国，然后直逼夏的重镇鸣条（今山西省安邑县西）。后桀被汤追上俘获，放逐在此，饿毙。

◆◆◆ 古为今用 ◆◆◆ 敬人天地宽，欺人路更窄

恃强凌弱，就是依仗着自己势力或能力，来欺压比自己弱的人。这类人往往具有较高的地位，具备较为丰厚的财富，但他们的道德水平却极为低下。爱慕虚荣、为富不仁是这类人的特点，他们不注重自己的内在修养，而是过分看重外在的物质条件。

他们会用这些外在物质条件衡量一个人的地位和价值，遇到比自己条件差的人，他们会自然而然产生一种优越感，而且会产生恃强凌弱的心理需求，进一步满足自己内心的那种所谓优越感。

喜欢恃强凌弱的人，其内心是非常空虚和无助的，因此他们选择用欺负弱者

来满足自身的虚荣。如果他们遇到比自己更加强大的人，就会马上换上一副摇尾乞怜的模样。

然而，人生境遇并非是一成不变的，有道是“三十年河东，三十年河西”，此时的弱小并不意味着永远被人欺负，此时强大也不代表可以永远持续下去。当弱者被欺负到忍无可忍的地步，就会反过头来攻击一直欺负自己的人。

小强到某广告公司已经一个月了，他被分配到了策划部。小强性格内向，为人老实，平时安于工作，不擅长和人交流。策划部的部门经理小王，平时总喜欢摆出一副当官的架势，颐指气使，同手下员工讲话的时候总是居高临下，没有任何礼貌可言。部门里的员工都看得出来，王经理是故意欺负小强，来显示自己经理的威风。

小强也察觉到了王经理的用意，他没有任何表态，反而更加卖力工作，并努力学习，提升自己的业务水平。然而，王经理却并没有因为小强的沉默，而减轻对小强的欺负。

几个月后，公司上级领导层进行了整组，新任领导对公司各部门的部门经理进行了调换，王经理从部门经理变为了普通员工。而新任领导看中了小强的业务水平，大胆任命小强为策划部经理。俗话说“新官上任三把火”，小强上任后的三把火全都烧在了曾经的王经理身上。

古人有云：“倚势凌人，势败人凌我；穷巷追人，巷穷人伤我。”意思是说一个人如果仗势欺人的话，自己一旦失势，别人反过来就会欺负你；这就好比我们在没有退路的巷子里追人，人如果没有了退路，就会掉转头来攻击我们。

做人要有高姿态，别人如果伤害了你，你得理也要让三分，而不能穷追猛打；否则别人没有了退路，势必极力反扑，你自己也就没有了回旋的余地，结果可能会两败俱伤。让与不让，会得到两种不同的结果，懂得让人、敬人会天宽地阔，反之就会使路越走越窄。

原文

名不胜实者耗[①]。

注释

①名：声誉，声名。实：实际，这里指人和事物及其真实情况。耗：衰耗，衰败。

译文

名不副实的人其声誉和实力会渐渐衰败。

事典 纸上谈兵的悲剧

战国时赵国的将领赵括，从年轻的时候起就学习兵法，谈论用兵打仗的事，自认为天下没有人能够抵挡他。赵括曾经跟他的父亲赵奢议论过用兵打仗的事，赵奢不能驳倒他，然而赵奢也不说他好。

赵括的母亲问赵奢其中的原因，赵奢说："打仗是要以命相搏的事，但是赵括把它说得轻而易举。假使赵国不让赵括做将军也就算了，如果一定要他担任将军，那么毁掉赵国军队的一定是赵括。"

赵奢临死的时候，告诉赵括的母亲，千万不能让赵括领兵打仗。

这一年，秦国对赵国大举进攻，赵国派了廉颇率军迎敌。开始时，赵军连连失利，于是廉颇改变战略方针。他下令让军队坚守城池，以逸待劳，不要主动出击，保存实力，以拖垮秦军。远道而来的秦军，经不住廉颇的拖延，粮草渐渐接不上，快要支撑不下去了，十分恐慌。

于是秦军开始施展计谋，派人悄悄潜入赵国散布流言说："秦军谁都不怕，就怕赵括担任大将。"赵王正在因廉颇在军事上毫无进展而闷闷不乐，听到外面流传的那些说法，便撤掉廉颇，任赵括为大将来统帅军队。

赵括的母亲记住丈夫生前的嘱咐，再三向赵王说明情况，极力劝告赵王收回成命，可是赵王哪里听得进去，他真的任命了赵括担任大将来取代廉颇。

赵括代替廉颇担任抗秦大将后，全部更改原有的纪律和规定，并重新安排了军官人选。秦将白起听说了这件事后，便出动变化莫测的军队，佯装失败而逃，引赵军出来，之后断绝赵军粮道，赵军大乱。40多天后，赵军士兵饥饿，赵括带领精锐的兵士亲自上阵参战。秦军射死了赵括，赵军大败。据说有几十万赵军士兵投降秦国，可秦国把他们全部活埋了。

赵括纸上谈兵，没有真本领，结果不仅让赵军惨败，还让自己壮烈殉国，留下千古遗憾。

◆◆◆ 人物 ◆◆◆

赵括（？—前260年），战国时期赵国将领，名将赵奢之子。熟读兵书，但不晓活用。于长平之战后期代替廉颇担任赵军主帅，由于指挥错误而使得赵军全军覆没，自己也冲阵战死。

◆◆◆ 古为今用 ◆◆◆ 将知识转化为实际操作的能力

赵括只会“纸上谈兵”，导致了赵军全军覆没。其实在我们的生活中，有很多类似赵括的人，这类人只会夸夸其谈，或许他们有一些理论知识的储备，但只会用这些知识哗众取宠，不能将知识转化为实际操作的能力。一旦需要实践，他们就会原形毕露。

某刚刚成立的营销公司大批招入新员工。面试的人有很多，绝大多数是刚刚走出大学校门的毕业生。这些年轻人怯生生地来到公司应聘，虽然有些人专业对口，但公司领导仍感觉不太合适，因为这些年轻人只是对书本中的理论有了解，而对于营销的相关实战知识却知之甚少。

这天，又有一位刚刚毕业的大学生来到公司应聘，但这个年轻人和其他人不同，他对市场有着极为独特的看法和分析，而且提出的一些建议具备很强的可操作性。公司的领导层很欣赏这位有自己独特见解的年轻人，让他加入了公司的精英营销小组。结果，在市场实践中，这位思维灵敏的大学生却表现得令人大失所望。他连一些基本的营销技巧都无法付诸实践，甚至在面对客户的刁难时，表现得手足无措。

公司领导层经过商讨，得出了一个结论：他的理论知识虽然充足，但严重缺乏实践能力，仍需要从最基本的工作做起，接受最基本的培训。

随着社会的发展，一个只有满腹经纶，却没有实践经验的人，会逐渐被社会淘汰。我们应该在掌握理论知识的基础上，将其付诸实践。

注重实践有利于我们正确认识自己，对自身成长产生紧迫感。通过广泛的社会实践活动，我们能看到自己和社会需要之间的差距，看到自身知识和能力上存在的不足，比较客观地去重新认识、评价自我，从而逐渐摆正个人与社会、个人与群众的位置。同时，我们还会因此产生一种紧迫感和危机感，使自己能够潜心思考自身的发展问题，不断地去提高自身素质和能力，以适应社会发展的需要。

注重实践有利于我们对理论知识的转化和拓展，增强运用知识解决实际问题的能力。在实际的生产生活中，许多问题单靠某一方面的知识是难以解决的，需要考虑诸多因素，运用多方面的知识和技能才能解决。通过社会实践可以获得大量的感性认识和许多有价值的新知识，同时能够把我们所学的理论知识与接触的实际现象进行对照、比较，把抽象的理论知识逐渐转化为认识和解决实际问题的能力。

注重实践有利于增强适应社会、服务社会的能力。社会实践可以使我们广泛地接触社会、了解社会，不断地参与社会生活，在实践中不断动手、动脑、动嘴，直接和社会各阶层、各部门的人员打交道，培养和锻炼实际的工作能力，并且在工作中发现不足，及时改进和提高，使之更新知识结构，获取新的知识信息，以适应社会的需要。

原文

略己而责人者不治①，自厚而薄人者弃废②。

注释

①略：忽略。责：责怪，怪罪。不治：不能治理。

②自厚：自负自满，自以为满足。薄：鄙薄。

译文

忽略自己的过错而总是怪罪别人，这样的人不可能治理好天下；对自己宽厚而对他人刻薄，这样的人会被抛弃不用。

事典　李离伏剑

春秋时期的李离在担任晋文公的法官时，听察案情有误而枉杀人命，发觉后就把自己拘禁起来判以死罪。文公说："官职贵贱不一，刑罚也轻重有别。这是你手下官吏有过失，不是你的罪责。"

李离说："臣担当的官职是长官，不曾把高位让给下属；我领取的官俸很多，也不曾把好处分给他们。如今我听察案情有误而枉杀人命，却要把罪责推诿给下级，这种道理我没有听过。"

文公说："你认定自己有罪，那么我也有罪吗？"

李离说："法官断案有法规，错判刑就要亲自受刑，错杀人就要以死偿命。您因为臣能听察细微隐情事理，决断疑难案件，才让我做法官。现在我听察案情有误而枉杀人命，应该判处死罪。"

最终，他不接受晋文公的赦令，伏剑自刎而死。正是因为有了像李离这样一些严于律己的忠臣，晋文公才得以成为春秋霸主。

人物

李离，生卒年不详，春秋时期晋文公时候掌管刑狱的官员（大理）。在断案时，因错听人言，误杀了无辜。错案发生后，李离"自拘于廷，请死于君"，并最终伏剑自杀。

古为今用　正人先正己，做事先做人

以身作则，简单来说就是领导者要以自己的行动作为榜样。"其身正，不令而行；其身不正，虽令不从。"对于企业来说，老板是一个特殊人物，老板的

行为往往对员工起表率作用。领导干部必须以身作则，率先垂范，带个好头。领导干部不仅是领导者，更是劳动者；不仅是指挥员，更是战斗员。领导干部要求别人做的事情，自己首先要带头做好，这样才有影响力和号召力。

开国上将许世友曾说：“有带头冲的官，就有不怕死的兵。”下属工作表现不积极，作为领导者不能一味地责罚，应自省反思，看自己是不是做得不够好。

正人先正己，做事先做人。示范的力量是惊人的。管理者要想管好下属必须以身作则，不但要像先人李离那样勇于替下属承担责任，而且要事事为先，严格要求自己，做到“己所不欲，勿施于人”。一旦通过表率树立起在员工中的威望，将会上下同心，大大提高团队的整体战斗力。得人心者得天下，做下属敬佩的领导将使管理工作事半功倍。

某大型贸易公司总经理的李先生听业务员反映，公司有一笔生意怎么也做不成，主要原因是客户经常外出，多次登门拜访他都扑了空。李总经理听到这种情况，沉思了一会儿，然后说：“是吗？请不要泄气，待我上门试试。”

业务员听到总经理要亲自上门推销，不觉大吃一惊。他有点担心：一是担心总经理不相信自己的真实反映；二是担心总经理亲自上门推销，万一又碰不到那位客户，岂不是太丢他的脸。但李总经理并没考虑那么多，也不顾及什么面子问题。在他心里，最重要的就是能够做成生意。

第二天，李总经理真的亲自来到那位客户的办公室，可是未能见到那位客户。但他并没有马上告辞，而是坐在那里等候，等了老半天，那位客户才回来。当他看了李总经理的名片后忙不迭地说：“对不起，对不起，让您久等了！”

“贵公司生意兴隆，我应该等候。”李总经理毫无不悦之色，相反还微笑着说。那位客户明知自己企业的交易额不算多，而且人家身为公司总经理亲自上门进行洽谈，觉得增光不少，于是很快就谈成了这笔交易。最后，这位客户热切地握着李总经理的手说：“下次本公司无论如何一定买贵公司的产品，但唯一的条件是李总不必亲自来。”

李总经理认为，以总经理之尊从事推销是理所当然的事，不会因此有失身份。当然，管理者亲躬亲为，只是一种示范行为，并不是每笔交易都需要。李总经理还大力提倡敬业精神，号召全体员工为公司无私奉献。

他的办公室有一条横幅：“每个瞬间，都要集中你的全部力量工作。”他以此为座右铭，每天第一个走进办公室，几十年如一日，从未请过假，从未迟到过。他经常说：“上级全力以赴地工作就是对下级的教育。职工三倍努力，领导就要十倍努力。”

现代的企业领导正需要像李先生这样以身作则的精神。如果一位公司老板，当他告诉下属要加班赶点时，而自己却在下午5点准时下班了；当他在为其他人因上网浪费工作时间而批评不已时，自己却在下午上班正忙时间里在线购物；当他在刚提出裁员以节省不必要的开支的同时，自己却购买了整套崭新的豪华办公用具，那么这个公司的员工就很难做到毫无怨言地努力工作。

企业要想快速发展，领导者必须言行一致，不能说一套做一套，要让自己成为公司员工行事的楷模，只有这样，公司才能形成一股向心力，促进公司的发展。

原文

以过弃功者损[①]，群下外异者沦[②]。

注释

①弃：舍去，扔掉。损：丧失，损失。

②群下：下属，部众。外：弃内向外。异：异心。沦：沉没，沦亡。

译文

因为别人的过失而抹去别人的功劳，必会有损无益；部众产生异心投向外国，国家就会沦亡。

事典 分羊带来的祸端

公元前607年，郑国出兵攻打宋国。宋国派华元为主帅，统率宋军前往迎战。

两军交战之前，华元为了鼓舞士气，杀羊犒劳将士，忙乱中忘了给他的马夫羊斟分一份。有人提醒华元说："大帅，你的驾车马夫还没有分到一份羊呢。是不是应该补偿给他啊？"华元笑道："他一个赶车的，分不分无所谓。"羊斟听了便怀恨在心。

交战的时候，羊斟对华元说："分发羊肉的事你说了算，今天驾驭战车的事，可就得由我说了算了。"说完，他就故意把战车赶到郑军阵地里去。结果，堂堂宋军主帅，就这样轻易地被郑军活捉了。宋军失掉了主帅，因而惨遭失败。

华元待人不公，最终导致宋军惨败，自己也因此沦为俘虏。

人物

华元（？—前573年），宋戴公五世孙，华督曾孙，华生御事之子，春秋时期宋国大臣，官至大夫，"宋国六卿"之一。历事昭公、文公、共公、平公四君，堪称"四朝元老"。长期任右师，掌握国政。集政治家、外交家、军事家、刺客、人质、战将于一身，在强敌如林、诸侯纷乱的时代，为宋国独撑一方大厦。

古为今用　不患寡而患不均，建立公平制度

"不患寡而患不均"，意思是不怕财富少，就怕分配不均。这里的"均"一般被认为是"平均"的意思。其实在现代社会中，"患不均"是患不公正，不怕你多分多拿，就怕你没有让众人信服的理由和分配制度。这里的"均"不是平均、均匀的意思，而是"均衡"之意。均衡就是公平、衡定，让人信服，完全可以被视为制度规则设计公平公正，人们各得其所的意思。

某集团公司将近2000人，60多名干部，企业内部的激励制度和分配制度完全公开透明，是否公正，则由众人自己评判。各分公司经理、分厂厂长，除基本工资外，按利润的百分比或利润增长部分的百分比提取奖励，非常明确。企业限定高层的收入与员工的收入差距基本在10倍以内，中层干部收入可高于普通工人2到5倍。

其实在中国，某些企业高管的工资是普通员工的100倍都不鲜见的时候，该

集团将员工的收入严格控制在这个差距之内。也就是说，当董事长拿到100万的时候，要保证让工人拿到10万。

“对这种工资体系，大家是认可的。”该集团总经理说。他称这为“劳资共和”“财不散，人也不散”。该集团发展了22年，从没有干部、员工因为待遇不公而流失。在该集团内部，任何一个决定必须做到公正公平。公正公平体现在奖罚分明，而奖罚分明就要做到公开透明。作为一个企业，让明规则代替潜规则，让大家都参与评判是否公正公平，是否分配合理，比出自一个人的评判要好得多，而且老板还轻松得多。

在企业内部，最容易产生分歧的是待遇问题，如果不能做到工资薪金的公平公正，就会影响到团队的发展。“我可以不计较自己挣了多少钱，但我绝不容忍坐在自己对面的人每月比我多拿几块钱。”这样“不患寡而患不均”的心态普遍存在。

在影响企业发展的因素中，内部的公平性比外部的竞争性更为重要。只有在制订薪酬时将这种差别体现出来，才能对员工形成有效的激励。正因如此，许多企业都试图寻求一种科学的方法对个人绩效进行衡量并与薪酬挂钩。而在实际操作中，对内部公平的追求却往往使企业陷入误区。

误区一：体现公平性，就要增加变动性收入在个人总薪酬中的比重。

企业员工个人年度总薪酬基本上由四个部分构成：基本现金收入、补贴、变动收入和福利。其中，弹性最大的是变动性收入。提高变动性收入在员工个人总薪酬中的比重，其潜在含义是变动性收入更具有灵活性，可以根据员工个人绩效情况适时进行调整，因而其比例的提高更能增加薪酬的激励性。然而，如果领导忽略了以下两点，这种做法的效果就可能适得其反。

一是薪酬的保障性功能。如果本企业员工的整体收入水平较低，那么薪酬保障性功能就更为重要，只有收入相对稳定，才能使员工队伍相对稳定。抛开企业薪酬水平的定位，片面强调变动性薪酬的激励性作用是没有意义的。

二是不同层级员工间变动性收入比重的差异方向应该正确。我们经常看到的情况是，不断提高普通员工的变动性薪酬比例，同时却降低高层管理人员变动性薪酬比例。这种做法很不科学。按现代绩效管理的理念，由于企业资源结构的变化，不可分割性资源对企业绩效的影响越来越大，而管理层对不可分割资源效率的影响是更主要的，因此他们的收入应与这部分资源的效率相联系而表现出更强的变动性。相反，低层级员工的固定性收入比重应该更大一些。

误区二：要体现公平，就必须用一种科学的方法将员工的工作进行量化，然后依据这种量化的考核结果来确定薪酬。

由此我们看到，许多企业不惜花重金聘请专业管理顾问公司设计复杂的考核指标体系，把企业的经营目标通过层层分解的方式量化到每一个人身上，然后根据每个人的指标完成情况来确定薪酬。很多人认为这样做是最公平合理的，但事实上这种方法存在很多问题。

其一，企业的经营目标未必都是可以量化的，事实上许多基于企业长期竞争能力积累的质量性指标越来越被重视，譬如被誉为20世纪管理理念重大突破之一的“平衡计分法”就特别强调企业要追求财务、内部流程、客户满意度、学习和发展四个方面指标的平衡，才能保证企业远景目标的实现。而这四个方面的指标并不都是可以量化的。

其二，即使一些质量性指标可以通过一定的逻辑关系转化为量化指标，那么这一系列的转化过程就可能已经使指标失真，而且最终往往还要通过打分、测评等方式量化，其结果已经包含了很大的主观成分。

其三，即使一些可以直接量化的指标（譬如财务指标）也不可能简单地分解到所有的岗位中去，因为不同岗位的职能是不同的。

科学的方法还应该是通过岗位评价确定岗位薪酬，对低层级岗位主要根据受聘人员的职责完成情况的考核确定变动性薪酬或实施奖惩，也就是说定性考核为主，定量考核为辅。对一定层级以上的管理者，由于其对公司总体生产经营结果负有决策责任，其工作影响范围往往也是全局性的，因此，适宜采用量化成分较多、约束力较强、独立性较高、以最终结果为导向的考核指标，即以定量指标为主、定性指标为辅，定量指标与薪酬联系。这样才是更为简单有效的。

误区三：经常性的薪酬调整能够提高薪酬的公平性。

企业要根据市场和自身情况的变化适时进行薪酬调整，当然是正常的，但是如果认为越是经常调整越能保证公平性则是错误的。员工薪酬的背后其实包含着员工与企业间诸多方面的约定和承诺，而这些约定和承诺是需要一定的周期来履行的。如果企业不断进行薪酬调整就意味着单方面修改约定和承诺，这样会使员工无所适从，企业也难以形成一个公平的标准。太和公司对房地产行业进行的福利问卷调查显示，正常的企业调薪每年应在1—2次，调整频率过高会导致员工队伍不稳定。

事实上，更容易给人造成不公平感的是企业薪酬制度的不明确、不稳定、随机性以及在许多企业中大量存在的隐形收入。一般来说，越是内部收入差距较大的行业，往往越是具有竞争力的发展较为迅速的行业。

原文

既用不任者疏①。

注释

①疏：疏远。

译文

给了职位却不放权，被任命的人就会和领导者疏远。

事典　庞统当知县

三国时期，与诸葛亮齐名的凤雏——庞统，刚刚投靠刘备时不受重用。当时庞统初到刘备帐下，刘备以貌取人，看到庞统奇丑无比，武断地认为庞统名不副实，徒有虚名，于是便让他只做一个小知县。庞统觉得自己具有如此才干，却只做一个小小的知县，心里非常不痛快，到任后整日酗酒，不理政事。

后来，有人将庞统整日酗酒的事情通报给了刘备。刘备便派三将军张飞前去视察，看到情况果然如此，张飞非常生气。哪知庞统一扫醉态，半天就把半年堆积的公务全部处理完了。张飞大喜，立刻上报刘备说自己遇到了一个人才，刘备方任命庞统为自己的副军师。

刘备以貌取人，差一点失去一位人间奇才。

◆◆◆ 人物 ◆◆◆

庞统（179年—214年），字士元，号凤雏，汉时荆州襄阳人，三国时期刘备手下的重要谋士，与诸葛亮同拜为军师中郎将。与刘备一同入川，于刘备与刘璋决裂之际，献出上中下三条计策，刘备用其中计。进围雒县时，庞统率众攻城，不幸中流矢而亡，时年仅36岁，追赐统为关内侯，谥曰靖侯。

◆◆◆ 古为今用 ◆◆◆ “用贤而不任”是一种内耗

在我们当今生活中，“不知贤”“知贤而不用”的情况已经比较少见了，因为当今社会比拼的就是人才，各个团队都十分注重对人才的重用、培养和挖掘；而“用贤而不任”的情况却常有发生。

“用贤而不任”具体表现为大材小用。能者上，庸者下，本是职场颠扑不破的竞争法则，可惜的是，在职场潜规则无孔不入的态势下，不少时候反而是平庸者上，小材大用；有能力者不得志，大材小用。在这样的用人机制下，内耗必然产生，生产效率低下也就不难理解。

某公司销售部门的主管李先生，是公司的老员工。他性格平和，对领导绝对忠诚，坚决执行领导发出的指令，但他却缺乏自主创新意识，跟不上瞬息万变的市场。在他的带领下，销售部业绩平平。

小陈是销售部的一名年轻员工，拥有超前的思维能力和拼搏进取精神，业务突出，受到大家的认可。同事们都认为小陈可以被破格起用，如果他担任销售部的主管，肯定能改善销售部的业绩。

公司上层领导也发现了小陈这一人才，但认为公司有规定：工作两年以上者，才可以被聘用为中层领导。虽然小陈拥有很突出的业务水平，但也只能从底层做起。至于销售部的成绩，也只能让它暂时平淡无奇。

造成职场人才的大材小用现象，根源在于职场潜规则对职场潜移默化的灰色渗透。“不跑不送，原地不动；光跑不送，跑也没用；又跑又送，提拔重用。”这些官场的潜规则在职场也被拿来活学活用，并且屡试不爽。总之，要减少职场大材小用、浪费人才的情况，应做到任人唯贤，人尽其才。

大材小用是对人才的浪费，而小材大用是在践踏用人制度，乱用人才，而且“小材大用”要比“大材小用”更可怕。大材小用虽然屈才，但是还依然发挥着人才的作用，只不过是用人的潜规则污染了人才使用的河流，可是小材大用从源头上污染用人的河流，让投机取巧者通过投机钻营获得了任用，其负面效应难以估量。

原文

行赏吝色者沮[1]，多许少与者怨[2]，既迎而拒者乖。薄施厚望者不报。

注释

①沮：沮丧，灰心失望。

②许：预先答应给予。

译文

论功行赏的时候，如果露出吝啬的脸色，就会使人感到沮丧；预先答应给予的多，结果实际给予的少，就会招致别人的怨恨；起初竭诚欢迎，后来却拒于门外，这是背离常道的；给予别人的很少，却希望得到别人的厚报，结果一定会大失所望。

事典　项羽刓印

汉高祖刘邦拜韩信为大将军后，曾向韩信询问天下大势。

韩信帮刘邦分析了项羽的用人之策，他说：“项羽虽然勇武，天下无敌，但却舍不得封赏手下。其手下的文臣武将获得战功后，项羽总是舍不得进行有力的封赏。即使封赏了一个较高的官职，项羽总会把官印拿在自己手中摸来摸去，脸上露出舍不得的神色，甚至把大印的棱角都磨平了。这是优柔寡断的表现，肯定会伤害其手下将士的积极性。”

果然，在楚汉争霸的后期，项羽离心离德，最终失败。所以，从历史的层面上看，项羽好像是败给了刘邦，其实是败给了自己。

◆◆◆ 人物 ◆◆◆

项羽（前232年—前202年），名籍，字羽，战国末年生于楚国下相（今江苏宿迁西南），他是中国军事思想“勇战派”的代表，与“谋战派”孙武、韩信等人齐名。与刘邦争夺天下，进行了四年的楚汉战争，公元前202年兵败，在垓下乌江边自刎。

◆◆◆ 古为今用 ◆◆◆ 言出必践，有诺必现

为人应该大气，尤其是做领导的，在论功行赏的时候，千万不要小肚鸡肠，尤其忌讳办事前慷慨许诺，一到论功行赏却一毛不拔，概不兑现。这样的话，手下的功臣必然会因此感到沮丧，其以后工作的积极性必然会大打折扣。

为人做事，一定要讲诚信，言出必践，有诺必现。如果空头支票乱开，总是不兑现，或者答应的多，给予的却少，这样就失去了做人的根本，也必然难以成事。

王先生是一家公司的老总，他的公司刚刚成立不久，规模并不大，只有员工20几个人，所以公司并不具备太强的竞争能力。

公司成立几个月了，还没有打开市场，员工的工资也只是最基本的工资。面对这种情况，员工们都产生了离职的念头。

王先生也察觉到了员工们的心理变化，他明白：如果大家都离开了，那公司也就关门倒闭了。为了挽留住大家，他向大家说：“再给公司两个月时间，一定能打开市场。在这段时间里，大家努力工作，如果能够占据市场，大家的工资都会在现在的基础上，翻一番！”

在工资翻倍条件的诱惑下，大家留了下来。在接下来的两个月里，大家各

司其职，努力工作。在大家的努力下，公司获得了长足的进步，成功地开拓了市场。

就在大家满怀希望涨工资的时候，王先生却没有兑现自己的承诺。他打算集中资金开拓更广的市场，等到公司彻底站稳脚跟后，再给员工涨工资。大失所望的员工们觉得自己受到了欺骗，再也不相信王先生的承诺，纷纷辞职。结果，王先生的公司再次陷入了困境。

做出了承诺，却不兑现承诺，这其实是一种诚信的缺失。

世无诚信不宁，国无诚信不稳，业无诚信不旺，家无诚信不和，民无诚信不立，官无诚信不忠。诚信是中华民族的传统美德，是最重要的道德规范之一。“君子一言既出，驷马难追”“言必信，行必果”，这都是做人的学问，也是领导者为人处世的学问。领导者示信于人，才能得到人才，才能建立威信，才能获得成功。

诚信对于一位领导者来说至高无上，诚信一旦失去，就很难重新获得。对于任何一位希望有所建树的领导，要谨小慎微地保护好你的诚信，照顾好它，永远不要把它丢失。

领导守信，核心是对下属负责。诚信的主要含义是无欺、守诺、践约，在工作中就要做到以下几点：

言论与其反映的对象要统一。真实地传达自己所掌握的客观情况，言不背实；真实地表达自己的主观想法，口不违心。

言行之间的统一。要将自己所说之言切实身体力行，付诸实践。对于社会中的任何群体和个人都是这样，而对于领导者就更是如此。如果我们做出了承诺或达成了某种契约，那就务求守诺、践约，不可无端撕毁协议。

前后言行之间的统一。情况是不断变化的，要求前后言行无条件地完全一致是不合理的。从诚信原则出发，如果我们传达了某种信息，做出了某种承诺，达成了某种契约，公告了某项决定，即使情况出现了一些变化，有一些新的因素产生，但如无碍大局或无必要做出调整，就要尽力维持原有决策适当稳定一段，切不可轻易变动；如果情况确实发生了重大变化，情况的变化确有必要对以前的承诺、契约、决定做出调整，也不能隐瞒，而应及时向有关的人做必要的说明，以使其理解，并及时进行协商，达成谅解。

言而有信是做人的基本原则，只有这样才能获得长久的影响力。言语忠信，行为跟进，才能在组织中独树一帜。总开“空头支票”的领导，再三地失信，必然会引起下属不满。

要想成为一个优秀的领导，就要始终抱着一诺千金的信条，对自己的每一句话负责到底，做到“一言既出，驷马难追”。作为领导者，是否守信，不仅关系到个人的威望和功业，也关系到集体的形象与兴衰。

原文

贵而忘贱者不久[①]。

注释

①贵：富贵，高贵。贱：贫贱。

译文

富贵之后就忘记了贫贱时候的情状，这样的人地位一定不会保持长久。

事典 宋武帝的收藏

南朝宋武帝刘裕在富贵之后，下令把他幼年贫穷微贱时所用的耕田农具收藏起来，以展示给子孙，让他们不要忘了当日的贫苦生活。后来，宋文帝刘义隆做了皇帝，来到宫殿，看到他父亲早年用过的那些耕具，深感惭愧，认为自己有悖先皇的旨意。

他身边侍臣中有人进言说：“当年大舜亲自在历山耕田种地，大禹也曾亲自治理水土。陛下不看到这些遗物，怎么能够知道先帝崇高的仁德和耕种的艰难呢！”

从此宋文帝继承父亲的节俭风格，继续实行刘裕的治国方略，清理户籍，下令免除百姓欠政府的“通租宿债”，又实行兴农、劝学、招贤等一系列措施，使百姓得以休养生息，社会生产有所发展，经济文化日趋繁荣。

在刘文帝的治理下，宋朝“三十年间，氓庶蕃息，奉上供徭，止于岁赋。晨出暮归，自事而已”“民有所系，吏无苟得。家给人足，即事虽难，转死沟渠，于时可免。凡百户之乡，有市之邑，谣舞蹈，触处成群，盖宋世之极盛也”，史称“元嘉之治”。

宋武帝目光长远，没有给宋文帝留下珠宝珍奇，而是收藏了自己贫困时的见证。宋文帝正是没有忘记父亲年轻时的艰辛，所以才能够采取休养生息政策，使天下出现大治局面。

人物

刘裕（363年—422年），宋武帝，字德舆，小名寄奴，卓越的政治家、改革家、军事家，南朝刘宋开国之君。执政期间，他吸取前朝士族豪强挟主专横的教训，抑制豪强兼并，实施土断，整顿吏治，重用寒门，轻徭薄赋，废除苛法，改善了政治和社会状况。他对江南经济的发展、汉文化的保护发扬有重大贡献，被誉为“南朝第一帝”。

古为今用　企业发展不可忘记“贫贱”

很多人都会充分享受自己在得意情形下的点点滴滴，却极力躲避或拒绝承认自己之前所经历的困苦。这种人在我们现实生活中经常可以碰到，尤其是在职场中，“吃水忘记挖井人”的情况屡见不鲜。

众所周知，企业的成果不是老板用魔术变来的，它是一点一滴地累积起来的，就像植物的果实在树枝上结出来一样。人才是树干，员工就是树枝，供应商、经销商是树根，社会是土壤，客户是养料。缺少其中任何的一个环节，果实都是长不出来的。这是不变的简单逻辑，而在看法上的变化一般出自老板或领导态度的转变。

当企业在为生存而挣扎的时候，我们不需要告诉老板该如何对待客户或经销商，他会把他们当着上帝看待。对待人才，他则会把他们当作最心爱的事物一样看待；对待供应商，他会像对待上帝一样照顾。

关键是当企业已经成功了，销售渠道顺畅了，人力资源充分而且供应充足的时候，老板是否还持同样的态度。这个时候，很多老板的态度会随着心态的变化而转变，而心态则已经随着富贵而起了变化。成功制造富贵，富贵产生定位的变化，定位产生心态的变化，心态的变化产生态度的转变。对重视荣誉、地位或利益的老板来说，这是十分正常的转变。

当老板或领导把自己的定位提高了，为了要展示自己富贵的地位，他会有意无意地刁难一下员工、供应商或经销商。为了利用有利的地位来谋取更多的短期利益，他也会挤压这些合作伙伴。这两种情况都显示出，他已经忘却了“贫贱”时谦卑的行为。

特别是在市场供应或人力资源充分的时候，新的供应商为了进入市场会不惜大幅度让掉应赚的利润，新员工薪水更是比老员工低廉，于是富贵的老板更是会觉得自己吃了老供应商和老员工的亏。

“贫贱”的创业者不会在乎吃亏，但是富贵的老板是吃不了任何小亏的，于是他就看不到这些旧伙伴的经验和诚信等无形价值，而把他们应得的分配看成他个人利益的损失。在这种状况下，他还怎么可能记得“贫贱”时的谦卑呢？

这种富贵了就忘记贫贱的人是挺风光的，所以他自然不会孤单。他结交了风光的朋友，摒弃掉贫贱时的伙伴。这意味着他切断了创业时呕心沥血积累的无形资产，包括创业的团队和团队精神，供应商、经销商和员工的信任和他个人以及企业的诚信。

长期的发展需要的是无形资产的积累。自我抛弃自己的无形资产来换取蝇头小利和一时风光的老板，用什么来做中长期的发展呢？所以，他当然就不可能长久了。

原文

念旧恶而弃新功者凶①。用人不得正者殆②。

注释

①凶：凶残，凶狠。

②殆：危险。

译文

记着别人的旧恶，却弃之不顾人家的新功，这样的人是凶狠的；任用人才，如果不用正直的人，是很危险的。

事典 魏徵和李世民

玄武门之变后，有人向秦王李世民告发：东宫有个官员，名叫魏徵，曾经参加过李密和窦建德的起义军；李密和窦建德失败之后，魏徵到了长安，在太子建成手下做过事，还曾经劝说建成杀害秦王。

秦王听了，立刻派人把魏徵找来。秦王板起脸问他说：“你为什么在我们兄弟中挑拨离间？”

左右的大臣听秦王这样发问，以为是要清算魏徵的老账，都替魏徵捏了一把汗。但是魏徵却神态自若，不慌不忙地回答说：“可惜那时候太子没听我的话。要不然，也不会发生这样的事了。”

秦王听了，觉得魏徵说话直爽，很有胆识，不但没责怪魏徵，反而和颜悦色地说：“这已经是过去的事，就不用再提了。”

之后，李世民重用了魏徵。他甚至成为李世民为人处世、治国理财的一面镜子。魏徵也不忘李世民的知遇之恩，为唐朝初期的发展立下了汗马功劳。

人物

魏徵（580年—643年），字玄成，魏郡馆陶（今属河北）人，唐朝政治家。

曾任谏议大夫、左光禄大夫，封郑国公，谥文贞，以直谏敢言著称，是中国史上最负盛名的谏臣。

古为今用　宽厚待人，把精力放在大事情上

李世民面对自己当初的政敌，表现出了宽宏大量的胸襟，因此和魏徵共同演绎出了一段君贤臣直的佳话。

为人宽宏大度，是做人之德、为官之德。包容别人，需要有“额头可跑马，肚里能撑船”的高风雅量，能够包容万事万物。在一个团队里，成员们在知识、能力、性格、气质等方面存在差异，产生意见分歧是很正常的。作为“团长”，就应该择其善者而从之，择其不善而“导”之。成员之间应彼此尊重，相互学习，取长补短，互相宽容，不心存嫉妒。

当然，我们强调的包容并不是纵容。元代理学家许鲁斋说过：“人要宽厚，包容却要分限严，分限不严，则事不可立，人得而侮之矣。”对待有缺点、犯错误的人，应该有一颗包容心，但不是不分场合与对象，对什么事、什么人都一味讲包容。

包容是要讲原则、讲限度的。一些非原则性问题，应该包容宽待，同时还应该本着关心、帮助他人的态度，开展积极的批评与自我批评，以善意的批评帮助同伴克服缺点，纠正错误；对于一些原则性问题，一定要讲究赏罚分明，否则会引起其他员工不满，影响大家工作的积极性。

包容别人是一种觉悟，一种责任。特别是领导干部，应该把包容别人作为一种职责需求，要胸怀大局，心系群众，以集体利益为重。包容别人是一种精神，一种无私。无私才会胸怀坦荡，在矛盾面前才会舍利取义，先人后己，不责人小过，不念人旧恶；包容别人是一种智慧，一种修养。古人云：“君子贤而能容罢，知而能容愚，博而能容浅，粹而能容杂。”我们应该谨记不悖。

包容是一门学问，学会包容的人，就学会了生活；懂得包容的人，就懂得快乐。这门学问是来自内心“慈悲喜舍、善良仁爱”的自然流露。包容他人不等于放任其自流，那是不负责任的表现，一味地迁就、包容，就是溺爱，是害人之

举，若有人称此为“包容”，那就是对“包容”的一种玷污和歪曲。

常用包容的眼光看世界，事业、家庭和友谊才能稳固和长久。夫妻间除了要有爱情，有信任，还要有包容，总是为小事斤斤计较，就不可能白头偕老；朋友间没有了包容就没有了友谊，因为包容是友谊的题中之意。领导包容就可以使近者悦，远者来，天下归心。

能包容，就能发展壮大。即使“月亮脸上也长满雀斑”，我们又何必去苛责别人的缺陷。社会是一张彼此联系的人际网络，无人能独自成功，因此我们无论何时都要记得去体谅身边之人。包容别人就等于包容自己，包容的同时，也创造生命的奇迹。

原文

强用人者不畜①，为人择官者乱②。

注释

①畜（xù）：保存，收藏，这里引申为留下。

②择：拣选。

译文

强人所难，硬要任用别人，是留不住人的；为了任用自己亲近的人，巧立名目，滥授权势，就会引来祸乱。

事典　北洋舰队的悲剧

清光绪初年，李鸿章奉命创建北洋水师，从国外购置了多艘战舰，日日操习。北洋海军提督丁汝昌由于未受过正规的海军训练，一时无法让舰队形成实际的战斗力。

面对海军人才匮乏的现状，李鸿章不得不借才异域，聘请时为英国海军军官的琅威理为北洋水师总教习，逐渐将北洋水师训练成为一支威震四方的“虎狼之师”。

醇亲王奕譞阅军时看到水师训练卓有成效，授予琅威理“提督”的荣誉名衔。为了发号施令的需要，琅威理就常常以“副提督”自居，但却有人说琅威理“飞扬跋扈，一心揽权”。

1890年初，水师提督丁汝昌赴法国办事。时为总兵的刘步蟾提出从旗舰“定远”号上降下提督旗，升上自己的总兵旗。琅威理觉得这样做法不妥，与刘步蟾发生激烈争吵。

事情传到李鸿章那里，李鸿章考虑到琅威理毕竟是外国人，担心他拥兵自重；而刘步蟾是本国将领，且为自己的亲信，就在信中回复“以刘为是”，等于直接应允了刘步蟾的请求。

李鸿章的意见挫伤了琅威理的自尊心，当年8月，舰队返回威海卫后，琅威理辞职离去。此后，北洋海军军纪日渐松弛，许多官兵在靠岸后起屋纳妾、赌博、嫖妓，再也无心训练，以致战舰上铁锈堆积，许多武器都无法使用。

1894年，甲午战争爆发。清政府这时又想到了琅威理，于是数次发函邀请琅威理回华帮助北洋水师抵御日军，被琅威理断然拒绝。最终，北洋舰队全军覆没。

北洋舰队的全军覆没，与清政府的腐败有关系，但是也与北洋军任人唯亲、排挤外援有很大的关系。

人物

李鸿章（1823年—1901年），安徽合肥人，本名章桐，号少荃，晚年自号仪叟，谥文忠，晚清重臣。淮军创始人和统帅，“洋务运动”的主要倡导者之一。他官至直隶总督兼北洋通商大臣，授文华殿大学士，曾经代表清政府签订了《越南条约》《马关条约》《中法简明条约》等。

古为今用 任人唯亲，贻害无穷

在选人、用人的方式中，有任人唯贤和任人唯亲两种方式，这两种用人方式从实质上讲是把团队的利益放在第一位还是把个人私利放在第一位的问题。

任人唯贤，关键在一个“贤”字，它至少应包括“德”和“才”两方面的内容。看一个人是否可用，甚至是否可重用，首先看他的“德”，它关系到一个人是否能够用好手中的权力。一个人能力的大小姑且不论，“德”直接决定了一个人是否能够做到有一颗“公心”。“才”在实际工作中表现为工作能力的高低。德才兼备历来是人们公认的选贤任能的上佳标准和根本原则。

与任人唯贤相对立的是任人唯亲，表现为完全以与个人关系亲疏为标准选人、用人，而“德”和“才”往往被置于脑后。任人唯亲，以个人利益为基础，危害深远，尤其会给团队造成巨大损害。庸人横行，私欲膨胀，不干事，干私事，坏大事，贻害无穷。许多德才兼备的员工，因为公司任人唯亲，不管自己业务多么精良，都不能脱颖而出，空怀雄心壮志，却无处施展。

作为公司的领导，如果任人唯亲，对公司的优秀人才视而不见，出现“庸者上，能者下”的局面，恐怕公司离倒闭之日也就不远了。在一个部门，一个单位，都是“自家人”，只顾裙带关系，尽显“一人得道，鸡犬升天”的局面；或者“自家人”共荣共辱，好说话，好办事，平时你罩着我，我护着你，你帮着我，我关照着你，大家沆瀣一气，捞取好处，共贪挥霍，时间长了就会形成“生态链”，受害最大的就是公司的利益。

因此，在选人、用人上，坚持任人唯贤的路线，显得尤为重要。其一，这有利于创造公平、公正的人才使用环境。有了生动活泼的选人、用人环境，团队就有了人才保障，事业才有希望。其二，有利于端正干部作风。彻底根除了选人、用人的私利，以团队利益为根本出发点选人、用人，久而久之，团队内才能形成良好的工作作风，作为领导也会受到良好的影响。

那么，应当如何优化用人环境，坚持任人唯贤的路线呢？

要进一步健全各种机制

一是荐才机制。贯彻群众公认的原则，走群众路线，坚持和完善民主推荐、民意测验和民主评议制度。

二是竞争机制。坚持公开、平等、竞争、择优的原则，积极推行公开选拔和竞争上岗的措施。

三是汰劣机制。使干部能上能下，能进能出，建立健全干部引咎辞职、责令辞职制度，加大调整不称职、不胜任、不合格干部的力度。

四是考核机制。尽快制订一套科学的考核指标体系和评价体系，完善考核的制度、内容、程序和方法，使考核结果成为对干部奖惩、任用的重要依据。强化用人失察追究制。

五是监督机制。对干部的推荐提名、考察考核、讨论决定等环节严格把关，杜绝“暗箱操作”，实行“阳光作业”，全程透明监督。

要在实践中不断探索完善干部选拔的新措施、新办法

任何事物都有其两面性，虽然公开选拔是当前选拔干部的好方法，但它也有自身的局限性，如限时笔试、应时面试所测试出的能力，在某种程度上可能会与实际工作能力有一定距离。应进一步探索接近受选者实际工作能力的更有效的考察考核方法与途径，使干部选拔任用工作日趋科学化、民主化、制度化，努力形成人才辈出、百舸争流的生动活泼的选贤任人环境。

原文

失其所强者弱[1]。决策于不仁者险[2]。

注释

①强：强大，这里可以理解为优势或长处。

②决策：指决定计谋或方略、方法。不仁者：指残忍无情的人。

译文

失去了自己的优势，就会变弱；让残忍无情的人做决策，就会有险恶之患。

事典　商鞅之死

战国时期，秦孝公即位以后决心图强改革，便下令招贤。商鞅自魏国入秦，并提出了废井田、重农桑、奖军功、实行统一度量和建立县制等一整套变法求新的发展策略，深得秦孝公的信任。秦孝公任他为左庶长，实行变法，史称“商鞅变法”。

经过商鞅变法，秦国的经济得到发展，军队战斗力不断加强。秦国渐渐发展成为战国后期最富强的国家。

但商鞅制定的法规却具有不仁的一面。商鞅轻视教化，鼓吹轻罪重罚，制定的法律非常严苛，如百姓在路边倒垃圾，就要被砍去双手。商鞅变法在一定程度上加重了广大人民所受的剥削与压迫，特别是“连坐法”，给广大人民带来巨大的痛苦。

后来，秦惠王继位，下令逮捕商鞅。仓皇之间，商鞅逃往商地，投宿旅馆。店小二说：“商君有令，旅店不能收留没有官府凭证者住宿，否则店主也要连坐坐牢。”商鞅无奈，只能继续赶路，不料在路上被捕。后来，商鞅被押运到咸阳，遭受了车裂之刑。

人物

商鞅（约前390年—前338年），战国时代政治家、改革家、思想家，法家代表人物，卫国人，卫国国君的后裔，姬姓公孙氏，故又称“卫鞅”“公孙鞅”，后因在河西之战中立功获封于商十五邑，号为商君，故称之为“商鞅”。

古为今用 生活离不开"仁"

曾经发生过这样一件事：一位65岁的老太太在公交车站跌倒受伤后，被一个年轻的小伙子扶起，并在老人请求下将其送到了医院。可是后来，老人说自己是被这个小伙子所撞，还把他告上了法庭。

在这个事件中，老太太的行为引起了社会公众的不满和谴责，因为她的行为属于"不仁"之举，违背了传统道德观念。

不论社会如何发展进步，我们都应秉承"仁"的思想，用这一古代传统思想精髓来指导我们的现实生活。

其实，"仁"是一个非常宽泛的词。"仁者爱人"，既指人与人、人与社会的"仁"，也指人与自然、人与自己的"仁"。见义勇为、尊老爱幼、乐于助人、拾金不昧、爱护环境，都可算作"仁"；而自私自利、对邪恶视而不见、唯利是图等，就是"不仁"。

见到陌生老人摔倒，路人帮忙将其扶起，这就是"仁"；被救者却反诬助人者是肇事者，这就是"不仁"。现在食品安全频遭曝光，反映了生产经营者的诚信缺失，这也是"不仁"。再比如，一些汽车厂商，发现汽车有问题进行召回，虽然让人对其信誉产生一些怀疑，但是其对消费者负责任的态度反映出来的也是一种"仁"。相反，安全事故不断，人命关天，相关部门却找借口推脱责任，这就是"不仁"。许多爱心人士成立动物保护联盟，关爱生命，这就是"仁"；许多不法分子利欲熏心，偷猎珍稀动物，这就是"不仁"。捐款给需要帮助的人，这是"仁"；捐款被私自挪用，这就是"不仁"。

"仁"有"大仁""小仁"之别。有时对小部分是"仁"，对大多数、对全局就不一定是"仁"，所以"小仁"要服从于"大仁"。比如，企业出台的一些改革措施，小部分人暂时会失去一点点利益，这是为了将来能得到更多的利益，是为了使更多的人得到利益；小部分人的不稳定，是为了使大多数人有一个稳定的工作，是为了使更多的人今后能够生存得好一些，过得更安稳一些。所以，有时看上去是"不仁"，实则却是"大仁"。

在现代企业当中，满足人的需要，即是“仁”。反过来讲，对员工不友善、不体贴，动辄得咎，人人自危，这不是“仁”。因此，企业在推进企业改革和管理的过程中，应把不断提高职工群众生活水平作为出发点和落脚点，真正贯彻全心全意依靠团队办企业的思想。毕竟，使大多数职工人心不定、得不到实惠甚至失去实惠的改革和管理，不是成功的改革和管理；使大多数职工感觉到不公平、不公正的改革和管理，是失败的改革和管理。

“仁”强调以德服人，以教育培训为主，促其自觉，而不是以消极的、高压的方式使其被动接受管理。管理者必须做细做实思想工作，使改革和管理措施得到职工的理解和支持。

原文

阴计外泄者败①，厚敛薄施者凋②。

注释

①阴计：阴谋诡计。泄：泄露。

②厚敛：横征暴敛。凋：衰落。

译文

阴谋诡计泄露，就会导致失败；横征暴敛、刻薄寡恩，就会衰落。

事典　玄武门之变

李渊夺取天下后，册封长子李建成为太子。李建成虽为太子，但却刻薄寡恩，只有很少的人支持他。李建成自己也明白，自己的弟弟李世民在军队和开国大臣中的威望极高，如果让李世民活着，将会对自己产生极大的政治威胁。

于是，李建成和李元吉合谋，打算除掉李世民。他们贿赂后宫嫔妃，让她们在李渊面前称赞李建成、李元吉而诋毁李世民；并且屡次向李渊进谗言。李世民有所察觉，于是与对方展开了激烈的政治斗争。

后来，李建成、李元吉谋划发动兵变，欲除掉李世民，但由于计划不周密，被李世民得知。李世民的部下劝他提前动手。

公元626年7月2日，李世民率领长孙无忌、尉迟恭、侯君集、张公谨、刘师立、公孙武达、独孤彦云、杜君绰、郑仁泰、李孟尝等人入朝，并在玄武门埋下伏兵。建成、元吉二人不知底细，也一起入朝，骑马奔向玄武门。

建成、元吉来到临湖殿，察觉到了变化，立即掉转马头，准备向东返回东宫和齐王府。世民跟在后面呼唤他们。李建成心虚，先张弓搭箭射向世民，但由于心急，一连两三次都没有射中。李世民张弓搭箭射向建成，将他射死了。

尉迟恭带领骑兵70人相继赶到，他身边的将士用箭射中了元吉，元吉跌下马来。可就在此时，世民的坐骑受到了惊吓，带着世民奔入玄武门旁边的树林。世民被林中的树枝刮到，从马上摔下，倒在地上，一时爬不起来。元吉迅速赶到，夺过弓来，准备勒死世民。

就在这时，尉迟恭跃马奔来大声喝住了他。元吉知道自己不是尉迟恭的对手，赶紧放开世民，想快步跑入武德殿寻求李渊的庇护，但尉迟恭快马追上他，放箭将他射死了。

李世民利用玄武门之变，除掉自己的竞争对手。公元626年9月4日，李世民登基称帝，成为历史上赫赫有名的唐太宗。

玄武门之变，李建成与其说败给李世民，不如说败给自己，如果他平时实行德政，宽厚待人，不仅不会招来杀身之祸，说不定唐氏江山也会归他所有。

人物

李世民（599年—649年），唐太宗，唐朝第二位皇帝，在位23年，年号贞观，著名的政治家、军事家，还是一位书法家和诗人。生于开皇十八年（599年），早年随父亲李渊进军长安。他率部征战天下，为大唐统一立下汗马功劳，被封为“秦王”“天策上将”。626年，通过玄武门之变夺位登基后，开创了著名的“贞观之治”。

古为今用 学会保守团队秘密

李建成秘密谋划的事情，却因为没有做好保密工作，功败垂成，自己的性命也搭了进去。由此可见，保守秘密对于一个团队来说是何等重要。

每个公司都会有自己的秘密，每一个公司的老板都希望自己的员工能够保守企业的秘密。因为一个不能为公司保守秘密的员工，就像一颗放在职场中的定时炸弹，不知道它什么时候就会爆炸，也不知道其爆炸的威力究竟有多大，但是却可以给企业带来难以估计的恶果，甚至使公司陷入绝境。

同样，对于员工来说，保守公司的秘密是员工最基本的职业道德素质，也是一个员工对工作讲良心的一种方式，也是对公司忠诚的表现。任何一名员工，只有做到了不该说的不说，不该问的不问，严守企业的秘密，才能够得到领导的认可。否则，即使你很有才能，也不会有更大的发展机会，甚至无法在职场上立足和生存。

现代社会处处都是诱惑，检验一个员工是否忠于公司的重要标准，就是看他是否能禁受住诱惑的考验。如果你能够经受住诱惑的考验，始终对公司机密守口如瓶，那么你一定会是一个让领导另眼相看的优秀的人才。

退一步来说，哪怕我们没有得到公司的奖励，没有得到老板的重用，但是因为我们问心无愧，所以我们活得踏实。相反，如果你出卖了公司的机密，虽然你得到了金钱或是其他的利益，却有可能断送了一辈子的发展。

作为员工，永远都要记住，自己是公司这个大家庭里的一员，公司发展得好，我们就会过得舒适；公司出现危机，我们自己也一定会受到连累。所以，守住公司的秘密就是守住自己的秘密，既然是自己的秘密，就算外界有再大的诱惑，也不会说出来。守住公司的秘密最重要的是要把它当作自己的秘密。

在企业中，从事不同职业的员工，都有保守企业秘密的责任，从事技术开发的工程师，应保守企业技术开发的秘密；从事市场营销的业务员，应保守企业客户信息的秘密；从事企业财务的员工，应保守企业财务信息的秘密。保守企业秘密，这是职业化员工必须遵守的行为规范。

要成为职业化的员工，在保守企业秘密方面要做到如下三点。

遵守保密协议

企业，尤其是高新技术企业，为了规范员工保守企业秘密的行为，通常会与员工签订保密协议。如企业与技术开发人员签订保密协议，以防止技术开发人员将技术开发的方案、图纸等向外泄露，给企业技术开发带来技术上、经济上的损失。作为企业员工，同企业签订保密协议之后，就要遵守保密协议中双方约定的条款，并落实在日常工作行为之中。

树立慎言意识

树立慎言意识，这是保守企业秘密的一个重要方法。国美前董事局主席陈晓之所以遭遇国美的起诉，是因为陈晓违反了国美高管离职协议中的保密条款，而他泄露国美重要财务信息是由于自己缺乏慎言的意识，即在私人闲聊中无意披露了一个有损于国美利益的财务信息。陈晓的教训是十分深刻的。企业员工，尤其是从事技术开发或管理财务的人员，应当树立慎言意识，要清楚什么信息是不能在私人闲聊中泄露的，什么信息是可以在私人闲聊中说出的。

接受企业监督

企业为了保守企业秘密，除了同员工签订保密协议之外，还会建立相应的监督机制，如检查、监督员工履行企业保密义务的状况，以规范员工保守企业秘密行为。作为员工，应自觉接受企业监督，如实向上司或为有关部门领导汇报自己遵守企业保密工作的状况和存在的问题。在保守企业秘密领域，自觉接受企业监督，这是员工职业化的一种表现，反之，拒绝接受企业监督，就不能称之为职业化员工。

原文

战士贫游士富者衰[①]。货赂公行者昧[②]。

注释

①战士：泛指参加战争或从事某种正义事业的人。游士：策士，谋士，又称说客。

②货赂：贿赂。公行：政府官员。昧：暗，不明，这里指政治昏暗。

译文

出生入死的将士生活穷困，而游说之士待遇丰厚，国家就会衰落；公然贿赂政府官员，政治就会变得昏暗。

事典 齐威王烹阿城大夫

战国时期，齐威王召见即墨大夫，对他说："自从你到即墨任官，指责你的话每天都有传来。然而我派人去观察即墨，田野开垦了，人民富足了，官府没有积压着等待处理的事，东方因此而安宁，这就是你不巴结我的左右来求得帮助的原因啊！"随即封赐即墨大夫享用万户的俸禄。

齐威王又召见阿城大夫，对他说："自从你镇守阿城，称赞你的好话每天都有传来。我派人察看阿城，见田地荒芜，百姓贫困饥饿。以前赵国攻打鄄地，你不救；卫国夺取薛陵，你不知道，这是你用重金来买通我的左右来替你说好话的原因啊！"

这天，齐威王下令把阿城大夫及替他说好话的左右近臣烹了。齐国上下官员都受到震动和教育，谁都不敢再像阿城大夫那样买通威王的亲信搞欺上瞒下、玩忽政务、邀功冒赏的事情了。

齐威王体察民情，不让脚踏实地的基层官员受不公平待遇，也不让游手好闲的官员得利得势，从而为齐国的兴盛打下了良好的基础。

◆◆◆ 人物 ◆◆◆

齐威王（前378年—前320年），战国时期齐国国君。妫姓，田氏，名因齐，齐桓公田午之子。公元前356年继位，在位36年，以善于纳谏用能，励志图强而名著史册。

◆◆◆ 古为今用 ◆◆◆ 腐败与公平

某高官事发被捕，法院做出一审判决，以受贿罪、行贿罪判处其有期徒刑20年，并处没收其个人财产人民币40万元。该高官最严重的违法犯罪行为就是行贿，据调查他曾向自己的上级行贿200多万元。

他如此大把地送钱，原因是“为解决其个人职务、职级问题”，这话说白了就是“买官”的意思。然而，由于此级别的官员因行贿而受法办的例子过于稀少，甚至给人无例可循的印象，以受贿罪、行贿罪判处其有期徒刑20年，某种意义上也是开了一个先例。

我们都对贪污受贿恨之入骨，因为此种行为严重破坏了社会的公平公正。其实，行贿行为同样具有相当严重的危害。

贿赂，这种在某些行业普遍默认的“潜规则”，已经成为当今经济社会生活中的突出问题和一大公害。然而现实的情况是，人们对受贿者深恶痛绝，而忽视了行贿与受贿的对合关系，对行贿者造成的危害视而不见，打击不力，姑息放纵。提高对行贿行为危害性的认识，加大对行贿行为的打击力度，对促进团队的和谐稳定和经济健康持续发展有着十分重要的意义。

行贿行为破坏了正常的市场经济秩序。市场经济的本质特征是公平竞争，而行贿活动背离了市场经济公平竞争的法则。为谋取不正当的利益，采取向国家工作人员送财物的非法手段，破坏了正常的市场经济秩序，阻碍了经济的健康发展。

行贿活动其实质是用金钱收买权力，它导致腐败现象的滋生和蔓延，危及团队命运。行贿行为会使很多人停顿下来，不求进步，贪图享受，腐化堕落下去。根据事物的相互联系、相互制约的原理，作为社会消极现象的行贿行为，具有横向的相互诱发、相互滋长的作用。因此，贿赂行为的存在，自然而然地导致了腐败现象的滋生和蔓延。

行贿行为败坏社会风气，严重损害团队的形象、威信。行贿者以财物为诱饵，受贿者以权力商品化为手段，二者狼狈为奸，进行钱权黑市交易，这乃是一种对合共犯行为。贿赂行为，不只是个人堕落腐化和身败名裂的问题，还严重地玷污了团队的形象，败坏了社会风气。

行贿行为使大量的财物进入个人腰包，化公为私，阻碍了团队的健康发展。行贿者往往都是“吃小亏占大便宜”，用少量的钱财作为诱饵，使大量的集体财物流入小集体或个人腰包，这完全是明火执仗地破坏团队的健康发展。

由此看来，行贿行为的危害性是极为严重的，应该受到狠狠打击。

原文

闻善忽略，记过不忘者暴①。

注释

①暴：粗暴。

译文

听到正确的意见不采纳，却把人以往的过错牢揪不放，这是粗暴的。

事典　田丰之死

东汉末年，田丰是袁绍手下重要谋士。在曹操攻徐州的时候，许都无人把守，田丰便对袁绍说：“此时许县空虚，我们可以乘虚而入，定能一举拿下。”

袁绍因为小儿子发烧，生命垂危，拒绝了田丰的建议，不肯发兵去攻打。田丰听了，气得拿手杖在地下乱敲，说：“遭此难遇之时，乃以婴儿之病，失此机会！大事去矣，可痛惜哉！”

再后来，刘备被曹操打败之后，带兵投奔袁绍，为了让袁绍替自己报仇，多次劝袁绍起兵攻打曹操。

田丰知道了，又对袁绍进谏：“以前曹操攻打徐州，许都内部空虚，当时我们没有及时出兵，现在曹操已经攻破徐州，气势正盛，此时出兵要谨慎。不如我们以久持之，等曹操军队出现问题的时候再攻打他们。”

袁绍不听，田丰再谏，袁绍一气之下，将田丰打入牢狱。

袁绍官渡兵败，损兵折将，正应了田丰此前的猜测。他以为无颜面对田丰，再加上逢纪说了一句无中生有的话：“丰在狱中闻主公兵败，拊掌大笑曰：‘果不出吾之所料！’”于是，他便下定决心，杀死田丰。

狱中的田丰，听说袁绍兵败，就说自己死期已到。狱卒听了田丰之言，吃惊地问：“先生说对了结果，主公怎么会杀你？”

田丰说：“袁将军外宽内忌，不念忠诚。如果胜利了，他一高兴，也许还能赦免我；今战败一定会感到羞愤，我也就没有生还的希望了。”

狱卒不信，可不久袁绍杀田丰的命令就传来了。狱卒很吃惊，也很惋惜，为田丰要死痛哭流涕。田丰说：“大丈夫生于天地间，不识其主而事之，是无志也！今日受死，夫何足惜？”说完，他在狱中自刎而死。

袁绍由于心胸狭窄，痛失了一位忠臣。

◆◆◆ 人物 ◆◆◆

田丰（？—200年），字元皓，钜鹿（今河北巨鹿一带）人，东汉末年袁绍部下谋臣，官至冀州别驾。其为人刚直，曾多次向袁绍进言而不被采纳，曹操部下谋臣荀彧曾评价他“刚而犯上”。由于劝阻袁绍征伐曹操而被袁绍下令监禁，官渡之战后被杀害。

◆◆◆ 古为今用 ◆◆◆ 心胸狭窄就是降低身价

不能听从他人的建议，一意孤行，这是骄傲自满的表现；当别人犯错误后，抓住不放，这是心胸狭窄的行为。袁绍不能及时听从他人意见，而且心胸狭窄，除掉了自己重要的谋士，这是他失败的重要原因。

在现实生活中，我们经常会遇到一些心胸狭窄的人。小帅在一家销售公司工作，平时努力钻研业务的他，很受老板的赏识。和小帅同在一个办公室的小超，是小帅的搭档，工作能力较为一般。

有一次，小帅在外地出差，需要小超在公司给他提供一些数据，但由于小超工作马虎，一些重要资料找不到了，造成工作无法及时完成。小帅回公司后，向小超询问原因，小超说："最近公司特别繁忙，我一直忙一些非常重要的工作，所以你要的数据资料我忘记放在哪了。"

听了小超的解释，小帅无意说了一句话："你挺会推卸责任啊。"没想到，心胸狭窄的小超记恨上了他，开始在好多事情上刁难他。对于小帅安排的工作，他总是一再拖延，有时候公开表示不配合。

小帅发现了小超的变化，却不知道自己哪里得罪了他，虽曾主动表示与他和解，但小超均不领情。无奈之下，小帅只得将这种情况向经理反映，而经理自然偏向于工作能力更加突出的小帅。在同小超谈话数次没有效果后，经理只能将他辞退了。

我们可以看到，心胸狭窄的人，缺乏大局观，凡事只顾自己，不顾他人。在单位，他们只干属于自己的分内工作，而对于团队的荣誉、集体的利益及合作的事情，看得比鸿毛还轻——不仅不感兴趣，而且根本不愿意去做；而对于个人的利益，却看得比泰山还重——总是处心积虑地想多得点，甚至不择手段、不惜损害他人和集体的利益。

这样的人不论是政治地位也好，还是生活待遇也好，只想占便宜，不能吃亏。不仅如此，得了便宜，他们还觉得是应该应分的，而一旦得不到或得少了，就会耍脾气，甚至暴跳如雷。

心胸狭窄的人攀比心理重，只能比他人强，不能比他人差。这种人喜欢和同学比，和同事比，和熟人比，有时甚至和不相识的人比。比过人家了，心情好一阵，可一会儿就忘了；一旦比不过人家，就吃不香、睡不稳的，好长一段时期也过不去这股劲儿。

对心胸狭窄的人来说，成绩和功劳总是自己的，而失误和错误总是别人的。工作和生活有成绩了，成功了，他们总感觉是自己的功劳，失败了就会找借口，或者把责任推给他人。心胸宽广的人，无论是工作还是生活，总是喜欢推功揽过，因此受人欢迎；而心胸狭窄的人，恰恰相反，总是喜欢揽功推过，让人生厌。

心胸狭窄的人不讲感恩之心，而总对别人讲滴水之恩。你对他有一百个好，他不一定记得，但当你有一次没有达到他的预期，他便会记恨你一辈子。而他要是给别人带来点什么好处，他会念念不忘让别人记一辈子。等有这么一天，他对你只要有一点点不满意，就会“翻小肠儿”，把对你的好讲个没完，甚至还会对别人不停地讲你的坏话。

面对心胸狭窄人，我们没有必要同他去争论，因为这样只会降低我们自己的身价，我们只需要对“对的人”默默付出自己的真心就可以了。

原文

所任不可信，所信不可任者浊①。

注释

①浊：浑浊，此指混乱不堪。

译文

所任用的人不可信，所信任的人又不任用，这就会导致头脑混乱。

事典　用人失误的袁绍

建安四年（公元199年）初，袁绍欲与曹操决战。他部下意见纷纭，监军沮授说：“近年来讨伐公孙瓒，连年兴兵，百姓疲惫不堪，仓库没有积蓄，赋役也十分沉重，这些都是令人忧虑的。现在我们不如先派使者给朝廷送上平定公孙瓒的捷报，并抓紧发展农业生产，减轻百姓赋役。如果捷报不能上达天子，那么我们可以上表谴责曹操封锁我们与朝廷的联系，那时就能出师黎阳，经略河南。我们还应该多造船只，修缮器械，派遣精骑，分几路骚扰曹操的边境，使他不得安宁。如此以逸待劳，在三年之内，就可不劳而定。”

但是，郭图、审配却极力主张迅速出兵，又在背后进谗言说：“沮授监统内外兵众，威震三军，倘若他的势力逐渐加强，怎么控制得了！臣下服从主人才能昌盛，主上服从臣下就会灭亡。”袁绍听了这些话，心生怀疑，把沮授统领的军队分成三部分，并将其中两部分分别交给郭图和淳于琼。

战争开始时，袁绍依仗自己人多势众，准备挥师渡河，追赶曹军。因屡谏而被嫌弃的沮授，这时又站出来劝阻他说：“战争胜负变化莫测，不能不周密计划。大军应当留屯延津，另分兵进攻官渡，如能攻克，再迎大军也不迟，否则就有全军覆没的危险。”

袁绍因为不相信沮授，所以根本不采纳他的建议。沮授在大军即将渡河的时候叹息道：“在上者骄傲，在下者贪功，悠悠黄河，我还能渡回来吗？”

袁绍非常气恼，强迫沮授随军渡河，而把他所率领的军队割属郭图。

袁绍渡河后，驻屯在延津南面。他派出刘备、文丑上前挑战，均被曹军打败，大将文丑被斩；再战，又折两员战将和许多人马。袁军大为震恐。曹军退还官渡后，袁军集结在阳武。沮授忍无可忍，又对袁绍说：“北军人多，但英勇善战不如南军；南军粮少，物资储备不如北军。南军利于速战，北军利于缓兵，所以我军应打持久战，拖延时日。”

袁绍仍然不从，结果在官渡之战中大败。袁绍及长子袁谭各单骑慌忙逃遁，直奔黄河渡口，随后又逃来约八百骑。此仗袁绍损失七八万人，武器、辎重、粮草、珍宝丢弃无数。

此次攻打曹操，并不是没有取胜的机会，但是由于袁绍听信谗言，没有任用值得信任的人。“亲小人，远贤臣”，是他此次失败的重要原因。

人物

袁绍（？—202年），字本初，汝南汝阳（今河南省周口市商水县袁老乡袁老村）人，东汉末年军阀，汉末群雄之一。出身名门望族，自曾祖父起四代有五人位居“三公”，自己也居“三公”之上，其家族也因此有“四世三公”之称。在官渡之战中大败于曹操，在平定冀州叛乱之后，于建安七年（202年）病逝。

◆◆◆ 古为今用 ◆◆◆ 信而用人，因人成事

在没有使用人才的时候，必须谨慎又谨慎，做好所有的调查，从德、智、体、美、劳等各个方面了解将要使用的人才，及时发现人才的优势和弱势，做好必要的预防和准备工作。如果无法通过预防和准备工作控制好用人风险，就干脆另起炉灶，重新寻找你需要的人才，这就是所谓的“疑人不用”。

这里的“疑”，是不分明，不确定，不相信，有疑心，对感觉靠不住、没把握、不放心或认为有问题的人，不能使用；对感觉不错的认为可用之人，就放心使用，大胆使用，在使用过程中也不必有疑虑。

现实生活是一个万花筒，千姿百态，千变万化，错综复杂，一切不像说起来这么容易。一般来讲，企业也好，事业也好，关键是用好人。要做到“疑人不用，用人不疑”也不是容易的事。首先要根据需要，带着问题招才、识才、用才。做一些调查研究是必要的，通过诸多人的实践鉴别是必要的，安排一些考验也是对的，通过多方面的观察，才能确定对人才的正确使用。从另一个角度讲，人才来之不易，千军易得，一将难求，一旦发现人才，可以因人成事，开辟另一片天地。

巩先生是一位业内著名的人事经理，为了给公司招聘一个可以信任的会计，他进行了一次大规模的面试，通过层层筛选，选定了一个叫小秦的人。为了彻底了解小秦的品德，巩经理去他的家里进行了走访，发现他的家人都很注重传统的忠义思想。

另外，巩经理还了解到小秦的财产家庭状况，也与其父亲建立了良好的关系。小秦的父亲成为特别的监督，这样小秦不仅获得了巩经理的信任，也不敢乱做账。他兢兢业业地工作，成为公司有力的左膀右臂。巩经理通过一些可预防的手段，做到了“疑人不用”，也做到了“用人不疑”，最后的结果自然是好的。

在现代职场中，“不信任”是影响团队发展的重要因素之一。对员工的不信任，会直接挫伤员工的自尊心和归属感；间接的后果是会加大企业的“离心力”。如果我们的管理者能进行换位思考，与员工建立起彼此信任的关系，将企业建立成一个上下信任的平台，无疑会增加员工的责任感与使命感，激发员工内在的潜能。

用人疑虑的影响，一是降低工作效率，二是挫伤员工积极性。因此，要想真正建立起一个有效的管理模式，不断提升管理水平，首先要对员工充分信任，坚决做到“用人不疑，疑人不用”，鼓励员工独立完成工作；其次是通过合理授权，使员工能充分发挥能力。

原文

牧人以德者集①，绳人以刑者散②。

注释

①牧：放饲牲畜，这里引申为治理。

②绳：纠正，引申为法度。绳人，指以法度标准来衡量人的过失，或对有罪过的人加以法律制裁。

译文

推行德治，以德政治民，人们就会齐聚到你身边；以严刑酷法约束、压迫百姓，人们就会离心离德，四散而去。

事典　商朝的覆灭

商朝时，商纣王帝辛在位后期，耗巨资建鹿台，造酒池，悬肉为林，修建豪华的宫殿园林，过着穷奢极欲的生活，使国库空虚。他刚愎自用，听不进正确意见，杀比干，囚箕子，年年征战，并用严刑酷法控制民众，最终失去人心。

身为西伯侯的姬昌，则建国于岐山之下，积善行仁。后来由于崇侯虎向纣王进谗言，姬昌被囚于羑里，经多方努力最终回到西岐。回去后的姬昌更加行仁政，天下诸侯多归附于他。

姬昌倡导笃仁、敬老、慈少、礼贤下士的社会风气，使其领地的社会经济得以发展。后来，姬昌与其子姬发在宝鸡磻溪钓鱼台聘姜尚为军师，自岐山起兵率军攻伐殷商，经过牧野之战，攻入了商朝都城朝歌，成为西周王朝的开创者。

西伯侯姬昌施行仁治得天下，商纣王因严刑酷法失天下。

素书

人物

姬昌（前1152年—前1056年），周文王，姬姓，名昌，周太王之孙，季历之子，周朝的奠基者。其父死后，继承西伯侯之位，故称“西伯昌”，在位50年，是中国历史上的一代明君。

古为今用　大德之行，天下为公

俗话说：“有德者居之，无德者失之。”商纣王失去了作为君王的基本道德，所以他被施以仁政并具备充足实力的姬昌所取代。在我们的现实生活中，无论处于何种职位，无论做任何事情，都必须以道德做基础，同时更要具备足够的才能，这就是我们经常提到的“德才兼备”。

中国传统的用人哲学认为，德才兼备的人才是栋梁，有德无才的人也可使用，有才无德的人坚决不可使用。历史上绝大多数政治家、思想家都主张“德才兼备”的原则。先秦诸子中，墨子极力倡导选用德才兼备的人才，他认为：“夫义道术学业仁。义者，皆大以治人，小以任官，远施周偏，近以修身，不义不处，非理不行，务兴天下之。利，曲直周旋，利则止，此君子之道也。”

有一个农民总能种出好玉米，每年都参加“玉米博览会”，屡屡摘得最高荣誉。一次，有位报社的记者来采访他，得知一件趣事：这位农民总是把他的玉米种子与邻居们分享。

记者感到奇怪，就问道：“你的邻居每年都把自己的玉米拿来参赛，和你竞争，你怎么舍得把最好的种子分给他们呢？”

农民回答说：“难道你不知道吗？风会把花粉吹起，从一片地卷到另一片地。如果邻居种出的玉米不够好，杂交授粉会逐渐降低我的玉米的质量。如果我要种出好玉米，就必须帮助我的邻居种出好玉米。”

这个小故事里的农民，就是一个德才兼备之人，他懂得只有整个团队共同成功，才能保持自己的成功，如果只为满足一己私欲，最终的结局只会是失败。在企业发展的过程中，同样要懂得这样一个道理：如果自己想种出好玉米，就必须帮邻居种出好玉米。只有团队获得成功，个人才能拥有真正的成功。

所谓“大德之行，天下为公”，考验“德”的真伪标准在于“公”。以公利为核心的德政，事业兴旺发达；以私利为核心，则无德政可言，终将导致事业的衰败消亡。

从德和才两方面出发，可以把人分为四种：德才兼备为圣人，德才兼亡为愚人，德胜才为君子，才胜德为小人。用人应以德为重，这样才能用君子而不用小人。有才无德之人不能重用，有德无才之人予以培养，等其展示才华之后，再予以使用。

总之，选用人才，一定要坚持选那些品德好，具有一定特殊专长和能力的人，把德和才的要求结合起来，尽量避免只看才不看德或只看德不看才的倾向。

素书

原文

小功不赏，则大功不立；小怨不赦[1]，则大怨必生。赏不服人，罚不甘心者叛[2]。赏及无功，罚及无罪者酷[3]。

注释

①赦：宽容，减免，赦免。

②叛：背叛。

③酷：残酷，苛刻。

译文

小功绩不予奖励，就不会有人去立大功；小的怨恨不宽恕，人的怨就会愈结愈深；行赏不能让众人信服，处罚不能让大家心甘情愿地接受，就会众叛亲离；对没有功劳的人行赏，对没有罪过的人处罚，这是残酷苛刻的表现。

事典　赏罚分明的晋文公

春秋时代的曹国大夫僖负羁，曾救过晋文公的命，是晋文公的救命恩人。晋文公在攻下曹国时，为了报答僖负羁的恩情，就向军队下令，不准侵扰僖负羁的家，如果有违反的人，就要处死刑。

大将魏平和颠颉却不服从命令，带领军队包围了僖负羁的家，并放火焚屋。魏平爬上屋顶，想把僖负羁拖出杀死。不料，梁木承受不了重量而塌陷，正好把魏平压在下面，动弹不得。幸好颠颉及时赶到，才把他救了出来。

晋文公知道这件事之后，十分生气，决定依照命令处罚。大臣赵衰向文公请求说：“他们两人都替国君立下汗马功劳，杀了不免可惜，还是让他们戴罪立功吧！”

晋文公说：“功是一回事，过又是一回事，赏罚必须分明，才能使军士服从命令。”于是他便下令，革去了魏平的官职，又将颠颉处死。从此以后，晋军上下，都知道晋文公赏罚分明，再也不敢违令了。

人物

晋文公（前671年或前697年—前628年），姬姓，名重耳，春秋时期晋国的第二十二任君主，开创晋国长达百年的霸业。晋文公初为公子，谦而好学，善交贤能智士，后受迫害离开晋国，游历诸侯。即位后，文治武功卓著，是“春秋五霸”中第二位霸主，与齐桓公并称“齐桓晋文”，为后世儒家、法家等学派称道。

古为今用　赏与罚是管人的两把利剑

古人在论述理政、用人之道时，通常把赏与罚并提。赏与罚，是管人的两把利剑，是领导者统御下属、使用人才的重要手段。有赏就有罚，赏罚要分明。赏起激励、鼓舞、褒奖的作用；罚起禁止、威慑、惩戒的作用。赏罚兼施，德威并用，才能既引导下属做好事，又制止下属做坏事，使他们进有所得，退有所失。

赏与不赏，罚与不罚，公平与适度，都需要用心斟酌，否则容易弄巧成拙。赏一人，如果赏赐得当，可激励百人；罚一人，如果惩罚得当，可以警戒百人。孙武把“法令孰行”“赏罚分明”，作为判明胜负的两个重要条件。曹操也说：“明君不赏无功之臣，不赏不战之士。”赏罚分明得当，是古今中外一切用人者的根本原则。领导者一定要正确使用赏罚，切莫随心所欲，无原则赏罚。

如果管理者认为人性是向善的就以奖励为主，通过奖励来达到激发下属的工作热情、提高工作效率的目的；如果管理者认为人性是向恶的就以惩罚为主，通过严惩来规范、约束下属的行为，从而使其集中精力工作，提高工作效率。但问题是，很多领导不懂得赏罚分明，有的领导只善于奖励，不善于惩罚；有的领导只善于惩罚，不善于奖励，这两种人都未免有些偏激。

只有公平的奖惩机制才能更好地激发下属的工作热情。作为领导，怎样才能做到赏罚分明，让员工的经验、能力、努力程度等得到公平的评价呢？具体来说，要做到以下几点。

不赏私劳，不罚私怨

不因对私人利益有功而奖赏人，不因对自己有成见或彼此有隔阂而惩罚人。如果奖惩做到了公正合理，下属会感到满意或者服气，从而努力工作；否则就会感到不公平、不合理而影响工作情绪。

有功即赏

对按时按量完成既定目标的下属进行奖励。马戏团里的海豚每完成一个动作，就会获得一份自己喜欢的食物，这是驯兽员训练动物的诀窍所在。人也一样，如果下属完成某个目标而受到奖励，他在今后就会更加努力地重复这种行为。优秀的领导应当想办法增加奖励的透明度，比如对受嘉奖的成员进行公示，这样往往能够激励下属。

奖罚要及时

识别人才，不能只看一时一事，而要看他的全部历史和全部工作。根据人才在各个时期各项工作中的一贯表现，决定对人才的升降使用，这是一种广义上的赏罚。根据下属在这段时间工作中的功过，论功行赏，论过处罚，功不顶过，过也不掩功，只有这样，才能使赏罚真正发挥推动下属前进的作用。

在团队中，当下属犯错误时，不只是惩罚，还可变惩罚为奖励，达到激励下属的目的，甚至可以达到单纯奖励所不能达到的效果。所谓变“罚”为“奖”，隐含着一个心理因素。

刘女士是一家公司的老总，为了激励员工努力工作，她一直在计划出台一些制度，并放出话来年底要给全体成员发放奖金。但时值岁末，因为政策变动公司临时取消了一些福利，于是有些下属开始阳奉阴违，怨声载道。

为了缓解下属的抵触情绪，减小惩罚涉及的打击面，刘女士决定先对外公布要精简机构，让员工们觉得可能很多成员面临被裁的危险。这下可把员工们吓坏了，他们纷纷努力工作，害怕自己被裁掉，再也不敢提及福利等问题。等大家的视线转移到担心自己的工作问题时，刘女士再出来宣布，大家都可以留下来继续工作，但奖金等福利都要取消。刘女士的这种管理艺术，变惩罚为鼓舞，让下属在接受惩罚时怀着感激之情，达到最终的目的。

赏罚分明要“拔能降庸”

赏罚分明体现在职位的安排上，则是要“拔能降庸”。员工的升迁应以功劳为重，不能论资排辈，凡屡立功劳而又堪当重任者，就要毫不犹豫地授予重任。

总之，领导要正确地用人，真正调动下属的积极性，必须做到按功行赏，论过处罚，为下属提供一个公平竞争的环境，避免人为的矛盾，坚持功奖过罚，才能调动大多数人的积极性。赏与不赏，罚或不罚，都需要领导用心去斟酌，做到公平、适度，否则容易弄巧成拙。

原文

听谗而美，闻谏而仇者亡①。

注释

①谏：规劝君主或尊长，使改正错误。

译文

听见谗言就感到高兴，而听到忠言进谏就心生仇怨，必然灭亡。

事典　宋真宗重用鲁宗道

据说，北宋著名谏臣鲁宗道担任教育太子的官职时，家住得离酒店很近。有一次家里来人，鲁宗道就穿着便衣到酒店中和大家一起吃饭。

鲁宗道外出后不久，宋真宗紧急召见他。当被派去传旨的使者到他家中时，鲁宗道还没有回来。于是，家人急忙去酒店告诉鲁宗道，让他速回。但是鲁宗道和大家在酒店喝得酒兴正浓，一时抽不开身。

结果，酒足饭饱之后，鲁宗道才和使者一起到了宫中。路上，使者问鲁宗道："皇上如果怪罪鲁公为何来得这么迟，我该怎么回答呢？"

鲁宗道不慌不忙："只管将实情告诉皇上就是了。"

使者提醒他："如果我据实回答，那么鲁公就获罪了。你一定要想清楚啊！"

鲁宗道不以为然："喝酒是人之常情，皇上怪罪下来也不是什么大毛病。可是如果说谎话欺蒙皇上，就是做人臣的大罪过了。"

到了真宗那里，真宗果然诘问使者为何姗姗来迟，使者就完全按照鲁宗道所说的话如实向皇上禀报。

宋真宗责问鲁宗道："我叫你来议事，你却在酒店喝酒，你知罪吗？"

鲁宗道谢罪说："微臣知罪，但是有老朋友从家乡来，我因家贫没有像样的杯盘，只能到酒店去招待他。这也是为了不给皇帝丢脸，因为大家都知道我是给皇上服务的，如果过于寒碜，担心对皇上的形象不利。"

真宗听了鲁宗道的话，不但没有怪罪他，反而对他的忠实大加赞赏，并把这件事告诉了刘太后。真宗死后，刘太后临朝，鲁宗道得到提升重用。他也尽心尽力，为朝廷做了很大的贡献。

在做谏官的时候，他经常向皇上进谏，有时候和皇上的意见相左，这让皇上很不高兴。皇上有时候会提醒他不要说得太多。鲁宗道听后，为自己辩解说："皇上任用我难道只是想让我徒有谏臣的虚名吗？我为自己不做事而白拿俸禄感到羞耻，请罢免我的官职让我离去！"

皇上为他的忠心所感动，后来在大殿的墙壁上写上"鲁直"二字。

正是因为鲁宗道的忠心，仁宗对他多次嘉奖，先后提升其为尚书礼部侍郎、祥源观使。在他病重的时候，皇上亲自来慰问，赐给他白金三千两。他去世以后，太后亲自去祭奠他，追封他为兵部尚书。

人物

鲁宗道（966年—1029年），字贯之，亳州人，北宋著名谏臣。少年孤贫，生活于外祖父家。举进士后，为濠州定远尉，继任海盐县令，后改任歙州军事判官，迁秘书丞。天禧元年（1017年）为右正言谏章。他任职后，对于如何考察官吏、整顿吏治，向宋真宗提了许多意见和建议，受到重用。

◆◆◆ 古为今用 ◆◆◆ 因为你还不是一条“死狗”

“良药苦口利于病，忠言逆耳利于行”这句贤文旨在教育人们要勇于接受批评。强调良药多数是带苦味的，但却有利于治病；而教人从善的语言多数是不太动听的，但有利于人们改正缺点。

纵观我国历史，凡是成就突出的人，大都勇于接受批评意见。他们能够从善如流，吸取众人的智慧，避免自己失误，从而成就自己的事业。

小宇是一名优秀的销售人员。他从事销售工作仅五年时间，就在业内拥有了极高的知名度；很多人做了十几年的销售工作，依旧普普通通。当有人问到他是如何令自己飞速成长的时候，小宇讲述了自己的一段经历。

他刚涉足销售行业的时候，虽然做出了一些成绩，但依旧经常受到自己顶头上司的批评，而这位上司的话语风格几乎是让人无法接受的。有一次，这位上司找到小宇说：“销售行业需要思想，需要灵活的思路，而不是死板地执行上司的命令。虽然你很听话，对上司很忠诚，但你的忠诚就像一只温顺的狗。而在这个行业，我们需要一只能够独闯天涯的狼！”

这句话深深刺激了小宇，他甚至决定辞职走人了。但这位上司后来对他说的话令他大为震动：“可能你会觉得我的话难听，但你要记住，我这么批评你，是因为你还不是一条‘死狗’！”

小宇说：“正是这番话让我想通了很多事情，从此后我积极接受别人的批评。这或许就是我成长的秘诀吧。”

一个人活在世上，能够得到智者的批评是一件幸事。要知道，批评一个人是需要很大勇气，冒很大风险的。谁都知道“多栽花，少栽刺”的道理。

人们都喜欢听好话，而不愿意听批评，有

些人还会错误地对待批评，甚至把提出批评意见的人当成仇人。需指出的是，智者只对值得批评的人提出意见，而对不值得批评的人根本不会去理会，懒得冒被人仇视的风险。

一个人在工作和生活中，不可避免地会犯这样或那样的错误，受到批评也就在所难免。我们不仅要正确认识批评，更要虚怀若谷，善于接受批评，从批评里找到有价值的东西，从批评里提高承受能力，在批评中越来越成熟，在批评中成长、进步。

善于接受批评，虚心接受批评，不仅是一种德，更是一种能力。虚心接受他人提出的批评意见，对自己存在的缺点错误要敢于正视，不讳疾忌医。这不仅不会降低自己的威信，反而会取得他人信任和支持。在工作和生活中，对你进行批评的人，说明他对你期望大一些，批评自然会多一些，面对同事之间的批评也要放开胸怀。

善于接受批评的人就像是沙里淘金的能手，他能够忍得住双手被尖硬的石粒划破的疼痛，从中找到对自己最有价值的东西。善于接受批评的高手甚至可以从对手的攻击和谩骂中找出自己的不足或得到某种启示。但是无疑，这需要修炼，“宠辱不惊”终究不是一般人能够做到的。如果你能达到这种境界，那将是一种难得的幸福。

原文

能有其有者安[①]，贪人之有者残[②]。

注释

①安：安全，平安。

②残：伤害，残害，此指灾祸。

译文

拥有自己应该有的，就会平安相伴；贪图别人拥有的，则会招来祸患。

事典 何名清福

“何名清福”，关于这个话题，有这样一个故事：

据说在明朝时候，江西金溪有个人叫胡九韶，家境十分贫苦。他一边教儿子读书，一边耕种，勉强维持一家人的温饱。奇怪的是，他每天下午竟然还焚香感谢上天又让他享受了一天清福。他的妻子笑他，说：“一日三餐全是菜粥，这叫什么清福呀？”

胡九韶回答说：“我们有幸生活在太平之世，没有战乱。一家大小有吃的，有穿的，没有饥寒。家中没有人病在床上，也没有人被关在监狱里，这不是清福，又是什么呢？”

所以，福气不是权有多大，钱有多少，而是你对待生活的知足态度。

人物

胡九韶，生卒年不详，明朝江西金溪人。自少从学康斋，家甚贫，课儿力耕，仅给衣食。

古为今用 知足常乐

享受自己所拥有的，莫要贪图他人拥有的。人活着应该有所追求，可是现代人更多追求的是物质化的东西——金钱、地位、名誉，这些物化的东西占据着人的心灵，人越追求它们，就越是为它们所约束。渐渐地，人就会沦为它们的奴隶。

人为什么会痛苦呢？因为人有欲望，这是人的痛苦之源。当人的欲望过于强烈时，就出现“欲壑难填”“永不满足”的现象，这时人就会坠入痛苦的无底深渊。

人应该知足，承认和满足现状不失为一种自我解脱的方式。知足者想问题、做事情能够顺其自然，保持一种淡然的心境，并乐在其中。这并不会削弱人的斗志和进取精神。在知足的乐观和平静中，我们可以认真洞察取得的成功，总结经验，而后乐于进取，乐于开拓，为将来取得更大的成功鼓足信心，做好充分的准备。

知足的人，无论顺境或者逆境，都能把此时此刻看成阳光明媚的时刻，因为他们懂得什么叫满足。我们在生活中，不时会遇见很多不满，却往往因为这些不满，蒙蔽了我们的眼睛，发现不了身边一直很美好的东西，而这些东西，只有一个知足的人才能发现。

安礼章第六

怨在不舍小过，患在不预定谋。福在积善，祸在积恶。饥在贱农，寒在惰织；安在得人，危在失事；富在迎来，贫在弃时。

上无常躁，下多疑心；轻上生罪，侮下无亲。近臣不重，远臣轻之。自疑不信人，自信不疑人；枉士无正友，曲上无直下。危国无贤人，乱政无善人。

爱人深者求贤急，乐得贤者养人厚；国将霸者士皆归，邦将亡者贤先避。地薄者大物不产，水浅者大鱼不游；树秃者大禽不栖，林疏者大兽不居。山峭者崩，泽满者溢。

弃玉取石者盲，羊质虎皮者辱。衣不举领者倒，走不视地者颠。柱弱者屋坏，辅弱者国倾。足寒伤心，人怨伤国。山将崩者下先隳，国将衰者人先弊。根枯枝朽，人困国残。与覆车同轨者倾，与亡国同事者灭。见已生者慎将生，恶其迹者须避之。

畏危者安，畏亡者存。夫人之所行：有道则吉，无道则凶。吉者百福所归，凶者百祸所攻；非其神圣，自然所钟。

务善策者无恶事，无远虑者有近忧。同志相得，同仁相忧，同恶相党，同爱相求，同美相妒，同智相谋，同贵相害，同利相忌，同声相应，同气相感，同类相依，同义相亲，同难相济，同道相成，同艺相规，同巧相胜，此乃数之所得，不可与理违。

释己而教人者逆，正己而化人者顺。逆者难从，顺者易行；难从则乱，易行则理。

如此理身、理家、理国，可也。

素书

本章精要

- 抓住他人小的过错不放，就会让他人产生怨恨；眼前遭受祸患，是因为事前没有预防。
- 幸福的生活在于经常积善，遭遇祸端是因为常做坏事。遭受饥饿是因为轻视农业，遭受寒冷是因为懒于织布。生活安泰在于有人拥戴，国家危困在于人才流失。
- 生性多疑的人，不会轻易相信别人；拥有自信的人，不会轻易怀疑他人。
- 不走正道的人交不到正派的朋友，不公正的领导没有正直的下属。
- 国家将要强盛时，天下有才能的志士就主动来投归。国邦将要败亡时，贤人君子便会提前离散。
- 抓住关键，做事要讲规则、守法度。
- 志同道合的人相得益彰，志趣相同的人有着共同的忧虑，共同作恶的人会结成朋党，爱好相同的人会相互拜访，同为美人会互相嫉妒，同样智慧卓绝的人会相互图谋，权势相当的人会互相压榨残害，有相同利益的人会相互憎恨，有共同语言的人容易相互沟通，气韵相通的人容易相互感应。

原文

怨在不舍小过，患在不预定谋①。福在积善，祸在积恶。

注释

①舍：放弃，这里可引申为忘记。患：祸患。

译文

遭人怨恨在于揪住别人的小过错不放，遭受祸患在于事先没有制订计划。幸福在于累积善行，灾祸在于累积恶行。

事典 隰斯弥留树为平安

春秋时，齐国有个小官叫隰斯弥，他家院子正好紧挨着权贵田成子的豪宅。田成子野心勃勃，企图谋反，为此天天在家操练军队。隰斯弥早就看出了他的不良居心，考虑到国君无能，自己官职又小，也只能装作不知情。

一天，隰斯弥到田成子家拜访，受到田成子的热情款待。酒足饭饱之后，田成子便带他在自己的宅院里到处转转，后请隰斯弥登上他家的阳台，远眺四方。站在楼顶，隰斯弥朝四周望去，发现向东西北三方遥望的时候，一片辽阔，可以看到很远的地方，优美的景色尽收眼底；但南边有棵参天大树，葱郁茂盛，不仅挡住了田成子家的视线，而且还遮挡住了田成子家的阳光。

巧合的是，这棵大树所在的地方正是隰斯弥家的院子。对于这一点，田成子心中自然是颇为不满，但是他没有向隰斯弥做任何表示。不过，此时的隰斯弥已敏感地察觉到了田成子的不满。

隰斯弥回家后，开始思虑起来。他想：田成子是齐国的实权人物，得罪不得，为了要讨他的欢心，只能伐掉大树。于是，隰斯弥就安排工人砍伐大树。可是，在工人砍了两三下时，隰斯弥突然又改变了主意，他要工人停下来，不要再砍了。妻子觉得奇怪，便问他："你今天究竟怎么了？从田大人家里出来你就神神道道，一会伐一会不伐的。好端端的一棵树，干吗要伐掉？"

他的家臣也非常不解，问："刚才那么急着要砍伐，现在又决定不砍了，这到底是为什么呢？"

隰斯弥不慌不忙地回答说："如果伐掉大树，让田成子家的庭院见到阳光，会使田成子暂时高兴，但是这也证明我已经察觉了田成子的心思。而田成子正在筹划着篡国大事，这是他不想让人知道的。我如果表现出能察知人之隐微，那我的处境就太危险啦。不伐树，我没有任何罪过；而察知人的隐秘之事，那却是不得了的。有一句谚语说得好：'知道渊中之鱼的人是最不幸的。'你想想看，田成子内心怀着极大野心，要篡夺齐国的大权，他当然是随时提防着别人，怕别人看透了他的心思。如果我让他知道我已察觉了他内心的企图，他是绝不会放过我的。如果我把大树伐掉，他就会清楚他的心理活动被我掌握了。要知道，能够察觉对方没有说出来的事是很危险的。现在我留下大树不伐，就说明田成子的心思我一点都不知道，他就不会对我怎么样了。”

大家听了恍然大悟。于是，那些大树便留下来了。

人物

田成子，（？—前456年），春秋时期齐国的大臣。妫姓，田氏，名恒，后人为了回避汉文帝刘恒的忌讳，称他为“田常”，亦称“田成子”。齐简公时，他与监止为左右相。为人奸诈，为了谋取利益，常常以“大斗出、小斗进”的方法笼络民心。公元前481年杀死监止和齐简公，立简公弟骜为平公，自任相国，扩大封地，独揽国家政权。

古为今用　凡事预则立，不预则废

在现实生活中，我们会碰见很多不顺心、不利于自己的事情。静下心来思考一下，其实大部分事情是因为我们没有及时防范造成的，“飞来横祸”毕竟只是少数。如果我们能够做到未雨绸缪，多思考，多谋划，定能避免很多不必要的祸端。

杜邦公司内部的《商业行为指南》中有一封“致全体员工的一封信”，其中写道：某些公司由于道德行为和违法行为，陷入业务损失和可能倒闭的困境，这些事例让我们再次认识到，遵守行为道德准则和法规条例不仅是正确的行动，而且是商业行为的上策。

据杜邦公司中国区常务副总经理解释，杜邦的《商业行为指南》上明确要求自己的员工遵循公司的商业道德，每一位进入杜邦的员工首要的任务就是熟知《商业行为指南》中的各

项条款。

据介绍，杜邦内部有一系列非常严格的机制，以预防不道德商业行为的滋生，所有新进的员工都必须接受公司关于“商业道德政策和程序的培训”。每位员工都有公司所分发的《商业行为指南》，并且每年必须接受培训并参加考试。公司内部还设有专门的商业道德标准测试的网站，针对行为指南列举了具体的事例，方便员工理解和进行自测。杜邦的每一位员工都要参加公司的商业道德培训和测试，不通过者是不允许上岗工作的。所以，杜邦公司在全世界都有着极好的声誉，没有在商业道德方面出现过问题。

杜邦公司的做法就很值得我们借鉴。如果我们害怕某些事情发生，就要及时做好预防，怕在单位中不受重视，在平时就要不断提高业务水平，争取脱颖而出；怕在路上发生交通意外，就要严格遵守交通规则。

“凡事预则立，不预则废。”一切单位，一切人，不管干什么事，事先都要有明确的目标，都要有一个打算和安排。只有预先做好了安排，有了准备，有了计划，才能把事情办好。明确了奋斗目标，有了具体的工作、活动程序，也就有了监督检查的依据，这样可以增强自觉性，减少盲目性，从而也就可以合理地安排人力、物力、财力、时间，使工作有条不紊地进行。

总之，制订出切实可行的计划，是建立正常的工作秩序，提高工作效率必不可少的手段，只有这样才能推动工作顺利进行。

原文

饥在贱农[①]，寒在惰织[②]；安在得人，危在失士；富在迎来[③]，贫在弃时[④]。

注释

①贱：轻视，不重视。

②惰：懒，懈怠，与“勤”相对。

③迎来：迎接未来，即为未来做好准备。

④弃时：放弃或违背农业生产、秋收、贮藏季节的农时。

译文

饥饿是因为轻视农业，寒冷是因为懒于织布；生活安泰在于有贤人相助，国家危亡在于人才流失；富裕在于为将来做好了准备，贫困在于违背了农时。

事典 赵襄子奖赏道义与礼节

古代善于赏赐的人，花费很少的钱就可以勉励大众；善于处罚的人，用刑很少，就可以禁止奸人做坏事。

公元前475年，春秋末年“晋国四卿”之一智伯成为晋国执政的实权人物。权力的膨胀助长了智伯独吞晋国之心。由于晋国大夫赵襄子不愿意受智伯的摆布，拒绝献出赵氏封地，于是智伯就联合魏氏、韩氏二家共同对赵氏发动进攻，欲图消灭赵氏。

赵襄子知道，自己一家绝不是三家的对手，于是他向谋士张孟谈求教。张孟谈建议说：“晋阳是你父亲经营多年的地方，城池坚固，百姓富足，我们可以退守晋阳。”

经过张孟谈的提醒，赵襄子想起了父亲临终前的嘱咐，于是将赵氏的基地迁往晋阳，进行下一步作战计划。凭“地险”与“人和”的优势，赵襄子与智伯等三家周旋了一年多。

后来，智伯借夏季的洪水水淹晋阳城，赵襄子又问计于张孟谈：“现在我们该怎么办呢？”

张孟谈说：“让我出城去见见韩虎和魏驹吧！”

于是，赵襄子就派张孟谈秘密潜入韩虎与魏驹所在地。张孟谈说服了韩虎和魏驹。魏氏和韩氏两家倒戈，决定与赵氏共同消灭了智家。

晋阳解围之后，赵襄子决定奖励有功之臣五人。令大家没有想到的是，没有一点功劳的高赫被列为首功。其他人非常不服气，质问赵襄子：“我们出生入死，奋力拼杀，才为主公解了围，而高赫什么都没有做，赏赐却比我们多得多，这公平吗？”

张孟谈最生气，说：“如果不是我冒死劝说其他两家共同对付智家，恐怕被灭亡的就是赵家了，而主公却把最高的赏赐给了高赫，认为他才是首功一件，为什么？”

看到大家感到不满，赵襄子不慌不忙地说：“晋阳之战，你们的确都立下了大功，特别是张孟谈。但是，在晋阳被围的时候，我处于危难之中，虽然你们都有功，但是都不再看重我这个国君，经常以骄恣轻慢的态度对待我，只有高赫没有失去君臣的礼节。现在给予高赫最高的奖赏，你们觉得不对吗？”

孔子曾经赞叹说：“赵襄子称得上是善于奖赏的人啊，赏赐一人，却能让天下的臣子都不敢失去君臣之礼了。”

如果说赵襄子是善于奖赏之人，那么齐威王则是善于惩罚之人了。他对无盐县令说：“每天都有赞美你的话传到我这里，但是通过我的考察发现，这些都是假的，你管理的地方，田野荒芜，仓库空虚，监狱里关满了无辜的百姓，这说明你在欺骗我。”说完，他当场把县令抛入锅内蒸了。自此，再没有人敢欺骗齐威王了。

不管什么时候，赏罚都不是最终目的，而是达到目的的一种手段。要想让它们充分发挥奖惩的功效，就必须将奖惩与教育相结合，通过此次的奖惩达到教育人的目的，让大家从中受到激励或者警示，从而激发出人的积极能量。

人物

赵襄子（？—前444年），嬴姓，赵氏，名无恤（亦作“毋恤”），春秋末叶晋国大夫，赵氏家族首领，战国时期赵国的实际创始人。谥号为“襄子”，故史称“赵襄子”。赵襄子中的“子”与其父赵简子以及当时其他韩康子、魏桓子中的“子”一样，不是名字而是对大夫的敬称。

古为今用　成功在于平时的积累

纵观历史，开创盛世的君主，都为社会的稳定和人民发展做了大量的工作；那些亡国之君，必定违背了人民的意愿。在相同的环境和条件下，生活富裕的家庭必是勤劳之家，贫困的家庭肯定是由懒惰造成的。这也就是我们传统文化中经常提及的，有因就有果。

小娟是一家金店的售货员，每天的工作就是站在柜台后面，为前来购买货物的顾客提供服务。这一天，小娟的心情不太好，正站在柜台后面发呆。这时候，有一位顾客走了过来，在柜台前看了一会儿物品，对小娟说："你好，我想看看这枚戒指。"

正在出神的小娟并没有听到顾客说话，这位顾客又说了一遍："你好，我想看看这枚戒指。"小娟这才回过神来，没好气地说："哪一枚？"顾客指了指柜台里的戒指。小娟把那枚戒指取了出来，放在柜台上。

这位顾客仔细地看了看这枚戒指，显然不是很满意，于是便要求小娟换一枚。小娟不耐烦地更换了一枚戒指。谁知道这位顾客在柜台前挑来挑去，一会儿的工夫要求小娟换了好几次。

本来心情就糟糕的小娟对顾客说道："拜托，你看准点好不好？"这位顾客也发现了小娟情绪不对，也没有和她争吵，就默默地走开了。

几天后，小娟被经理叫到了办公室里。经理批评了小娟的服务态度，并按照规定扣除了当月的奖金。原来，那位挑选戒指的顾客虽没有同小娟争吵，却将经过写了下来，投进了意见箱。如果小娟当时能够意识到自己的不对，及时改正，或许结果就会不一样。

一个人的成功不是一蹴而就的，需要平时一点一滴的积累，包括平日工作的每一个细节。

原文

上无常躁[1]，下多疑心。

注释

①无常躁：即躁静无常。

译文

上位者躁静无常，喜怒无常，下属就会多有猜疑之心。

事典 魏文侯的策略

战国时，魏国的国君魏文侯打算发兵征伐中山国。有人向他推荐一位叫乐羊的人，说他文武双全，一定能攻下中山国。可是有人又说乐羊的儿子乐舒正在中山国做大官，怕是投鼠忌器，乐羊不肯尽力。

后来，魏文侯了解到乐羊曾经拒绝了儿子奉中山国君之命发出的邀请，而且还曾劝儿子不要跟随荒淫无道的中山国君，于是决定重用乐羊，派他带兵去征伐中山国。

乐羊带兵一直攻到中山国的都城，然后就按兵不动，只围不攻。

几个月过去了，乐羊还是没有进行攻打，魏国的大臣们都议论纷纷，可是魏文侯不听他们的，只是不断地派人去慰劳乐羊。

乐羊依旧按兵不动，他的手下西门豹忍不住了，便询问乐羊为什么还不动手。乐羊说："我之所以只围不打，还宽限他们投降的日期，就是为了让中山国的百姓们看出谁是谁非，这样我们才能真正收服民心，我才不是为了区区乐舒一个人呢。"

又过了一个月，乐羊发动攻势，终于攻下了中山国的都城。乐羊留下西门豹，自己带兵回到魏国。魏文侯亲自为乐羊接风洗尘。宴会之后，魏文侯送给乐羊一只箱子，让他拿回家再打开。

乐羊回家后打开箱子一看，原来里面全是自己攻打中山国时，大臣们诽谤他的奏章。

试想，如果魏文侯当时失去冷静，听信了别人的话而中途对乐羊采取行动，那么后果可想而知了。魏文侯之所以能够成功，就在于他有一个正确的用人策略：用人不疑，疑人不用。

人物

魏文侯（？—前396年），名斯，是魏武侯的父亲，魏国百年霸业的开创者。魏文侯在“战国七雄”中首先实行变法，改革政治，奖励耕战，兴修水利。其发展封建经济，北灭中山国，西取秦西河之地，遂使魏国成为战国初期的强国。

古为今用 不能平心静气就会贻误事业

诸葛亮在《诫子书》中写道：“夫君子之行，静以修身，俭以养德，非淡泊无以明志，非宁静无以致远。”修身治学需要平心静气，对领导干部而言，干事创业也同样需要平心静气；不平心静气，不仅不能成就事业，甚至会贻误事业。

然而，在现代社会中，一些领导干部却有一股与平心静气相反的浮躁之气，其突出表现在一个“急”字上，有的急于求成出“政绩”，因而大搞“形象工程”“面子工程”；有的急功近利要效益，不遵循科学发展观的要求，片面追求业绩，重眼前利益，忽视长远发展；有的急躁冒进，想问题、办事情、做决策缺乏深思熟虑，张口就是“发展战略”，随手就是“战略举措”，做决策拍脑袋，定指标靠胆子；有的急于升迁，工作沉不下心，干事静不下气，眼里只有权位，心里缺少实情，整天在迎来送往中消耗光阴，在密切联系领导中脱离团队。

领导干部中的浮躁之气，从表面上看是个人心态“小”问题，实则是关乎事业成败的大问题。它不仅背离科学发展观的要求，助长形式主义，而且严重污染团队风气，损害团队利益，有百害而无一益。治疗浮躁之气有一方良药，那就是善养静气，用静气来戒浮气去躁气，用静气来促进团队风气。

某电器厂是远近闻名的电器生产厂家，该工厂生产的电器产品牢牢占据了本地市场，并远销其他省份，工厂的订单一份接一份。但最近一段时间，工厂生产的电器却出现了一些质量问题。经调查研究，领导们发现，问题出在零件加工车间。原来，由于工厂订单过多，该车间的车间主任老郭为了按时完成任务，过分要求工人的生产加工速度，对于质量却不作严格要求，造成一些零件出现了质量

问题。更为严重的是，在老郭的影响下，现在的加工车间非常浮躁，人人都追求速度忽视质量。

为了改变该车间的风气，单位领导将老郭调离了该车间，另外委派了一位做事比较平稳的干部老刘担任主任职务。老刘担任主任后，面对上司的催单任务和忙碌的员工，时刻保持平心静气，不但没有催促员工加紧工作，反而把工作节奏减慢，开始注重工作质量。他每天都会进行质量检测，一旦出现质量问题就全体加班。新的车间主任所奉行的工作作风，慢慢地改变了车间的风气，大家开始注重产品质量。两个月后，该电器厂的质量问题得到了根本性的改善。

领导善养静气，就能少些盲目武断，多些清醒慎重。古人云："心宁智生，智生事成""凡遇大事需静气"，心宁气静时，思维最为活跃，灵感最易爆发。平心静气的心态，不仅能够反映出一个人的心理成熟度，更能展现一个人稳健持重的处事风格。领导干部肩负着团队发展重任，工作千头万绪、纷繁复杂。如何在无绪中理出头绪，在纷繁中找出重点，需要领导干部真正静下心来，审时度势，做出科学的决策。

领导善养静气，就能少些手忙脚乱，多些淡定从容。静气产生智慧，静气产生信心，静气产生力量。干事创业，困难矛盾相互交织，挑战风险在所难免，面对这些不利因素，是不知所措，失了方寸，还是沉着从容，冷静以待，往往能够考验出一个领导干部心理素质的优劣和能力水平的高低。

特别是在危急时刻，只有那些平时善养静气者方能做到理性应对，淡然处之，猝然临之而不惊，无故加之而不怒，从而用自身的静气来稳定人心，鼓舞士气，进而凝聚力量，破解困局。

领导善养静气，就能少些追名逐利，多些埋头苦干。古人云："无念则静，静则通神。"因此，心静乾坤大，心安理数明。领导干部只有胸怀静气，才能淡泊名利，不为进退滋扰，宠辱泰然不惊；才能志存高远，心忧天下，为人民立德、立功、立言，真正做到聚精会神搞建设，心无旁骛谋发展；才能少一些私心杂念，多一些清心寡欲，真正静下心来真抓实干，沉下气来锐意进取，奋发有为而不计名利，廉洁奉公而不计得失，努力创造出利于团队发展的崭新业绩。

清代学者胡达源曾说："简默沉静者，大用有余；轻薄浮躁者，小用不足。"因此，善养静气，不仅是提高领导干部素质的需要，也是提高工作能力的要求。如果团队领导干部能忙里偷闲，闹中取静，在闲暇中思古今之事，在宁静中读经典之文，多练练"精神瑜伽"，多涵养些许静气，在涵养静气中开茅塞，养性情，省吾身，拓胸襟，就能真正做一名优秀的领跑者。

原文

轻上生罪[①]，侮下无亲[②]。近臣不重，远臣轻之。

注释

①轻：轻慢。

②侮下：欺侮、玩弄臣属。

译文

对上级傲慢轻视就会获罪，欺侮、玩弄下属便没人亲近。身边的近臣得不到重用，远方的臣子就会产生轻视之心。

事典 跋扈将军

东汉时期的外戚、权臣梁冀出身世家大族，其先祖曾协助汉光武帝刘秀建立东汉。其父亲为梁商，有一妹，是汉顺帝的皇后，梁商因此成为辅政的大将军。141年，梁冀代父亲成为大将军。汉顺帝死后，2岁的冲帝即位不久就去世，梁太后立8岁的质帝，从此梁氏一族左右国政。

汉质帝年龄虽小，却早慧，对梁冀的"骄专"看在眼里，记在心中。有一次，他实在捺不住，目指梁冀轻轻地对朝臣说："此跋扈将军也！"

质帝的"早慧"，本来就是梁冀的一块心病，当他听到质帝的辱骂，就立即萌生阴险的杀机。梁冀密令爪牙置毒于煮饼中。小皇帝吃了后，胸腹部胀痛，情绪烦躁，他催人赶快召大臣李固进宫。李固匆匆赶到，询问说："陛下患了什么病？是什么原因？"小皇帝拼着最后一口气说："吃了煮饼，肚子闷痛，能喝到水还可活命！"

这时梁冀在旁边冷眼注视，阴狠地说："恐怕会吐，不能给喝水。"梁冀这么一说，左右还有谁敢听小皇帝的话去拿水。李固自然也是一筹莫展，只得眼睁睁地看着质帝中毒身亡。

159年，梁皇后逝世，早对梁冀专权乱政不满的汉桓帝，借宦官单超、徐璜、具瑗、左悺、唐衡五人之力杀死梁冀，并将其全族一并诛杀。

梁冀专权，飞扬跋扈，到最后只能是害人害己！

人物

梁冀（？—159年），字伯卓，安定乌氏（今宁夏固原东南）人，东汉时期外戚出身的权臣。他专擅朝政，结党营私，后被桓帝杀死。

古为今用　不轻上，不侮下

"轻上生罪，侮下无亲。"此语道出了人际关系的核心，那就是最基本的相互尊重。尤其在职场中，我们一定要做到"不轻上，不侮下"，对上级尊重，对下级和蔼，这样才能最大限度地团结他人，为团队和自身的发展做出贡献。

尊重他人是最起码的道德和修养。"爱人者，人恒爱之；敬人者，人恒敬之。"你尊重别人，别人也报以尊重；你藐视别人，别人定还以鄙薄。因此，尊重领导亦自重，否则，无视领导，我行我素，必然会导致有令不行，有禁不止。

一家国际知名的大企业，在中国进行招聘，招聘的职位是该公司在中国的首席代表。经过了异常激烈的竞争，有五名年轻人从几千名应聘者中脱颖而出。最后的胜出者，将是这五个人中的一位。

最后的考试是一场面试，考官们都是这家公司的高级管理人员。在这五个年轻人中，两位有博士学位，还有两位有硕士学位，另外一位只有学士学位。当那四位研究生自认为那名本科生在考试前就已经提前出局的时候，考试的结果却令包括他们在内的所有人大跌眼镜：那名本科生最终胜出了！

面对所有人的质疑，公司老总在新闻发布会上给出了答案："最后的这五名年轻人，无论从学识上，还是专业素质上，都非常出色。但在面试开始前，他们向我们考官递交个人简历时，只有那位本科学历的先生，是用双手递给我们的，而其他人都是用单手。从这个细节上，我们看出了他对别人的尊重！"

当然，我们必须了解到，尊重领导不等于恭维领导，不是去拍领导的马屁。尊重，是真心诚意的，它永远发自内心，不管你在位不在位；恭维，则是虚情假意的，它往往言不由衷，台上台下两重天。

尊重领导，其实很简单，它和恭维有着根本的区别。

首先，尊重领导的人格，因为他们的道德品行、为人处世或者才华学识值得属下表达敬意。恭维，说到底是恭维领导的权位、权势，"焚香拜佛"求的是庇护和回报。

其次，尊重是人格平等、志同道合的美好情感；恭维则是低人一等的逢迎、自降人格的依附，当恭维过分变成肉麻的吹捧、恬不知耻的溜须拍马之后，就会轻易地丧失人格底线。尊重领导，会言行一致，全力支持领导的工作，成为干事创业的好帮手；恭维领导，下的是表面功夫，打的是个人"算盘"，有的还可能对领导"当面捧，背后损"，"在位时捧，退位时损"，两面三刀，阳奉阴违。

再次，尊重不是盲从，而是能秉公直言，甚至成为领导"当面敢批评"的诤友，更好地维护其威信；无底线的是恭维，只要有利可图，莫说廉价的溢美之词，就是颠倒黑白、指鹿为马也毫不脸红，对领导的不足之处却三缄其口，甚至帮着文过饰非，这必将对领导的威信甚至前途造成损害。

另外，上级对于下级也不能侮辱。批评能够促进人进步，侮辱则会打击人的自尊和自信。上级在批评下级的时候，如果既给员工留面子，又恰当地批评指出员工的错误，让其及时发现问题，迅速做出反应弥补过失，找到正确的方向，以后不再犯类似的错误。相反，如果管理者不懂得如何批评下属，肆意妄为，就会降低员工的工作积极性，甚至形成对立面，造成人际关系复杂的局面。

作为管理者，在尊重上级的同时还要尊重下级。

管理者在批评下属之前应先了解事情的原委，获得事情的第一手资料，另外还要听当事人对事情的解释。这样有助于管理者弄清楚事情的真相，并且了解当事人是否已经清楚自己的错误，以便进行恰当的批评。

批评的方式有很多种，需要管理者根据具体的当事人和事件进行选择。比如，性格内向的人对别人的评价非常敏感，可以采用以鼓励为主、委婉的批评方式。对于生性固执或自我感觉良好的员工，可以直白地告诉他犯了什么错误，以期对他有所警醒。另外，对于严重的错误，要采取正式的、公开的批评方式；对于轻微的错误，则可以私下里点到为止。

在批评时，坚持对事不对人原则，这样可以防止让下属认为领导对他有成见，也有利于当事人客观地评价自己的问题，心服口服。

原文

自疑不信人[1]，自信不疑人。

注释

①疑：不相信，不信任。

译文

连自己都不相信的人，就不会相信别人；相信自己的人，也就不会怀疑他人。

事典　曹操疑心杀吕伯奢

曹操刺杀董卓事败逃跑，途中经过他父亲的结义兄弟吕伯奢住处，吕伯奢留曹操住一晚。当夜，吕伯奢出去买酒，吩咐家人杀猪来款待曹操。

曹操听到磨刀声，并听到吕家人说“先绑了再杀”，于是生疑，以为吕伯奢要加害于他，于是持刀冲出，将吕全家杀光！后看到厨房里绑着一头猪准备宰杀，他才知道误杀好人。

曹操离开吕家，途中碰见吕伯奢买酒回来。吕伯奢说已经吩咐家人杀猪设酒来款待曹操，并问曹操为何这么快就要走。没想到，曹操竟然举刀将吕伯奢杀掉。

同行的陈宫怪曹操没有义气，曹操却说："宁可我辜负了天下的人，也不能让天下人辜负我。"听了这话，陈宫非常吃惊，于是从此远离了曹操。

◆◆◆ 人物 ◆◆◆

曹操（155年—220年），字孟德，一名吉利，小字阿瞒，沛国谯县（今安徽亳州）人，东汉末年著名政治家、军事家、文学家、书法家。他是三国中曹魏政权的缔造者，先为东汉大将军、丞相，后为魏王。其子曹丕称帝后，追尊其为魏武帝。

◆◆◆ 古为今用 ◆◆◆ 有了自信才能充满睿智

关于曹操杀吕伯奢的原因，很多人都归结为曹操"生性多疑"，具有奸雄气质。其实，从现代科学心理学分析，曹操会有如此举动，包括后来"梦中杀人"的闹剧，全部源于曹操不自信的心理状态。

在现实生活中，我们同样会有类似的心理经历。当领导在开会的时候说："有一部分同志，工作不努力。"那些不曾努力的人，就会面露愧色，虽然领导没有点名批评，但他们却已经露出内心的不自信了。但那些工作努力的同志，就不会因为领导的这句批评而感到羞愧，因为他们对自己的行为充满自信。

岚先生是一位画家，有一次他把自己的一幅佳作送到画廊里展出。他别出心裁地在画作旁边放了一支笔，并附言："观赏者如果认为这画有欠佳之处，请在画上做上记号。"结果，画面上被标满了记号，几乎没有一处不被指责。

过了几日，岚先生又画一张同样的画拿去展出。不过，这次的附言与上次不同，他请观赏者将他们最为欣赏的妙笔都标上记号。当他再取回画时，看到画面又被涂满了记号，原先被指责的地方，都换上了赞美的标记。

“有自信心的人，可以化渺小为伟大，化平庸为神奇。”世界上每个人看事情的角度都是不一样的，所以绝不要企求得到每一个人的赞扬。岚先生的事迹，就是很好的说明。如果在受到指责之后，沮丧不已，认为自己不行，缺乏自信，他就有可能就此消沉下去，没有信心再继续从事美术创作了。

自信的意思是自己相信自己。自信对我们的事业、爱情、生活，不管是哪一样，都是无比重要的。自信给人以力量，给人以快乐，正是有了自信，人们才充满了睿智，思想上变得乐观、豁达，生活随之变得美好，心中才会升腾起无尽的希望。自信正是一种美妙的生活态度。当我们一事无成时，我们会怀疑自己的能力，被自卑感所打倒，于是我们觉得生活痛苦、暗淡无光。

当我们缺乏自信时应该怎么办呢？

学会进入别人的视线

不知你是否注意过，在演讲或演出现场，后排的座位总是先被坐满。大部分占据后排座的人，都希望自己不会“太显眼”，这是缺乏自信的表现。我们可以从改变这种习惯开始，从现在就尽量往前坐，敢于进入别人的视线，突破自己的畏惧感。

学会正视别人

不正视别人通常意味着：在你旁边我感到很自卑；我感到不如你；我怕你。躲避别人的眼神意味着：我有罪恶感；我做了或想到什么我不希望你知道的事；我怕一接触你的眼神，你就会看穿我。这都是一些不好的信息。

正视别人等于告诉别人：我很诚实，而且光明正大；我相信我告诉你的话是真的，毫不心虚。

学会当众发言

在会议中沉默寡言的人都认为：“我的意见可能没有价值，如果说出来，别人可能会觉得很愚蠢，我最好什么也不说。而且，其他人可能都比我懂得多，我并不想让你们知道我是这么无知。”这些人常常会对自己许下很渺茫的诺言：“等下一次再发言。”可是，他们很清楚这是一个无法实现的诺言。长此下去，他们只能会越来越不自信。反过来说，如果一个人能在人前尽量发言，就会不断增加自己的信心，下次也更容易发言。所以，要多发言，这是信心的“维生素”。

运用肯定的语气

有些女人面对着镜子，当她看到自己的形影或肤色时，忍不住产生某种幸福的感受；相反，有些女人却被自卑感所困扰。虽然彼此的肤色都很黝黑，但自信的女人会以为：“我的皮肤呈小麦色，几乎可跟黑发相媲美！”而一个缺乏自信的女人却因此痛苦不堪地呻吟起来：“怎么搞的，我的肤色这么黑！”

做自己能做的事

做自己做得到的事时，个性会显现出来。知道自己可以做到哪些事，然后积极去做，就可以从中不断的成功中获得自信。总之，要试着记下马上可以做的事，然后加以实践，没有必要非是伟大、不平凡的行动，只要是自己能力所及的事就足够了。很多时候，是因为我们想一步登天，所以才找不到事做。

一个健全的灵魂，会向往自己能够做到的事。心智发育未成熟的人，凡事往往以自我为中心，其所订立目标往往是能立刻吸引众人注意的那种目标。然而，因为执着于那种不切实际的目标，他们很容易迷失自己，不知道此时的自己应该做的事，到最后往往一事无成，于是自信也就随之大受打击。

缺乏自信时更应该做些力所能及的事。缺乏自信时，与其对自己说没有自信，不如告诉自己是很有自信的。为了克服消极、否定的态度，我们应该试着采取积极、肯定的态度。

原文

枉士无正友①，曲上无直下②。

注释

①枉：本意是树木弯曲，引申为行为不合正道或违法曲断事理。枉士，指行为不合正道或违法曲断事理的人。

②曲上：指不公正的上级。曲，弯曲，与“直”相对，引申为不公正，不合理。

译文

不走正道的人交不到正派的朋友，不公正的领导没有正直的下属。

事典　八关十六子

唐朝宰相李逢吉，生性忌妒别人超过自己，阴险狡猾，诡计多端。任宰相时，他一心满足个人好恶。穆宗登基后，调他到山南东道。他凭借曾给皇帝当侍读的资历，经常私下巴结近侍幸臣。

长庆二年，他被召进京城任兵部尚书。当时裴度和元稹执政，裴度曾上奏说元稹谄媚奸邪。李逢吉认为他们的矛盾可以利用，就同时中伤他们，派人告发说：和王傅于方结交侠客，想替元稹刺杀裴度。

皇帝令尚书左仆射韩皋、给事中郑覃和李逢吉共同审讯于方，认为他行为不端，元稹、裴度为此都被罢免了。李逢吉取代裴度担任门下侍郎、同中书门下平章事。他又用恩惠和官爵收买品行不好的大臣轮番攻击裴度。这时李绅、韦处厚等人指出裴度受李逢吉排挤，裴度才得以留在朝中。

皇帝突然患病，宫中外廷不通消息。李逢吉通过宦官梁守谦、刘弘规、王守澄提议，请求定景王做皇太子。皇帝不能说话，点头答应了。第二天颁下诏书，皇太子就确定了。郑注被王守澄宠幸，李逢吉派侄儿李训贿赂郑注，巴结王守澄做靠山，从此肆无忌惮。

李逢吉的党羽有张又新、李续、张权舆、刘栖楚、李虞、程昔范、姜洽和李训八个人，巴结他们的又有八个人，都任重要职务，因此号称“八关十六子”。

人物

李逢吉（758年—835年），字虚舟，陇西人。他考中了明经科，又考中了进士。范希朝任命他为振武军掌书记，又向唐德宗推荐他，于是被任命为左拾遗。元和年间，他升任给事中、皇太子侍读，后调任中书舍人、知礼部贡举。

贡举没结束，他升任门下侍郎、同中书门下平章事，后担任宰相一职。

◆◆◆ 古为今用 ◆◆◆ 交友法则：近朱者赤，近墨者黑

有一位哲人曾说过，要看一个人的水平，只需观察一下他周围的朋友，就可得知。可见，朋友的质量同自身水平的高低有着紧密的联系。

常言道："近朱者赤，近墨者黑。"朋友对我们的影响是非常大的。"在家靠父母，出外靠朋友。"除了亲人，朋友是我们人生道上不可缺少的人际关系，而且许多事情是靠朋友知交才能处理的。

在人生的旅途中，每个人都会遇到不同的困境，在这个时候如果交到好的朋友会给你带来很大帮助。有时朋友的一句话，或一个建议，可以让你胜读十年书，少走很多弯路。人生如同风云，变幻莫测，难以预料，人都有旦夕祸福的时候，在这个时候，如果有朋友给你指点或支援就会让你化祸为福。

朋友相交，贵在知心。真正的好朋友应该患难与共，也就是当你需要的时候，他随时都会伸出友谊的手。

难予能予——朋友有了困难，需要你的帮助时，即使自己有困难，也应该勉力而为。

难做能做——帮朋友做事，只要是好事，纵使做起来不容易也要去做。因为朋友本来就应该互相帮助，能"难做能做"，足证友谊之坚。

难忍能忍——朋友相处，有时难免会有一些误会，有一些看法上的不同，乃至在语言上发生口角，此时必须互相包容、容忍，尤其要"难忍能忍"。如果一点包容忍耐的胸襟都没有，再好的朋友也不能长久相交。

秘事相语——好朋友除了能在工作上互相帮忙、协助之外，尤其要能分享自己心里的一些秘密，譬如在做人处世方面，或者财务上、感情上、事业上的秘密，都能和朋友互相协商，一起分享。

不揭彼过——好朋友可以规劝，可以勉励，但是不能张扬他的过失。你张扬他的过错，让他很难堪，就不是好朋友了。

遭苦不舍——当朋友遭遇困难、痛苦的时候，你不可以舍弃他；不能因为

朋友一时潦倒，就弃之不顾。这种势利眼的人日后也会遭到朋友唾弃的。

贫贱不轻——和朋友相交，万一他贫穷、失意、受苦受难，你也不能轻视他。能够“贫贱不轻”，才是真正的患难见真情。

朋友有多种，我们在交友之前，先要清楚自己想交什么样的朋友。如果希望交到真心的朋友，就要拿出自己的真心，以道德、义气、慈悲来交往，如此得来的朋友，在最紧要关头时，大都能同甘共苦。所谓“患难见真情”，在最困顿的时候，还能不变初衷地支助扶持对方，才是真正的朋友。

朋友之间要讲究知心，讲究坦诚，讲究肝胆相照。双方以真实的言语、真实的感情交往，摈除利害关系，拥有手足般的义气情谊，能相知相惜，相互关爱，彼此扶助，这才是真正的朋友。如战国时的隐士田光，为助燕太子丹刺秦王，举荐荆轲，更为其守秘而刎颈。田光之忠诚，可谓肝胆相照。

另外，结交朋友也要做到自身“硬”。要结交有内涵的朋友，也要先充实自己的内涵；懂得随时吸取新知的人，智能容易开启，也会吸引许多见多识广的人到身边来。

原文

危国无贤人，乱政无善人①。

注释

①善人：此指能力很强的人。

译文

国家危亡，德才兼备的人就得不到重用；政局混乱，有能力的人就得不到任用。

事典　箕子装疯

商末贵族箕子与纣王同姓，是纣王的叔父，其性耿直，有才能，在商朝任太师，辅朝政。

后来纣王越来越奢靡，且夕饮酒作乐而不理政。箕子屡次进谏，纣王不听。

有人劝箕子离去，箕子说："作为臣子，大王不听进谏，就离他而去，是彰尹之恶而自悦于民，我不忍心这么做。"

于是箕子便披发佯狂为奴，随隐而鼓琴以自悲。纣王看见这种情况，以为箕子真疯了，就把他囚禁起来，箕子也因此躲过杀身之祸。

武王灭商建周后，命召公释放箕子，并向箕子询治国之道。箕子不愿做周的顺民，带领遗老故旧一大批人从今胶州湾东渡到朝鲜，创立了"箕子王朝"，同去的有殷商贵族景如松、琴应、南宫修、康侯、鲁启等。

人物

箕子，生卒年不详，名胥余，殷商末期人，是文丁的儿子，帝乙的弟弟，纣王的叔父，官至太师，封于箕，被称为"中华第一哲人"。在商周政权交替与历史大动荡的时代中，因其道之不得行，其志之不得遂，"违衰殷之运，走之朝鲜"，建立东方君子国，其流风遗韵，至今犹存。

古为今用　争夺人才有方法，挽留人才有技巧

团队想要健康有序地发展，离不开精英人才的贡献和努力。我们可以看到，那些如日中天的团队、企业，拥有着大批量的人才。他们在不同的职位上，发挥着不同的作用，各司其职，让团队运营良好。而那些走下坡路的团队，其团队成员大都平庸，甚至其中还有不少害群之马。他们互相倾轧，嫉贤妒能。所以，我们只需要观察某个团队的成员组成，就能够预测其未来的发展。

但现代社会的竞争是如此激烈，很多精英人才都志存高远，一旦发现有更好的发展空间，就会选择离开现有团队。有很多团队正是因为人才的流失，才会发展缓慢。关心人才关系到公司的根本利益，聘用和留住人才就等于降低了公司的招聘成本和前期培训费用。此外，能够留住人才的公司往往能更好地把精力集中在客户服务方面，而竞争对手则整日疲于招聘和培训新员工。

小峰是一家网络公司的工程师，他在公司工作了近五年，勤勤恳恳，兢兢业业，但最近他显得魂不守舍，坐立不安。公司的刘经理经过了解得知，原来有一

家同行业公司，打算将小峰这名技术人才挖走，那家公司给小峰开出的薪酬是这里的两倍。由此看来，小峰已经动了跳槽的念头。

得知这一情况后，刘经理马上做出决定，将小峰的工资提高了三倍。这个决定让小峰彻底打消了离职的想法。公司的孙总经理问刘经理："老刘，关于小峰的事情，是不是给的薪酬过高了啊？小峰虽然很优秀，但公司还没有到没他不可的地步啊！"

刘经理说："小峰已经动了离职的念头，一般的薪酬是不会让他改变主意的，他不是我们的首席工程师，但他自己能够负责一方面的工作，如果我们同意他离职，就会造成现有工作的停滞；即便我们寻到和小峰技术不相上下的人，他也需要较长时间去适应工作。另外，如果小峰离职，会给其他员工造成心理暗示，我们的团队就松散了，所以我们必须高价留住他。"

由此可见，争夺人才对公司的未来发展具有重要意义，而且此役在所难免。越是高级的人才在决定离开一家企业的时候，其考虑也越是全面而慎重，这时候企业要想将他们留下来，可能会比较困难。对企业来说，功夫要做在平时，营造最适宜他们留下的环境。同时，公司还要把握核心人才的个体需求，有针对性地、最大限度地给予满足。

培养人才，让人才的能力能够不断提高，是一个非常有效的留人方式。不断地培养高级人才的市场竞争能力，培养他们另谋高就的能力，让他们不断地学习到新的技能。如果一个公司真能达到这个目标，相信可以留住绝大部分的优秀人才。

对有些人才只提高他们的能力还不够，还要给他们空间去发展。一个有事业心的人，必定有自己的职业生涯规划，而自己的规划要靠他所在的组织来帮他实现。当组织满足了员工的这个需求，他也就有了留下来的理由，特别是对于一些民营企业来说，财力没有外企那么雄厚，管理没那么规范，这时候，只有为员工提供更好的发展机会，才有可能在人才争夺战中胜出。

待遇留人永远是一个有效的方式。著名的德勤咨询公司的一位总监说：“钱确实很重要。如果工资待遇没有竞争力，那么你在此基础上所搭建的高楼大厦就会倒塌。”要想在工资方面具有竞争力，你就不能按照公司的内部章程制订工资标准，或每年只是涨个固定的百分比，而是要看某类人才的市场价格是多少，至少向这一标准看齐。但是，保持工资待遇的竞争优势仅仅一味看齐还不够，对一些非留不可的顶尖人才还要在私下另行额外奖赏。

员工福利所具有的长远意义也不能忘记。研究表明，丰厚的员工福利会增加员工的忠诚度。员工们看重的不是具体某个福利本身，而是这些福利说明了公司拥有的是怎样一种企业文化，以及公司领导是否关心员工的利益。

感情留人在国内的环境中仍然是有效的。如果不能给员工与竞争对手同样或者更优越的待遇，感情留人也可以作为一种手段，因为中国人是比较注重感情的。当然，感情是平日积累起来的。在这种类型的企业中，建议人力资源管理人员与员工进行充分沟通，加强员工之间的关系，以增强员工对企业的感情和忠诚。正如商场的竞争一样，如果做了有条不紊的规划，你就会在争夺人才的竞争中取得佳绩。

加强公司文化的建设非常重要，但前提是员工拥有比较满意的薪酬条件。优秀的文化可以建立员工对公司的归属感，深厚的企业文化可以让员工在工作中感受到自己的重要性和归属感。

要将公司的人才战略与个人要求有效结合。对于同一个公司的高层管理人员，公司的人才战略对他们来说是一样的，但他们的个体需求是不一样的，比如有的人重视私人或家庭生活，需要工作时间有弹性；有的人重视工作地的气候和氛围，如喜欢在业余时间与同事小聚等。公司的人力资源管理人员，要在公司的统一政策下充分考虑到每个员工的个人需求。

要有人力资源经营的意识，对关键人员的需求要灵活处理，体现公司对员工的人文关怀。如果人才能产生一种被高度认同和被特别关注的心理感受，其在工作中发挥最大潜能的概率将大大提升。另外，人力资源管理人员还要对公司政策的变化可能会对人才造成的影响或冲击事先做充分的评估。

原文

爱人深者求贤急，乐得贤者养人厚[①]；国将霸者士皆归[②]，邦将亡者贤先避。地薄者大物不产，水浅者大鱼不游；树秃者大禽不栖，林疏者大兽不居。

注释

①乐：为……而高兴。

②霸：称霸。

译文

极度爱人才的人求贤若渴，厚待贤人；国家强盛至称霸时，天下有才能的志士就会主动来投归，国邦将要败亡时，贤人君子就会早早地离去躲避。土地贫瘠就产不出大作物，河水清浅就不会有大鱼遨游；树木光秃就不会有大的飞禽栖息，森林稀疏就不会有大的野兽居住。

事典　千金买马骨

公元前314年，燕国发生了内乱，临近的齐国乘机出兵，侵占了燕国的部分领土。

燕昭王当了国君以后消除了内乱，决心招纳天下有才能的人，振兴燕国，夺回失去的土地。虽然燕昭王有这样的号召，但并没有多少人投奔他。于是，燕昭王就去向一个叫郭隗的人请教，问他怎样才能得到贤良的人。

郭隗给燕昭王讲了这样一个故事：

从前有一位国君，愿意用千金买一匹千里马。可是三年过去了，一匹千里马他也没有买到。这位国君手下有一位不出名的人，自告奋勇去买千里马，国君同意了。这个人用了三个月的时间，打听到某处人家有一匹良马，可是等他赶到这一家时，马已经死了。于是，他就出千金买了这匹马的骨头，回去献给国君。

国君看了很不高兴。买马骨的人却说：“大王息怒，我这样做，是为了让天下人都知道，大王您是真心实意地想出高价钱买马，并不是欺骗别人。大家知道了这件事情以后，肯定会主动的把千里马送过来的。”果然，不到一年时间，就有人送来了三匹千里马。

郭隗讲完上面的故事，对燕昭王说：“大王要是真心想得人才，也要像买千里马的国君那样，让天下人知道您是真心求贤。您可以先从我开始，人们看到像我这样的人都能得到重用，比我更有才能的人就会来投奔您。”

燕昭王认为郭隗的说法很有道理，就拜郭隗为师，还给他优厚的俸禄，并让他修筑了“黄金台”，作为招纳天下贤士人才的地方。消息传出去不久，就有一些有才干的名人贤士纷纷前来。

经过20多年的努力，燕国终于强盛起来，打败了齐国，夺回了被齐国占领的土地。

人物

燕昭王（？—前279年），战国时期燕国第三十九任君主，名职，燕王哙之子，太子平之弟，简称“昭王”或“襄王”，公元前311年—公元前279年在位。他在位期间燕将秦开大破东胡、朝鲜、真番，上将军乐毅联合五国攻齐，占领齐国七十多城（齐国疆土只剩莒、即墨二城），造就了燕国盛世。其公元前279去世，其子燕惠王即位。

古为今用　以人为本，要学会吸引人才

在当今社会，人才可以说是最重要的。一个团队要做大，要发展，就要重视人才。如果修长城，人才就是基石；如果建大厦，人才就是栋梁；如果搞企业，人才就是成功的保证。如果想把团队做大，不想当一个小作坊主，那就必须重视人才。无论干什么事业，人才都是成功的保障。古今中外，治国也好，治企也好，得人心者得天下，失人心者失天下，这是一个亘古不变的道理。

但人才不同于其他商品，不能直接购买。人才需要我们去发掘，去辨识，去珍惜。当代市场经济的基本特征之一是竞争，而一切竞争归根到底是人才竞争。以人为本，解决好如何吸引更多的优秀人才的问题，是团队生存和发展的永久命题，也是很多团队的当务之急。

很多团队的领导者，其心情和行动正符合“爱人深者求贤急，乐得贤者养人厚”，但仅凭这些还是无法招揽大批的人才，因为“国将霸者士皆归，邦将亡者贤先避。地薄者大物不产，水浅者大鱼不游，树秃者大禽不栖，林疏者大兽不居”。只有我们的团队具有了招揽人才的实力，能够满足人才的各种需求，才能够“栽下梧桐树，引得凤凰来”。

那么，当今团队如何才能有效吸引人才呢?

第一，在吸引人才方面，团队必须解决好人才与决策者的关系问题，也就是决策者吸引人才、用好人才的积极性问题。

第二，做好激励机制。仅凭“主人翁”责任感，很难产生紧迫感，也很难带动积极性，会造成人才的动力不足。好的激励机制，会较好地解决人的工作原动力问题，这就是利益驱使。利益驱使产生危机感，形成责任感，最终合成积极性。利益驱使虽不是万能的，但在现实生产力水平上，人的思想觉悟水平上，在绝大多数正常情况下却是行之有效的。没有良好的激励机制，难以吸引人才，更用不好人才。

第三，正确处理好各种人才的利益关系，建设一个和谐有力的团队。这是企业发展的关键，为此，企业要根据自身实际和市场环境，确立合理的分配制度，做到科学、合理、公平、公开，给各类人才一个施展才华的舞台，成就事业的良好环境。凡是人才，都有强烈的事业心，经济利益不是他们唯一所求，有些人才把创造业绩视为生命。“只求有高薪，不求有作为”的人不是人才。用好人才是吸引人才、留住人才的关键所在。

第四，正确认识人才，树立正确的人才理念是吸引人才、用好人才的前提。重视自有人才，这是一个非常重要的人才理念，否则就会造成人才的浪费。要注意用人的不拘一格，这是人才理念的最高境界。在用人问题上，我们应该杜绝一味地看文凭，看资历，论资排辈，应重视能力和贡献。

第五，要有战略思考。作为企业发展的组成部分和基础，用人方面也要有战略思考，不断制订新的适合团队特点的人才战略。有学者研究提出，团队员工每年的更新低于2%，这支团队的发展将失去活力；如果高于10%，团队内将人人自危，人心不稳，会给企业发展带来负面影响。

第六，团队应主动实施人才流动策略，将不适用的人才及时淘汰，以产生空位吸引，引进急需的人才，并通过引进人才带来信息，更新知识，改善人才结构，形成新的组合。同时，给留用的人才造成一定的危机感，使他们更积极地开展工作。

原文

山峭者崩①，泽满者溢②。

注释

①峭：比喻山又高又陡。崩：倒塌崩裂。

②泽：聚水的洼地，多水的地方，泛指湖泊。溢：水满外流。

译文

山过分陡直严峻就会崩塌，湖泊过分盈满就会外流。

事典　投鞭断流的苻坚

东晋孝武帝太元年间，前秦苻坚统一北方后，决心调集百万大军，乘势一举消灭东晋，统一天下。苻坚召集群臣商议，但大臣们多不赞成，其中有一位名叫石越的下属劝阻说："从星象来看，今年不适合南进，何况晋占据长江的险固，其君王又深得人民拥戴。我们不如暂时固守国力，生产整军，等晋内部松动，再伺机攻伐。"

苻坚很不以为然地说："星象之事，不可尽信。至于长江，春秋时的吴王夫差和三国时的吴主孙皓，他们都占据长江天险，最后仍不免灭亡。现在朕有近百万大军，光是把马鞭投进长江，就足以截断江流，还怕什么天险？”

苻坚不顾大臣们反对，执意出兵伐晋，亲自率领八十万大军，逼临淝水，准备攻打东晋。东晋派大将谢玄、谢石带领八万精兵抗敌。苻坚轻敌，想凭借优势快攻，却遭到晋军顽强抵抗，并在淝水被晋军打败，前秦从此一蹶不振。

东晋以弱胜强，关键在于前秦的苻坚大意轻敌。骄兵必败，是历史留给我们的最真实的教训。

◆◆◆ 人物 ◆◆◆

苻坚（338年—385年），前秦世祖宣昭皇帝，字永固，又字文玉，小名坚头，十六国时期前秦的皇帝，357年—385年在位。苻坚在位前期励精图治，使前秦基本统一北方；但后来在伐晋的“淝水之战”中被打败，又遭到之前投降的鲜卑、羌人的背叛而出逃，最后被羌人姚苌所杀。

◆◆◆ 古为今用 ◆◆◆ 满招损，谦受益

山峭崩，泽满溢，是自然常识，古人以此来警戒为人切勿得意忘形，以免到手的权势、财富、功名转眼成空。当人处在危难困苦之中时，大多数人会励精图强，可一旦如愿，便放逸骄横。因此古今英雄，善始有多，善终者少；创业者众，守成者鲜。

古人说“聪明广智，守以愚；多闻博辩，守以俭；武力多勇，守以畏；富贵广大，守以狭；德施天下，守以让”，就是为了告诫人们要谦虚谨慎，切勿骄傲自满。

谦虚谨慎是每个社会人必备的品格。具有这种品格的人，在待人接物时能温和有礼，平易近人，尊重他人，善于倾听他们的意见和建议，能虚心求教，取长补短。对待自己有自知之明，在成绩面前不居功自傲；在缺点和错误面前不

文过饰非，能主动采取措施进行改正。

谦虚谨慎永远是一个人建功立业的前提和基础。我国古代学者精辟地指出："人之不幸，莫过于自足。""人之持身立事，常成于慎，而败于纵。"一个人不论从事何种职业，担任什么职务，只有谦虚谨慎，才能保持不断进取的精神，才能获得更多的知识和才干。谦虚谨慎的品格能够帮助我们看到自己与他人的差距，而骄傲自大、主观武断的人，轻者使工作受到损失，重者会使事业半途而废。

人们在谈论谦虚和骄傲的时候，总是把它们和成败联系在一起。甚至有人指出：世界上没有独立存在的谦虚，只有成功的谦虚；世界上没有独立存在的骄傲，只有失败的骄傲。骄傲则自满，自满即懈怠，懈怠就是失败的根源；谦虚则不满，不满则奋发，奋发就是成功的原因。

要培养谦虚谨慎的品格，可以从以下几个方面来努力。

充分认识骄傲自满的危害

古人讲："历览古今多少事，成由谦虚败由奢。""骄傲自满必翻车。"什么时候骄傲自大、自满自足，那么他就会在什么时候停止前进的脚步。虚心使人进步，骄傲使人落后，这是被历史一再证明了的颠扑不破的真理。只有不断克服骄傲自大的缺点，才能培养谦虚谨慎的良好性格。

要学会平等地对待周围的人

人与人之间，应该平等相待、肝胆相照，绝不可盛气凌人，也不可妒忌别人进步。不要沾沾自喜，不要目中无人，要正确地认识个人与集体、自己与别人的关系，不要贪天之功归于己有，有了成绩首先要想到集体和他人。

要摆正自己的位置

山外有山，天外有天，自然界的事物无止境。要想认识自己，就必须丢掉个人主义的有色眼镜，学会全面、客观、发展地看问题，学会掌握分析事物的方法。人一旦跳出自我的小圈子，站在客观的高处，低头看，就会找到自己的位置。到那时，人就不会过高地评价自己，就不会昏昏然，就会发现自己只是沧海一粟。

要树立远大的理想和抱负

理想和追求是人生前进的风帆。胸无大志，获得一点小成功便沾沾自喜，裹足不前，是不可取的。而胸有大志之人，绝不会在半坡上陶醉于小胜利，更不会马放南山，刀枪入库，不求进取。理想和追求，不仅是磁场，也是一种压力，叫人松不得半口气。

要正确地对待成绩和荣誉

我们告诫人们不要骄傲，并不是提倡人们虚伪。人取得成绩，应当引为自豪，但成绩只能说明过去，不能说明未来。再说，一个人的成长，有许多客观因素，这里有领导的培养、朋友的帮助，还有许多默默无闻为我们服务、甘做人梯的人们，我们不能把账都记在自己的功劳簿上。

人生好比逆水行舟，不进则退。骄傲是人生路上的一个红灯，我们对它决不可掉以轻心。富兰克林曾说："我们各种习气中再没有一种像克服骄傲那么难的了。虽极力藏匿它，克服它，消灭它，但无论如何，它在不知不觉之间，仍旧显露。"可见，克服骄傲心理是一项长期的艰巨的任务。

原文

弃玉取石者盲[①]，羊质虎皮者辱[②]。

注释

①盲：瞎，看不见东西，对事物不能辨认。

②羊质虎皮：意谓"羊虽披上虎皮，但其怯弱的本性不变"，出自扬雄《法言·吾子》："羊质而虎皮。"

译文

抛弃美玉而拣取贱石的人犹如眼睛失明；羊披上虎皮冒充老虎，是非常虚伪、可耻的。

事典　曾国藩的识人术

有一次，李鸿章向曾国藩推荐了三个人，希望曾国藩能给这三个人分派一份适合他们的工作。但不巧的是，他们去的时候，恰好曾国藩散步去了。李鸿章示意三人在厅外等候。

曾国藩散步回来，李鸿章说明来意，并有意让曾国藩考查一下三人的能力，也好按能力、人品、学识安排适合他们的职位。曾国藩讲："不必了，面向厅门、站在左边的那位是个忠厚人，办事小心，让人放心，可派他做后勤供应之类的工作；中间那位是个阳奉阴违、两面三刀的人，不值得信任，只宜分派一些无足轻重的工作，担不得大任；右边那位是个将才，可独当一面，将来作为不小，应予重用。"

李鸿章闻听此言，大吃一惊，问曾国藩为何会下如此论断。曾国藩笑着说："刚才散步回来，见到那三人，走过他们身边时，左边的那人低头不敢仰视，可见是位老实、小心谨慎之人，因此适合做后勤一类的工作；中间那位，表面上恭恭敬敬，可等我走过之后，就左顾右盼，可见是个表里不一、阳奉阴违的人，因此不可重用；右边的那位，始终挺拔而立，如一根栋梁，双目正视前方，不卑不亢，是一位大将之才。"

曾国藩所指的那位"大将之才"，便是淮军勇将、后来担任台湾第一巡抚的刘铭传。

人物

曾国藩（1811年—1872年），初名子城，字伯涵，号涤生，谥文正，出生于湖南湘乡白杨坪（今属双峰）。晚清重臣，湘军的创立者和统帅者。清朝战略家、理学家、政治家、书法家、文学家，晚清散文"湘乡派"创立人。

◆◆◆ 古为今用 ◆◆◆ 慧眼识珠，要有发现人才的眼光

抛弃美玉而选择顽石，这是因为不具备分辨精英的眼光。在我们现实生活中，有很多人才被埋没，“千里马常有，而伯乐不常有”。如果没有善于发现人才的眼光，我们就会让那些人才从我们眼前溜走。要分辨玉石，必得了解玉和石的区别；要分辨贤愚，必得清楚贤和愚的不同。正所谓“慧眼识珠”“慧眼识英才”，拥有一双慧眼是辨识英才的前提。

某单位里调来了一位新主管，据说是个能人，专门被派来整顿业务。可是，日子一天天过去，新主管却毫无作为。他每天彬彬有礼地进办公室，之后便躲在里面难得出门。单位里那些紧张得要死的捣乱分子，看到新主管没有做出反应，反而更猖獗了。

四个月过去后，新主管却发威了，捣乱分子一律开除，能者则获得提升。下手之快，断事之准，与四个月中表现保守的他相比，简直像换了一个人。

年终聚餐时，新主管在酒后致辞：“相信大家对我新上任后的表现和后来的大刀阔斧，一定感到不解。现在听我说个故事，各位就明白了。”

这位新主管说：“我有位朋友，买了栋带着大院的房子。他一搬进去，就对院子全面整顿，杂草杂树一律清除，改种自己新买的花卉。某日，原先的房主回访，进门大吃一惊地问：‘那些名贵的牡丹哪里去了？’我这位朋友才发现，他居然把牡丹当草给割了。后来，他又买了一栋房子，虽然院子更是杂乱，他却按兵不动。果然，冬天里看似是杂树的植物，春天里开了繁花；春天里看似是野草的，夏天却是锦簇；半年都没有动静的小树，秋天居然红了叶。直到暮秋，他才认清哪些是无用的植物而大力铲除，并使所有珍贵的草木都得以保存。”

说到这儿，主管举起杯来：“让我敬在座的每一位！如果这个办公室是个花园，大家就是花园里的珍贵花草。我必须认真观察才能分辨出人才啊！”

在现实生活中，我们该如何分辨人才和庸才呢？这需要我们根据实际情况，进行具体分析，但一般情况下，人才都具有以下这些品质。

有一种职业化的负责的人生理念，他们会在工作和生活中一贯地坚持这种理念，通常表现为在原则性的问题上、大是大非的问题上，不会徇私、屈从或盲从。这样的人才通常也对自己的能力和行为有较强的自信，因而在待人接物的过程中会表现得不卑不亢、谦容有度。

十分重视信守承诺，会想方设法克服任何困难，努力达成自己所承担的任务。即使有时受客观条件所限最终无法达成目标，这些人也不会找理由来使自己解脱，当然也不会就此自暴自弃，而是勇敢地承担起反败为胜或通过其他方式弥补损失的责任。这样的人才通常会以一种积极的态度谈论他们如何设定和完成自己的业绩目标，谈论今后如何能够把工作做得更好。

有比较清晰的职业发展思路，而且这种职业生涯设计不以个人好恶或物质收益为主要考量依据。他们的职业生涯设计既会基于自身的优势特长和缺点障碍的理性认知，更会服从企业或社会的客观要求，把自身的发展和企业的发展紧密地联系在一起。其职业生涯不但不容易中断，而且由于他们所做出的贡献，往往会使企业得以更健康地发展。企业自然也会更珍惜这样的人才，把他们视为骨干，委以重任。

富有团队精神。这样的人才言谈之间，会不断流露出他们对建设团队合作文化的愿望和他们自己为此所做出的努力。这种努力会以坦诚、信任、互利、包容、主动的方式出现，而不可能表现为权谋、利用、猜忌、拉帮结伙或利己主义。他们建立团队的目的在于为企业乃至社会做出更大的贡献，实现团队成员共同的成就或发展，因而更能得到企业的信任和团队成员的信赖与尊重。

十分热爱本职工作。这不是因为他们的工作比别的工作更有趣，或收入更丰厚，而是由于他们看到了自己在工作中为企业、为他人所创造的价值，他们会从自己的工作成果中感受到快乐。换个角度说，这些人的社会成就动机通常比较强，他们不计较个人得失，而是更关注自己所创造出的价值以及为别人做了多少。这种人常常会自豪地为你解释他们工作的意义和价值，他们在享受到工作乐趣的同时，也会收获工作的成果。

原文

衣不举领者倒①，走不视地者颠②。

注释

①倒：跌倒，这里引申为威严扫地。

②颠：倾倒，跌倒。

译文

穿衣时，脑袋不由领子下面往上钻，就容易跌倒；走路时，眼睛不往地面俯视，就容易摔跤。

事典 拔苗助长

在《孟子》中，记录了这样一个故事：

从前，宋国有个急性子的农民，总嫌田里的秧苗长得太慢。他成天围着那块田转悠，隔一会儿就蹲下去，用手量量秧苗长高了没有，但秧苗好像总是那么高，没有变化。

用什么办法可以让苗长得快一些呢？他终于想出了一个办法："我把苗往高处拔拔，秧苗不就一下子长高了一大截吗？"说干就干，他立刻动手把秧苗一棵一棵地往上拔。他从中午一直干到太阳落山，才拖着发麻的双腿往家走。他一边捶腰，一边嚷嚷："哎哟，今天可把我给累坏了！"

他儿子忙问："爹，您今天干什么重活了，怎么累成这样？"农民扬扬自得地说："我帮田里的每棵秧苗都长高了一大截！"他儿子觉得很奇怪，拔腿就往田里跑，到田边一看，发现早拔的秧苗已经干枯，后拔的也叶儿发蔫了。

这则"拔苗助长"的故事告诉大家，事物的发展都是有自身规律的，违背了这个规则，不仅无益，反而有害。

人物

孟子（约前372年—约前289年），名轲，字子舆，邹（今山东邹城东南）人，战国时期伟大的思想家、教育家、政治家，儒家学派的代表人物，与孔子并称"孔孟"。他是孔子之孙孔伋的再传弟子。相传他是鲁国姬姓贵族公子庆父的后裔，父名激，母仉氏。代表作《鱼我所欲也》《得道多助，失道寡助》和《生于忧患，死于安乐》《王顾左右而言他》《寡人之于国也》均编入语文教科书中。

古为今用　抓住关键，做事要讲规则

任何事物均有其存在之理，也有其本末所在，为人做事的时候应该按照事物存在之理和本末顺序来做，要善于分清轻重缓急，善于抓住事物的关键因素。

在现实生活中，很多人做事都很随意，根本没有花工夫去了解事物的本质和规律，也没有细致地考虑事物的本末和一些关键性的细节，如此做事，往往会无功而返。

生活中的事情往往比较的杂乱，没计划、忙乱地去做，经常是做不好的。我们应该按事情的轻重缓急、主次，把要做的事进行分类、排队，必要时还可以写到纸上，也就是制订一个生活计划。心中有了底，就可以把精力放到考虑如何去做好事情，要准备什么，完成它还需要什么条件。有了充分的准备，做起事来就顺手多了。每天工作没有做完，我们心里挂着，就不会任意浪费时间。

社会和自然其实是一样的，自然界有其发展、运动、变化的规律，社会上的事也是这样。人们的行为符合规律，事情就很好解决，否则就会很麻烦。对此有的人归咎于自己的命运不好，其实是因为他不明白其中的道理。

如果我们违反了客观规律，必然会受到相应的惩罚。例如，想通过跃进式发展迅速改变贫穷落后的状态，而在经济建设上严重脱离实际，盲目地订高指标、大计划，最后的结果只能是使国民经济比例严重失调，使整个国民经济陷入崩溃的边缘。

实践以惨重的代价告诉我们，要坚持实事求是，任何时候都必须承认"实际”的客观性，它是按照自己内在的规律发展和变化的，必须尊重客观规律。否则，主观愿望再好，也必然要被碰得头破血流。

原文

柱弱者屋坏[1]，辅弱者国倾[2]。

注释

①柱：柱子，建筑物中直立的起支撑作用的构件。

②辅：辅助，特指左辅右弼，如宰相等。

译文

支柱不坚固，屋子就会倒毁；辅臣软弱无能，国家就会倾覆。

事典 管仲处世

春秋时期齐国政治家管仲出身低贱，年轻时三次求官被逐，后经自己努力成为齐襄公之弟公子纠的辅臣。

公子纠与其弟公子小白争夺王位，管仲率军到莒边界阻拦公子小白归国登基，暗暗拿出箭，对准公子小白射了一箭。幸好箭只射中小白衣服上的带钩，没有伤着他的身体。小白假装中箭，大叫一声，倒在车上，以后日夜兼程回到国内，并成为国君，他就是齐桓公。

齐桓公恨透了管仲，上任后想要报一箭之仇，非杀他不可，但是管仲是旷世之才，齐桓公要成就一番大业，非他辅助不行。再三思量之下，齐桓公便让鲁国把管仲捆在囚车中送回齐国。

管仲归国后，齐桓公泯去私仇，不计前嫌，拜管仲为相国。其地位已在齐桓公的忠辅臣鲍叔牙之上。果然，管仲辅佐齐桓公后，励精图治，帮助齐桓公称霸诸侯。

管仲不仅政绩突出，人格也很高尚。周襄王四年（公元前648年），齐桓公派管仲去洛阳朝见周天子。本来，周襄王准备用“上卿”之礼欢迎管仲，管仲急忙推辞，最后勉强接受了“下卿”之礼。

不久，管仲病重，他留给齐桓公的遗言是，不要重用易牙、开方、竖刁这三个小人。可是，管仲一死，齐桓公就将这些话置之脑后。结果，齐桓公被三个小人控制，饿死在宫中，齐国的霸业也随即烟消云散。

◆◆◆ 人物 ◆◆◆

管仲（？—前645年），姬姓，名夷吾，字仲，谥敬，春秋时期法家代表人物，颍上（今安徽颍上）人，周穆王的后代，中国古代著名的经济学家、哲学家、政治家、军事家，被誉为“法家先驱”“圣人之师”“华夏文明的保护者”“华夏第一相”。

◆◆◆ 古为今用 ◆◆◆ 人才是实现跨越发展的保证

齐桓公拥有管仲，则称霸天下，待管仲死去，任用奸诈小人，霸业随即覆灭。刘玄德在彷徨寻觅中得到了诸葛亮的帮助，同曹操、孙权三分天下；诸葛亮去世后，蜀国一蹶不振。可见，人才对于一个团队是何等重要。

在当今社会，人才资源是现代企业发展的第一资源，企业核心竞争力越来越表现为对智力资源和智慧成果的培育、配置和调控能力，表现为对知识人才的拥有、运用和支配能力。人才是推动企业健康发展的力量之源，对于企业赢得竞争优势起着决定性的作用。有了人才，企业才会有实现跨越发展的保证。

人才资源对于企业发展的重要性体现在以下四个方面。

人才资源是构建良好企业文化的基础

良好、健康的企业文化，能够提高效率，减少费用支出，提升品牌含金量，增加产品的价值，从而增强企业竞争力。企业文化的内涵需要人的行动去实践，人才是干事创业的关键，也是构成企业主体的基本元素。随着市场经济体制的不断完善，企业的竞争力主要体现在软环境的建设上，也就是能够使员工产生稳定的归属感，并能够吸引和留住人才的共同价值观的认同。

人才资源是决定企业成败的重要砝码

“工以才成，也由才广”，现代企业对资源的占有不仅表现在对硬件资源的占有，更重要的是对软资源，即人才资源的占有上。拥有多少高水平、高素质人才是企业实力的标志。谁能培养、吸引和用好人才，谁就能抓住在激烈的市场竞争中掌握战略的主动，从而更好地采取策略，赢得制胜的关键。如果公司加大对人才的培养力度，尤其是强化对研发、销售、管理等企业人才的培养选拔，就能够克服因技术壁垒、市场保护、制度缺失等带来的不利因素，保证企业的持续发展。这样既有利于提高企业人才的业务熟练程度，减少行业人才流失对企业发展带来的损失，同时也提高了企业内部人员的工作积极性。

人才资源是维护企业内部团结与和谐的润滑剂

企业内部的团结与和谐在很大程度上影响着企业的发展速度和质量，对于提高企业效率，产生企业的社会感染力，增强企业的社会责任感也有着重要意义。维持企业内部的团结与和谐，不仅有赖于良好的制度机制，还取决于企业员工素质的高低。那些成功的团队在注重经济效益的同时，非常注重员工个人的发展，注重团队力量的发挥，经常组织员工进行一些有益的文化活动，对他们进行一些必要的职业生涯规划培训，帮助他们树立正确的人生观和价值观。通过这种互帮互助的活动，可以极大地增强企业内部的团结与和谐。

人才资源是企业长久不衰和永葆活力的保证

企业依靠一种产品可以取得暂时的成功，依靠一个品牌可以取得一时的成功，而依靠人才却可以取得长久的成功。在知识经济时代，任何东西都可能落伍，任何资源都可能被取代，只有人才资源是任何时代都不能缺少的。人才是企业创业、创新和持续发展的基础，也是企业永葆活力的坚强后盾。

总之，人才对企业的发展具有基础性、全局性和先导性的作用，是构建良好企业文化的基础，是决定企业成败的重要砝码，是维护企业内部团结与和谐的润滑剂，是企业长久不衰和永葆活力的保证。只有做好人才的开发与管理工作，企业才能做大做强，才能永远立于不败之地。每一名管理者，都应有高度的历史责任感和宽广的发展眼光，以支撑发展、引领未来为工作的出发点，加快企业人才资源的开发与管理，用人才资源的活力来推动企业又好又快发展。

素书

原文

足寒伤心，人怨伤国。山将崩者下先隳[①]，国将衰者人先弊[②]。根枯枝朽，人困国残[③]。

注释

①隳（huī）：同“毁”，毁坏，崩毁。

②弊：同“毙”，倒毙，死亡。

③残：不完全，残缺。

译文

脚受寒会伤及心脏，民怀怨会伤及国家。山将要崩塌，下部会先被毁坏；国家要衰亡，人民会先受到伤害。树根缺水干枯，枝叶便会腐朽；人民陷入困窘，国家也就不能保全。

事典 隋朝的覆亡

隋炀帝登基后，年年出巡，曾三游扬州，两巡塞北，一游河右，三至涿郡，还在长安、洛阳间频繁往返，每次出游都大造离宫。

仁寿四年（604年）十一月，他为了开掘长堑拱卫洛阳，调发今山西、河南几十万农民；次年营建东都洛阳，每月役使丁男多达两百万人。

自大业元年至六年（605年—610年），开发各段运河，先后调发河南、淮北、淮南、河北、江南诸郡的农民和士兵三百多万人；大业三年和四年在榆林以东修长城，两次调发丁男一百二十万，役死者过半。

总计十余年间被征发扰动的农民不下一千万人次，平均每户就役者一人以上，造成“天下死于役”的惨象。民众对此怨声载道，社会动荡不安，百姓愤怒的情绪就像一团烈火。

终于，大业七年（611年）隋末民变爆发。大业十四年（618年）三月，右屯卫将军宇文化及等，煽动军士进入扬州行宫中，缢杀隋炀帝。

由于隋炀帝滥施刑罚，大兴土木，百姓苦不堪言，结果不仅自己命丧黄泉，还直接导致隋王朝的覆亡。

人物

杨广（569年—618年），隋炀帝，华阴（今陕西华阴）人，生于隋京师长安，是隋朝第二代皇帝。隋文帝杨坚、独孤皇后的次子，581年立为晋王，600年立为太子，604年继位。他在位期间开创科举制度，修大运河，营建东都洛阳，亲征吐谷浑，三征高句丽，因滥用民力，造成天下大乱，隋朝因此覆亡。

古为今用　好花须有绿叶扶

隋炀帝好大喜功，屡次进行大规模的工程，惹得天怒人怨，最终被推翻。唐朝圣主李世民则意识到了百姓的力量，他提出了“水能载舟，亦能覆舟”的理论。由此可见，百姓的力量是多么强大。

在当今社会中，我们可以把封建社会中的君主与百姓的关系，引申为上级和下属的关系。一个健康的团队，上级和下属的关系必定是非常融洽的。

常言说：“好花须有绿叶扶，好汉须有朋友帮。”领导者要善于处理好与下属的关系，赢得他们的衷心拥护和全力支持。上下精诚团结，通力合作，这是取得业绩的关键，更是一名领导者升职的基础。美国克莱斯勒汽车公司总经理李·艾柯卡是知名度很高的世界经济强人，他之所以在公司里一度被委以重任，其中一个很重要的原因在于他善于调整他与下属员工之间的关系。

无数事实证明，一个领导如果不善于处理与下属的关系，就难以赢得下属员工的衷心拥护和支持，甚至被他们“釜底抽薪”；离开了下属的支持与合作，领导将一事无成。

社会是一个大舞台，我们每天会扮演着多重角色，既为人父母，也为人子女；既是消费者，也是生产者；既是部下的领导，上面还有更高层的领导，又是别人的下属。不同的角色决定我们会有不同的思考角度和侧重点，我们应该在上级和下属的角色转换中找到平衡点，找到自己的定位。

自己身为下属的时候，应该尽职尽责。首先要明确自己在工作岗位上的职责是什么，因为既然你选择这个职位，就要完成这个职位上的工作内容。工作中要随时向领导汇报遇到的问题和困难，让领导了解工作的情况和进度。

另外，还需要虚心学习。在这个日新月异的信息时代，学习是不止步的唯一方法。学习的途径有很多，可以和同事相互交流，可以读书看报，可以上网学习，可以参加培训班等。除了这些方式外，我们身边的领导也是值得我们学习的“好老师”。他既然能身为我们的上司，首先说明他具备扎实的专业知识，较强的综合能力和素质，并且富有责任心。

同时，每个人的性格不同，决定不同的领导身上会有不同的优点，如好学、谦虚、细致等，因为我们每天与领导一起共事，总会耳濡目染。只要我们愿意用心观察，虚心请教，我们可以从领导身上学到很多知识，不断丰富自己。

身为下属，我们要知道，领导也是人，人非圣贤，有时在工作中也会有所失误，比如同一项工作反复修改，重复让下属去做，下属心里不免有所抱怨。领导将生活上的坏情绪带入工作中，做下属的也要有所体谅。将心比心，如果你也处在领导的这个位置上，面对压力，面对挑战时，你是否也会犯错呢？

在工作中，我们需要换位思考，相互体谅，相互支持，如此才能营造一个高效的团队！

身为领导，要有一颗包容心。一个人优点越突出，缺点也越明显，身为领导必定要有海纳百川的胸怀，能容人之长，不忌才，也要能容人之短，容人之过，必须学会客观地看待下属的优缺点。其实，聪明的领导在致力于减少下属的缺点的同时，还会更努力地发挥和培养他们的长处。

作为领导，还要培养人才。能够在一段时间里领导组织做出一番成就的管理者固然了不起，但能使事业后继有人，使企业基业长青的管理者则更伟大。培养接班人是一个领导工作中的重要内容之一。帮助员工培养、发掘自身的潜力，提高能力，并为下属提供发展空间，相信部下也会心存感激，愿意团结在你的身边，为公司企业创造更大的价值。

不管作为上级，还是作为下属，应当谨记“距离产生美”的原则。尤其作为一个领导，应该与你的下属保持适当的距离，以正确引导双方关系的良性发展。这个距离分寸的把握，关键要看领导的平衡能力。距离大了，就有可能形成高高在上的“官僚主义”；距离小了，就有可能形成哥们义气的“朋友文化”。

作为领导，感觉到与员工疏离时，首先要做的事情是反省自己：是否在日常工作中已经与员工拉开了莫大的距离？如果是，就应该主动走近员工，增加沟通。曾经有一个管理学家说过：“如果一个经营者听不到来自员工的声音，那么这家公司的文化就很危险了。”

必要的有效的沟通能够传递心声。和谐的上下级关系的建立，离不开上级的包容与善待，离不开下级的理解与支持，更离不开彼此有效的沟通。只有这样，双方才能敞开心扉，和衷共济。

原文

与覆车同轨者倾[①]，与亡国同事者灭[②]。见已生者慎将生[③]，恶其迹者须避之[④]。

注释

①轨：即车辙。

②同事：指后面发生的事情同前面发生的事情在实质上相同。

③已生：已经发生。

④迹：痕迹，此指劣迹。

译文

与倾覆的车子同辙而行势必也要翻车，与灭亡的国家做一样的事势必也会遭受灭亡。看到已经发生的祸事，应当谨慎对待，避免将来再发生；厌恶前人有过的劣迹，就必须避免再重蹈覆辙。

◆◆◆ 事典 ◆◆◆ 前车之覆，后车之鉴

贾谊是西汉杰出的政论家、文学家，从小就有“神童”之誉，18岁起就名满天下，受到了汉文帝的重用，担任梁王太傅一职。在任期内，贾谊专心著书立说，将毕生才华倾注于文章中。流传千古的政论文《治安策》便是他这一时期的杰作。

在这篇文章中，贾谊分析了秦王朝奸臣当道、实施暴政、由盛而衰的惨痛教训，总结说：“前车之覆，后车之鉴。秦朝的失败应该引起我们足够的警惕呀！否则，我们也会重犯秦朝的错误，那就太危险了！”汉文帝看了《治安策》后，对贾谊十分赞赏，采纳了文中的一些建议，因此成就了一番伟业。

◆◆◆ 人物 ◆◆◆

贾谊（前200年—前168年），洛阳人，西汉初年著名的政论家、文学家。18岁即有才名，由河南郡守吴公推荐，20余岁被文帝召为博士，不到一年被破格提为太中大夫，23岁时因遭群臣忌恨，被贬为长沙王的太傅。后被召回长安，为梁怀王太傅。梁怀王坠马而死后，贾谊深自歉疚，直至忧伤而死，享年33岁。

◆◆◆ 古为今用 ◆◆◆ 从失败中获取教训

我们目睹过别人犯错误，自己也会犯错误，有些错误无足轻重，但有些错误会给我们带来巨大的损失。错误带给我们的损失是否严重，并不在错误本身，而在于犯错人对待错误的态度。能从失败中获取教训的人，就能把错误造成的损失降至最低。

有一位哲人曾说：“失败不该成为颓丧、失志的原因，应该成为新鲜的刺激。”“失败乃成功之母”，没有失败，没有挫折，就无法成就伟大的事。

聪明人会从失败中吸取教训，愚蠢的人却常常重复同样的错误。在真正的奋

斗者眼里，失败和成功一样，只不过是不同的方法得出的不同结果，它给予人生的得与失，不在于成功和失败本身，而在于自己能够从中汲取些什么。

李先生是某公司的老员工了，但却一直得不到晋升。这让他很苦恼，因为那些比他进公司晚的人，都做到了主任级别，而自己仍然是普通的员工。他感到很委屈，于是来到了老板的办公室，要求老板提高自己的待遇。

“我已经在这里工作了10年，”他对老板抱怨道，“我比你提拔的那些人多至少5年的经验。”

“不对，”老板说，“你仅有一年的经验。你从自己的错误中，没有吸取到任何教训，你仍然在犯你第一年所犯下的错误，这就是你得不到提拔的原因。”

在现实生活中，多次犯同一错误的人屡见不鲜，所谓“前车之鉴”，是指人们不仅要从自身的经历中吸取教训，而且还应对他人所犯的错误引以为戒。人们在不断地总结自己的生活经验和他人的失败教训的同时，可以使自己的思想境界不断地得到升华，能力不断地提高，人生不断地走向成功。

俗话说：“人无完人，金无足赤。”在人的一生中，错误和挫折总是难免的，可是有些人总犯相同的错误，这就不可原谅了，其根本原因就在于这些人忽视了从他人的实践和自身的经历中吸取教训。他们对已经出现的问题不以为然，对小问题不重视，对自己过于放纵，到了一定的程度，就由量变发展到了质变，就这样自觉不自觉地步入了歧途。有的人犯了错误，又不想及时纠正错误，任其发展下去，结果只能是在错误的道路上越走越远。

总之，成功不是没有经历过错误和失败，而是能够从错误和失败中及时总结经验教训，让错误和失败成为成功路上的垫脚石。

素书

原文

畏危者安，畏亡者存。夫人之所行：有道则吉[①]，无道则凶。吉者百福所归，凶者百祸所攻；非其神圣，自然所钟[②]。

注释

①吉：即吉祥，与“凶（险）”相对。

②钟：专注，集中，引申为符合，遵循。

译文

畏惧危险的人能得安全，害怕死亡的人能得生存。人的所作所为：做有道的事情就会吉祥，做无道的事情就会凶险。吉祥的人，各种福气都会到他那里；凶险的人，各种厄运都会向他袭来。这没有什么神奇的，只是遵循着自然的规律。

事典 失道寡助的夏桀

夏桀是历史上著名的暴君，曾经重用一个叫赵梁的小人。此人专投夏桀所好，教他如何享乐，如何勒索、残杀百姓，结果搞得夏朝民不聊生，危机四伏。

夏桀天真地以为他的统治永远不会灭亡，说：“天上有太阳，正像我有老百姓一样。太阳会灭亡吗？太阳灭亡，我才会灭亡。”而当时的老百姓在暗地里诅咒他：“你这个可恶的太阳啊，什么时候才能灭亡！我们情愿和你一起灭亡！”

夏桀继位后的第十七年，有人引荐伊尹给夏桀。伊尹虽然出身于乡野，但却是一个德才兼备的人。他自幼聪明好学，不仅掌握了烹调技术，而且还深懂治国的道理。他特别喜欢研究三皇五帝等英明君王的施政之道，并因此远近闻名。

伊尹见到夏桀之后，希望用尧、舜的仁政来劝说夏桀，希望他能体谅百姓的疾苦，用心治理天下，但是暴虐成性的夏桀根本听不进去。伊尹知道夏朝灭亡不远了，只得离去。

忠臣太史令终古看到夏桀这样荒淫奢侈，心急如焚。为了维护夏桀的统治，他哭着向夏桀进谏说："自古帝王，都是爱惜人民的力量，才能够得到人民的爱戴。不能把人民的血汗供给一人的娱乐。这样奢侈，只有亡国。"

夏桀听了很不耐烦，不仅没有接受终古的建议，反而斥责他多管闲事。终古知道夏桀已无药可救，于是就投奔了商汤。

大臣关龙逄几次劝谏夏桀："天子谦恭而讲究信义，节俭又护贤才，天下才能安定，江山才能稳固，如今陛下奢侈无度，嗜杀成性，弄得百姓都盼望你早些灭亡，陛下已经失去了人心，只有赶快改正过错，才能挽回人心。"

夏桀听了，非常愤怒，下令将关龙逄杀死。从此，再没有人敢向夏桀进谏，夏朝统治更加腐败，夏桀也日益失去人心，众叛亲离。

后来，夏桀召集所属各部首领开会，准备发动讨伐其他部落的战争。各部落对他已经离心离德，这就给商汤灭夏创造了有利的条件。最终，商汤一呼百应，率领被压迫的人民推翻了夏桀的统治。

人物

伊尹（前1649年—前1549年），伊姓，名挚，小名阿衡，"尹"是"右相"之意，是中国商朝初年著名丞相、政治家，是中华厨祖，中原菜系创始人。伊尹辅助商汤灭夏朝，为商朝的建立和强盛立下了汗马功劳，历事商朝商汤、外丙、仲壬、太甲、沃丁五代五十余年。沃丁八年，伊尹逝世，终年100岁，沃丁以天子之礼把伊尹安葬在商汤陵寝旁，以表彰他对商朝做出的伟大贡献。

古为今用　行"道义"才能为自己带来长治久安

在古人看来，"道义"就是道德义理，这两个字几乎囊括了所有的生命活动。古代开明的封建君主都十分看重"道义"，认为只有行"道义"，才能为自己带来长治久安，这也是我国传统文化的精髓所在。没有"道义"的支撑，无论做什么事情都是无法成功的。

在当代社会，我们对"道义"二字的理解，更加偏重于道德，它往往代表着社会的正面价值取向，起判断行为正当与否的作用。

当今社会有很多事情一再触及我们的道德底线，道德信仰危机现象似有越来越严重之势，这不得不引起我们的思考。

某市曾发生过一出惨剧：一名年仅两岁的女童走在巷子里，被一辆面包车两次碾压，几分钟后又被一小货柜车碾过。让人难以理解的是，事件发生的前几分钟，女童身边经过的18个路人，然而他们都选择了离开。最后，一位拾荒的阿姨把女童抱到路边，并找到她的妈妈。女童被送到医院时，脑干反射已消失，已接近脑死亡。最终，该女童因抢救无效离世。

该事件不能不引发我们对当代社会道德的重新审视与思考。国人要求普遍提高道德水平，用道德的力量来约束国人，教化国人。道德可以用自己特殊的职能和特有的方式，反作用于社会经济基础和整个社会生活，表现出巨大的能动作用。

归纳起来，道德的功能主要有以下四个方面。

道德的认识功能

在现实社会中，道德能帮助人们认识个人与社会、个人与他人以及个人与自然之间的关系。道德是一种认知，是人们认识和改造社会、认识自我和创造人生的指南，可以帮助人们正确地选择自己的行为和生活道路。道德的认识功能解决的是一个“知”的问题。

道德的调节功能

道德的调节功能立足于解决“行”的问题。人生活在社会中，总要与自己的周围发生这样那样的关系，产生各种各样的矛盾。在非对抗性的矛盾范围内，就需要道德加以调节，即通过社会舆论、风俗习惯、内心信念等特有形式，以自己的善恶标准去调节个人与家庭成员之间、个人与朋友之间、个人与领导之间、个人与集团之间乃至与国家之间的关系。它以“应该怎么样”为尺度，来衡量和评价人们行为的现状，并力图使人们的行为现状符合于“应当”的尺度。

道德的评价功能

道德评价是一种巨大的社会力量和人们内在的意志力量，它是人以评价来把握现实的一种方式，是通过人们把周围社会现象判断为“善”与“恶”而实现

的。它培养人们良好的道德意识、道德品质和道德行为，从而树立正确的义务、荣誉、正义和幸福等观念，使人们成为道德纯洁、理想崇高的人。

道德的服务功能

道德是一定社会经济关系的产物，又反过来为产生它的社会经济关系服务。道德的服务功能立足于解决“用”的问题。道德是随着社会进步与发展，由于人们生活需要，在一定的经济基础上产生的，它反过来又为经济基础和人们的生活服务。任何道德的产生都是用自己的标准评价一定的社会经济关系和社会经济状况的合理性，否定危害它的社会关系的思想和行为。所以，道德为产生它的社会经济关系服务，并通过一定的道德标准、道德规范推动社会的发展和进步。

原文

务善策者无恶事[①]，无远虑者有近忧。

注释

①务：从事，致力。

译文

善于策划的人，不会发生险恶的事情；没有长远考虑的人，眼前就会有忧患出现。

事典　魏绛的规劝

春秋时期，宋、齐、晋、卫等十二国联合出兵攻打郑国。郑国国君慌了，急忙向十二国中最大的晋国求和，得到了晋国的同意，其余十一国也就停止了进攻。

郑国为了表示感谢，给晋国送去了大批礼物，其中有著名乐师三人、配齐甲兵的成套兵车共一百辆、歌女十六人，还有许多钟磬之类的乐器。

晋国的国君晋悼公见到这么多的礼物，非常高兴，将八个歌女分赠给他的功臣魏绛，说："你这几年为我出谋划策，事情办得都很顺利，我们好比奏乐一样和谐合拍，真是太好了。现在让咱俩一同来享受吧！"

可是，魏绛谢绝了晋悼公的分赠，并且劝告晋悼公说："咱们国家的事情之所以办得顺利，首先应归功于您的才能，其次是靠同僚们齐心协力，我个人有什么贡献可言呢？但愿您在享受安乐的同时，能想到国家还有许多事情要办。有句话说得好：'居安思危，思则有备，有备无患。'现谨以此话规劝主公！"

魏绛这番语重心长的话，使晋悼公听了很感动。他高兴地接受了魏绛的意见，励精图治，使晋国逐步强大起来。

人物

魏绛，生卒年不详，姬姓，魏氏，名绛，谥号为庄，故史称"魏庄子"，春秋时晋国卿。其先祖为庶人，与周同姓，因伐纣有功被周武王封于毕，于是以毕为姓。到毕万时，事晋献公，伐霍、耿，魏等国有功，封于魏，遂又以魏为姓。

古为今用　危机感是进取心的源泉

当你在懒惰地过日子时，也许危机正在悄悄靠近你，这种危机不是别人造成的，而是你自己造成的。当本该今天做完的事情，却拖到明天，当本该兑现的承诺，却假装忘记或者不予兑现，那么你的危机也将会在这时到来，这种危机是别人对你的不信任，是对你不珍惜时间的一种无情的抛弃！要防止这种现象出现，就要有危机感，时刻提醒自己，时刻反省自己，想想我们在哪方面做得不如人意，我们还有什么事情拖了很长时间没有做完？

成功人士之所以能取得成功，很重要的一点就是他们有危机感。一个人没有危机感，就没有动力，没有动力就没有成功。危机感是一个人前进的动力，同时也是一个人进取心的源泉。一个人失去了危机感，就会变得安于现状，裹足不前，等待他的只有被淘汰的命运。

一个社会或一个人由于暂时的优势而处于安逸之中，忘掉了危机，就像一只不断沉睡忘了奔跑的狮子一样，最后只能被活活饿死。羚羊和狮子的生存法则就是：羚羊必须不断地思考如何跑得更快，以逃避狮子的追逐；而狮子也必须不断地思考如何跑得更快，追上自己生存下去所必须得到的羚羊。这也就证明了没有危机感是最大的危机。其实，源自外界的危机并不是最可怕的，可怕的是我们对这种危机的麻木不仁和茫然无知。

要想没有危机，就要有忧患意识。忧患意识是中华民族自古以来的精神传统之一，它代表一种高尚人格，体现的是一种社会责任感和历史使命感。忧患意识作为一种文化传统，渊源至深，它使中华民族历经磨难而不衰，始终屹立于世界民族之林。

具体来说，忧患意识就是在国泰民安时仍日理万机的操劳，是在天下太平的时候严加防守警戒，是商人在事业成功时仍不停占领市场的竞争，是寻常百姓过日子时省下的一笔存款。换句话说，忧患意识就是居安思危。

当你面对重复不变的早饭露出厌恶的神色时，你得想想这样的生活能否持久；当你追求名牌时装时，你应想象一下可能有一天会连普通衣服都没得穿；当你拿着父母给的钱大手大脚时，你必须想到或许你将来日子会过得很难；当你因为成绩优秀沾沾自喜时，你得想到后面的人随时会赶超你；当你觉得日子很安逸平静时，你该想到外面的世界竞争有多激烈。

但我们需要注意一点，凡事应有个度，切不可杞人忧天，终日忧心忡忡，无端悲愁。即使生活中确实发生了令人烦恼、焦虑的事情，我们也应振作精神，积极面对，而不该整天闷闷不乐地就此消沉下去。

原文

同志相得[①]，同仁相忧[②]，同恶相党[③]，同爱相求[④]，同美相妒[⑤]，同智相谋，同贵相害[⑥]，同利相忌[⑦]，同声相应，同气相感，同类相依，同义相亲，同难相济，同道相成，同艺相规[⑧]，同巧相胜，此乃数之所得，不可与理违。

注释

①同志：指志同道合的人。相得：互相投合，相处得很好。

②同仁：指同行仁德的人。忧：忧虑，烦恼。

③同恶：指共同作恶的人。相党：结成朋党。

④同爱：指爱好相同的人。求：寻取。

⑤同美：指同样美俊的人。

⑥同贵：指地位同样高等显要的人。相害，指互相倾轧，以势害人。

⑦同利：指有相同利益的人。忌：憎恨。

⑧规（kuī）：通“窥”，窥视。

译文

志同道合的人相得益彰，同怀仁爱的人有共同的忧虑，共同作恶的人会结成朋党，爱好相同的人会相互拜求，同为美人会互相嫉妒，同样智慧卓绝的人会相互图谋，权势相当的人会互相倾轧残害，有相同利益的人会相互憎恨，有共同语言的人容易相互沟通，气韵相通的人容易相互感应，同一类型的人会互相依存，思想相近的人会互相亲近，同处困境的人会互相帮助，道义相同的人必定能相辅相成，有相同技艺的人会相互窥视，彼此都精于技巧的人互争胜负。这些都是从自然中得出的道理，不可与此理相违背。

事典　石崇王恺斗富

晋武帝统一全国后，社会上奢侈成风。大臣们把奢侈当作体面事，比富、斗富。在京都洛阳，当时有三个出名的豪富：羊琇、王恺、石崇。

羊诱、王恺虽为外戚，权力比石崇大，但不如石崇富。石崇听说王恺家洗锅子用饴糖水，他就命厨房用蜡烛当柴火烧；王恺在家门前的大路两旁，夹道四十里，用紫丝编成屏障，石崇就用更贵重的彩缎铺设五十里。王恺一输再输，请他外甥晋武帝帮忙，晋武帝就把宫里收藏的一株两尺多高的珊瑚树送给了他。

王恺为了炫耀，便请王崇和一批大臣来家吃饭，席间亮出珊瑚树，令大臣们惊叹不已。石崇却在一旁冷笑，取过一支铁如意，将珊瑚树敲碎，并命家人搬来几十株珊瑚树，其中三四尺高的就有六七株，大的竟比王恺的高出一倍。王恺这才知道比不过石崇，只得认输。

人物

石崇（249年—300年），字季伦，小名齐奴，渤海南皮（今河北南皮东北）人，西晋开国元勋石苞第六子，西晋时期文学家、官员、富豪，“金谷二十四友”之一。

古为今用　处世有智慧，做人有方法

《素书》在这里提到的“同志相得，同仁相忧，同恶相党，同爱相求，同美相妒，同智相谋，同贵相害，同利相忌，同声相应，同气相感，同类相依，同义相亲，同难相济，同道相成，同艺相规，同巧相胜”，都是对我们人生经验的总结，是在长期生活实践中归纳出的真理。这些宝贵的人生经验能够给予我们智慧和力量，在我们感到无助的时候帮助我们，在我们感到失望的时候鼓励我们，在我们感到得意的时候警醒我们。

在生活中，对那些经常欺负你的人，能忍则忍，但是你一定要给他攒着，新仇旧怨积累起来，正义和真理就属于你了。你可以装作什么也没发生，天下太平，然后来个“明修栈道，暗度陈仓”，瞅准机会一定要彻底教训他一次。

对待这种人要稳准狠，让他知道：小人也不是谁都可以做的，做好人要有水准，做小人同样有难度。我们要记住：小人不可得罪，但小人也不可饶恕。对

骗子不要抱任何幻想，因为骗过你一次的人绝不会放弃第二次骗你的机会。对“疯狗级”的人物要敬而远之，保持不来往，不交流，要相信“疯狂”也是一种人格，虽不值得尊重，但自有其存在的道理。

对待爱你的人一定要保持尊重，千万不要欺骗对方的感情，哪怕你对对方没兴趣。记住：轻视别人付出的情感就等于蔑视自己。玩物丧志，玩人丧德，爱人则是一种美德。人生如戏，大家都在寻找利益的平衡，只有平衡的游戏才有可能玩下去。

当我们知道有人在背后夸奖我们，要珍藏在心里，这里面很少有水分。但当面夸奖你那叫奉承，再难听些叫献媚，你可以一笑而过，就当什么也没发生。对于那种当众夸奖你的人，就疏忽不得了。也许你刚刚转过身去，他就会用手指戳你。

我们要时常保证自己拥有乐观的心态。乐观的心态来自宽容，来自大度，来自善解人意，来自与世无争。当心情郁闷的时候，你要知道现实并没有你想的那样糟糕，生命有高峰也有低谷，根本没有一帆风顺的人生。

不要老把自己当人物，老拿自己当领导，老是自我感觉良好，即便真是小有作为，业绩斐然，也要谨慎，要大智若愚。千万别把自己太当回事，不要让事业上的不顺影响家人，更不要让家庭的纠纷影响事业，那样很不划算。

说话的时候要用脑子，敏事慎言，否则可能会给自己带来许多麻烦。讲话不要只顾一时痛快、信口开河，以为人家给你笑脸就是欣赏，没完没了地把掏心窝子的话都讲出来，结果让人家彻底摸清了家底，还偷着笑你。

我们还要记住，遇事不要急于下结论，要学会换位思考，特别是在遇到麻烦的时候，千万要学会等一等、靠一靠，很多时候不但麻烦化解了，说不准好运也来了。要学会把复杂的事情尽量简单处理，千万不要把简单的事复杂化。

掌握办事效率是一门学问，要控制好节奏。做事情一定要事先设立道德底线，事情万万不可做绝，给别人让出退路就等于自己前进了。

原文

释己而教人者逆[①]，正己而化人者顺[②]。逆者难从，顺者易行；难从则乱，易行则理。如此理身、理家、理国，可也。

注释

①释己：即放纵自己。

②正己：即严格要求自己。

译文

放纵自己的行为却去教育别人，别人就不会接受他的道理；严格要求自己再感化别人，别人才会接受和顺服。违反常理做事就难以施行，顺从常理做事就容易施行。难以施行，则容易产生动乱；容易施行，则一切都有条不紊。像这样灵活运用各种道理就能够修身、持家、治国了。

事典　钱清江的来历

东汉时期，大臣刘宠简除烦苛，宽政爱民，尽量减轻人民的赋税徭役。他常常微服察访，体恤民瘼，办案公正廉明，不畏权贵，既不枉放坏人，又不妄杀无辜。他像马臻太守一样，根据绍兴水乡的特点，发动民众兴修水利，发展农桑生产。他秉性刚正不阿，不媚上，不贪赃，自奉节俭，从不收取分外之财物。由于他勤政廉政，为百姓造福，政绩斐然，所以越中父老乡亲无不对他交口称赞。其在历史上有“狗不夜吠，民不见吏”之誉。

后来，刘宠奉调离任，越中父老眷恋不已。路漫漫，情依依，自发替刘宠送行的人们无不泪下。他们顶香跪送，一送再送，一直送到距郡城西五十里的西小江畔。这时，其中有五六位老人热泪盈眶，各自拿出一百钱币，激动地对他们的父母官说：“礼轻情义重，这点小意思不成敬意，聊表我们越中父老的心意。”

刘宠的心情异常激动，感慨万分，左思右想，不忍拂逆父老盛情，真是“却之不恭，受之有愧”，于是象征性地收取一枚钱币以资留念。不过，刘宠仍把这枚钱币投入江中，璧还给绍兴。百姓感念刘宠的清廉，因此就把此地称为“钱清”。传说清朝乾隆皇帝游江南，路经清水亭，欣然命笔，吟有一诗：“循吏当年齐国刘，大钱留一话千秋。而今若问亲民者，定道一钱不敢留。”

人物

刘宠，生卒年不详，字祖荣，东莱牟平（今山东省烟台市牟平区）人，东汉大臣，汉室宗亲，为西汉齐悼惠王刘肥之孙牟平侯刘渫的后代。他年轻时跟随父亲刘丕学习，因通晓经学被举荐为孝廉，出任东平陵县令，有仁惠之政。之后他连续担任豫章、会稽太守。其后历任将作大匠、宗正、大鸿胪等职，更两次担任司空，一次任司徒、太尉，每次罢官后都回到家乡，最后得以寿终。

古为今用 “宽以待人，严于律己”是一种美德

“宽以待人，严于律己”是中华民族的传统美德，也是现代社会为人处世的正确选择。

1950年冬季的一天，韶山乡的农民正忙着往地里送肥，只见两个小青年骑着一头枣红色大马，从远处走来。好奇的人们走近一看，啊，原来是毛岸英和毛岸青。消息像插了翅膀，一下子传到了各家各户。有人问他们回来做什么，他们回答说是受父亲的嘱托，回家转达他对土改的意见。

原来，这年的冬天，韶山乡的土地改革已到了划分成分的阶段，该给毛泽东同志家划成什么成分呢？负责土改的农会主席兼乡长黄秋同志有些为难：要是按原有财产，应划为富农，若把一个革命家庭划为富农又于心不安。

想来想去，黄秋最后给毛泽东写了一封信，说家乡人民在党的正确领导和关怀下，土

地改革已进入划成分、分田地的阶段了。韶山每人平均九分三厘田，不知您老家有几口人分田？特向您汇报，请指示。

毛泽东收到信后，他首先把家庭情况向岸英和岸青详细地说了一遍，然后，让儿子把自家的情况和党的土改政策加以对照，看看该划成什么成分，应当怎么办。岸英和岸青也感到为难，这时毛泽东说：土改政策是党的政策，咱家的情况和一个普通人家的情况一样，应照政策办，不能按人情办。

最后，他考虑了三点意见，说给孩子听：一是家里的所有财产分给农民；二是成分应当划为富农，并付三百元作为退押金；三是支持人民政府照政策办事，不徇私情。岸英和岸青看到父亲如此大公无私，极为感动。

这次，毛泽东没有给家乡人写信，他派岸英和岸青亲自回家一趟，一来传达他的意见不会走样，二来可以让孩子们见见世面，受受教育。回到家，岸英和岸青转达了父亲的意见后，乡亲们深受教育，更加敬佩家乡这位伟人。

在现实生活中，总会有这样一些人，评判别人的事情头头是道：他应该这样做，不应该那样做。可当自己身陷其中，成为当事人，往往就没了标准，一不小心，就会犯错误。

在我们周围，有一些职场人时常抱怨公司缺乏一种和睦融洽的人际关系，抱怨同事之间缺少相互关爱、相互帮助的氛围，但是自己从来没有尝试主动关心别人，帮助别人。事实上，当你主动问候对方，对别人微笑，你的同事一定也会回报你真诚的问候和微笑。俗话说得好："如果你想要别人怎样对待自己，你就应该怎样对待别人。"

改变一个公司的气氛很简单。从今天开始，只要你在上班时主动地对他人点头致意，微笑着大声说出"早上好"，下班时再真诚地说声"明天见"或是"我先走

了，你也早点回家吧”，你们的心情一定会很好。

你需要牢记的一点是，永远不要妄想改变别人或是改变环境，你只要改变自己，环境一定因你而变。可以想象，如果我们每一个人对自己的要求严格一点，对别人的要求宽松一点，人同此心，心同此理，我们工作和生活的氛围就会轻松愉快许多。